西方古典学研究

羞耻与必然性

（第二版）

Shame and Necessity

Second Edition

Bernard Williams

[英] 伯纳德 · 威廉斯 著

吴天岳 译

北京大学出版社
PEKING UNIVERSITY PRESS

著作权合同登记号 图字：01-2020-4955
图书在版编目（CIP）数据

羞耻与必然性 /（英）伯纳德·威廉斯著；吴天岳译. —2版. —北京：北京大学出版社，2021.6
（西方古典学研究）
ISBN 978-7-301-32147-8

Ⅰ. ①羞… Ⅱ. ①伯… ②吴… Ⅲ. ①伦理学 – 研究 – 古希腊 Ⅳ. ① B82–095.45

中国版本图书馆 CIP 数据核字（2021）第 070980 号

Shame and Necessity, second edition, by Bernard Williams, with a foreword by A. A. Long

书　　名	羞耻与必然性（第二版）
	XIUCHI YU BIRANXING（DI-ER BAN）
著作责任者	[英] 伯纳德·威廉斯（Bernard Williams）著　吴天岳 译
责任编辑	王晨玉
标准书号	ISBN 978-7-301-32147-8
出版发行	北京大学出版社
地　　址	北京市海淀区成府路 205 号　100871
网　　址	http://www.pup.cn　　新浪微博：@ 北京大学出版社
电子信箱	pkuwsz@126.com
电　　话	邮购部 010-62752015　发行部 010-62750672　编辑部 010-62752025
印 刷 者	北京中科印刷有限公司
经 销 者	新华书店
	730 毫米 ×1020 毫米　16 开本　18.75 印张　253 千字
	2021 年 6 月第 2 版　2021 年 6 月第 1 次印刷
定　　价	52.00 元

“西方古典学研究”总序

古典学是西方一门具有悠久传统的学问，初时是以学习和通晓古希腊文和拉丁文为基础，研读和整理古代希腊拉丁文献，阐发其大意。18世纪中后期以来，古典教育成为西方人文教育的核心，古典学逐渐发展成为以多学科的视野和方法全面而深入研究希腊罗马文明的一个现代学科，也是西方知识体系中必不可少的基础人文学科。

在我国，明末即有士人与来华传教士陆续译介希腊拉丁文献，传播西方古典知识。进入20世纪，梁启超、周作人等不遗余力地介绍希腊文明，希冀以希腊之精神改造我们的国民性。鲁迅亦曾撰《斯巴达之魂》，以此呼唤中国的武士精神。20世纪40年代，陈康开创了我国的希腊哲学研究，发出欲使欧美学者以不通汉语为憾的豪言壮语。晚年周作人专事希腊文学译介，罗念生一生献身希腊文学翻译。更晚近，张竹明和王焕生亦致力于希腊和拉丁文学译介。就国内学科分化来看，古典知识基本被分割在文学、历史、哲学这些传统学科之中。20世纪80年代初，我国世界古代史学科的开创者日知（林志纯）先生始倡建立古典学学科。时至今日，古典学作为一门学问已渐为学界所识，其在西学和人文研究中的地位日益凸显。在此背景之下，我们编辑出版这套“西方古典学研究”丛书，希冀它成为古典学学习者和研究者的一个知识与精神的园地。“古典学”一词在西文中固无歧义，但在中文中可包含多重意思。丛书取“西方古典学”之名，是为避免中文语境中的歧义。

收入本丛书的著述大体包括以下几类：一是我国学者的研究成果。近年来国内开始出现一批严肃的西方古典学研究者，尤其是立志于从事西方古典学研究的青年学子。他们具有国际学术视野，其研究往往大胆而独具见解，代表了我国西方古典学研究的前沿水平和发展方向。二是国外学者的研究论著。我们选择翻译出版在一些重要领域或是重要问题上反映国外最新研究取向的论著，希望为国内研究者和学习者提供一定的指引。三是西方古典学研习者亟需的书籍，包括一些工具书和部分不常见的英译西方古典文献汇编。对这类书，我们采取影印原著的方式予以出版。四是关系到西方古典学学科基础建设的著述，尤其是西方古典文献的汉文译注。收入这类的著述要求直接从古希腊文和拉丁文原文译出，且译者要有研究基础，在翻译的同时做研究性评注。这是一项长远的事业，非经几代人的努力不能见成效，但又是亟需的学术积累。我们希望能从细小处着手，为这一项事业添砖加瓦。无论哪一类著述，我们在收入时都将以学术品质为要，倡导严谨、踏实、审慎的学风。

我们希望，这套丛书能够引领读者走进古希腊罗马文明的世界，也盼望西方古典学研习者共同关心、浇灌这片精神的园地，使之呈现常绿的景色。

“西方古典学研究”编委会

2013 年 7 月

献给帕特里夏

ἐπαμέροι· τί δέ τις; τί δ' οὔ τις; σκιᾶς ὄναρ

ἄνθρωπος. ἀλλ' ὅταν αἴγλα διόσδοτος ἔλθῃ,

λαμπρὸν φέγγος ἔπεστιν ἀνδρῶν καὶ μείλιχος αἰων.

朝生暮死者：是某人又如何？不是某人又如何？人类，

泡影之幻梦。然而，当宙斯赐予的光辉绽放时，

降临于众人的是四溢的光彩和安详的岁月。

——品达《皮托竞技胜利者颂》第 8 首，第 95—97 行〔1〕

〔1〕 译注：原文无英译，此处翻译参考 Gregory Nagy 和 Roy Arthur Swanson 的英译文。其中，第 95 行的问句亦可译为：“人为何物？人非何物?”

目　录

《羞耻与必然性》导读

林丽娟　撰

中国读者初见本书时，或许首先会有这样的疑问：本书为何以“羞耻与必然性”为题？这与希腊文化有何关联？而作者又希望通过此书与何人对话？本篇导读希望能回答这些疑问，从学术史的角度向大家简要介绍《羞耻与必然性》的“生成史”（Werdegang）。

促成《羞耻与必然性》一书问世的，是一个贯穿了20世纪西方古典学研究的经典问题：希腊文化究竟是否为耻感文化（shame culture）？谈到“耻感文化”这一概念，许多中国读者或许会首先想起《菊与刀》（*The Chrysanthemum and the Sword*）一书。这本由美国人类学家本尼迪克特（Ruth Benedict, 1887—1948）创作于1946年的经典人类学著作，其译本曾先后在日本和中国登上畅销书榜单，至今仍影响着人们对于日本和亚洲文化的理解。正是在这本书中，有关“耻感文化”（shame culture）和“罪感文化”（guilt culture）的区分首次被提出，并随后流行起来。在本尼迪克特看来，日本文化是依靠“外部的强制力”（external sanctions）来做善行的耻感文化，西方文化则是依靠“内在化的认罪”（an internalized conviction of sin）来做善行的罪感文化，在道德意识层面后者优于前者。[1]

〔1〕　参见《菊与刀》（*The Chrysanthemum and the Sword: Patterns of Japanese Culture*, Boston 1946），p. 223: “True shame cultures rely on external sanctions for good behavior, not, as true guilt cultures do, on an internalized conviction of sin.”

这一理论很快引起了古典学界的注意。《菊与刀》出版之后第二年，时任牛津大学希腊文钦定讲座教授的多兹（Eric Robertson Dodds, 1893—1979）[2]写信给英国人类学家福蒂斯（Meyer Fortes）专门询问本尼迪克特所提到耻感文化和罪感文化这一对概念的出处，而对方确认这是“她自己的或者至少来自她的小圈子”[3]。多兹随即将这一区分应用于他对古希腊文化的分析。在其 1949 年的萨瑟讲演（Sather lectures），也即两年后出版的《希腊人与非理性》（*The Greeks and the Irrational*，1951）一书中，多兹认为“耻感文化”同样适用于刻画荷马时期的希腊文化，“对荷马史诗中的人来说，最高善并非享受安定的良心，而是享受荣誉（*tīmē*）、公众认可。”[4]多兹进一步认为希腊文化经历了从耻感文化到罪感文化的发展，而最初的荷马社会尚缺乏后来成熟的伦理观念。[5]

事实上，撇开“耻感文化”这一概念不谈，多兹这里所表述的关于希腊伦理的进步主义理论（the progressivist account），此前已见于德国汉堡大学希腊学教席教授斯内尔（Bruno Snell, 1896—1986）《心灵的发现》（*Die Entdeckung des Geistes*, Hamburg 1946）一书。该书中斯内尔将荷马时代对人的理解称为“欧洲思想的早期阶段或前阶段”（Früh- und Vorstufe des europäischen

〔2〕　多兹中文名为陶育礼，1942 年至 1946 年，他曾与李约瑟一起作为英国皇家学会代表访问中国。关于其中国行记可参其自传《失踪者：一部自传》（*Missing Persons: An Autobiography*, Oxford 1977）。

〔3〕　Robert Parker, “The Greeks and the Irrational,” in Ch. Stray, C. Pelling, S. Harrison（eds.）, *Rediscovering E. R. Dodds*, Oxford 2019, pp. 116-127, p. 119, n.13.

〔4〕　E.R. Dodds, *The Greeks and The Irrational*, Oxford 1951, p. 17: “Homeric man’s highest good is not the enjoyment of a quiet conscience, but the enjoyment of *tīmē*, public esteem.”

〔5〕　参见多兹《希腊人与非理性》第二章“从耻感文化到罪感文化”（From Shame-Culture to Guilt-Culture），pp. 28-63。

Denkens)，[6] 而这也意味着其道德意识尚未成熟："希腊人绝无普遍和根本的邻人之爱或社会责任感……(Keinesfalls haben die Griechen eine allgemeine und grundsätzliche Nächstenliebe oder soziales Verantwortungsgefühl...)。"[7] 检索20世纪三四十年代的德国古典学界经典作品，还可发现不少类似的看法，比如第三次人文主义浪潮的代表人物耶格尔(Werner Jaeger, 1888—1961)的《古典教育》(*Paideia*, Berlin 1934—1947)："后来的哲学思想是如此地将人指向其内心的标准，并教导他要把荣誉视作内心价值在人类共同体的价值评判之镜中的外在反映；相较之下，荷马时代的人在其价值意识当中则完全带有他所出身社会之印记"[8]；再如内斯特尔(Wilhelm Nestle, 1865—1959)《从神话到逻各斯》(*Vom Mythos zum Logos*, Stuttgart 1940)："……在荷马世界中尚且完全不存在绝对伦理价值(absolute sittliche Werte)……荷马时代的人'犯错'，时常是后果严重的、致命的错误，但他们并不'犯罪'"[9]；以及弗伦克尔(Hermann Fränkel, 1888—1977)《早期希腊诗歌与哲学》(*Dichtung und Philosophie des frühen Griechentums*, New York 1951)中关于荷马史诗中尚不存在清晰的自我概念这一说法："……对于我们的意识来说根本性的'我'与'非我'之对立，对于荷马时

〔6〕 B. Snell, *Die Entdeckung des Geistes*, Hamburg 1946, p. 31.

〔7〕 *Ibid.*, p. 142。

〔8〕 W. Jaeger, *Paideia*, Berlin/New York 1973^2, I, p. 31: "Während das spätere philosophische Denken so den Menschen auf den Maßstab in seinem eigenen Inneren verweist und ihn lehrt, die Ehre als den bloßen äußeren Reflex seines inneren Wertes im Spiegel der Wertschätzung der menschlichen Gemeinschaft zu betrachten, trägt der homerische Mensch in dem Bewußtsein seines Wertes noch ausschließlich das Gepräge der Gesellschaft, der er angehört."

〔9〕 W. Nestle, *Vom Mythos zum Logos*, Stuttgart 1940, p. 34: "... daß es absolute sittliche Werte in der homerischen Welt überhaupt noch nicht gibt...Die Homerischen Menschen, begehen Fehler' (ἁμαρτάνειν), oft folgenschwere, verhängnisvolle Fehler, aber sie ‚ sündigen' nicht."

代的意识来说尚不存在。”[10] 这些表述所呈现的荷马世界，与19世纪希腊研究中盛行的理性主义（rationalism）大相径庭：后者认为荷马史诗中的宗教毋宁是现代的和理性的，其“理性主义及其所归属的个体化之思考已经发展到接近伯利克里时代的程度”[11]。多兹的老师、前任钦定讲座教授默里（Gilbert Murray, 1866—1957）亦认为，区别于荷马之前“原始的愚昧”（Urdummheit, primal stupidity），[12] 荷马应被视为一位先进的宗教改革者。[13] 由是观之，斯内尔和多兹一派可以代表二战之后荷马研究的一个转向，他们旗帜鲜明地提出，作为神话批判者的荷马实在太过现代，而我们应注意到荷马文化的陌生性。[14]

“耻感文化”这一概念精准地表达了这一派说法的核心要义。在20世纪初的英国古典学界，多兹是一位特别的学者。在1936年牛津的就职演讲“希腊研究中的人文主义与技术”（Humanism and Technique in Greek Studies）中，他批评同时代古典学者一味执着于语法细节和文本校勘，服务于“死去的真理”（dead truths）；[15] 而在另一篇早年发表的文章《重新发现古典》（“The Rediscovery

---

〔10〕 H. Fränkel, *Dichtung und Philosophie des frühen Griechentums*, New York 1962^2, pp. 88-89: “...daß die für unser Bewußtsein grundlegende Antithese zwischen dem Ich und dem Nichtich für das homerische Bewußtsein noch nicht besteht.”

〔11〕 J.E. Harrison, *Themis*, London 1912, p. 335: “Homer marks a stage when collective thinking and magical ritual are, if not dead, at least dying, when rationalism and the individualistic thinking to which it belongs are developed to a point not far behind that of the days of Perikles.”

〔12〕 Gilbert Murray, *Four Stages of Greek Religion*, Oxford 1925, p. 2.

〔13〕 *Ibid.*, pp. 58-60.

〔14〕 F. Graf, “Religion und Mythologie im Zusammenhang mit Homer: Forschung und Ausblick,” in J. Lataz（ed.）, *Zweihundert Jahre Homer-Forschung: Rückblick und Ausblick*, Stuttgart 1991, pp. 331-362, 348.

〔15〕 Hugh Lloyd-Jones, *Blood for the ghosts: Classical Influences in the Nineteenth and Twentieth Centuries*, London 1982, p. 23.

of the Classics"）中，他批评学者们舍弃了古典学的人文精神，"因言废道"（denying the spirit for the sake of the letter），主张古典学家必须突破专业藩篱，"使古典学与活着的思想和兴趣更紧密接触"（bringing it into closer relation with living thought and living interests）。[16] 通过这样的疾呼，多兹希望恢复自19世纪下半叶以来，特别是尼采的挚友罗德（Erwin Rohde, 1845—1898）通过《灵魂》（*Psyche*）一书所开创的研究旨趣，将现代人类学、比较宗教学以及心理学的基本方法和最新进展引入对古代文化的分析。[17] 和默里一样，多兹认为这是使古典学"活着"的主要方式之一。而事实证明，耻感文化与罪感文化这一区分的确极大影响了后来人们对希腊文化的理解。1960年，多兹的学生阿德金斯（Arthur W. H. Adkins, 1929—1996）出版专著《品德与责任：古希腊价值研究》（*Merit and Responsibility: A Study in Greek Values*, Oxford 1960），将"耻感文化"的应用范围由荷马时代扩展到了希腊文化整体。在对希腊价值术语的分析当中，阿德金斯进一步借鉴人类学家的理论，引入了"合作性价值"（cooperative values）和"竞争性价值"（competitive values）这两个概念：后者关心胜利和成功，前者则重视公平和正义。[18] 由此，以竞争性价值为核心的希腊社会与现代社会形成鲜明对照："对于任何在西方民主社会成长的人来说，义务和责任这些相关概念是伦理学的关键概念，而我们倾向于认为，

---

〔16〕 重印于 R. B. Todd, "E.R. Dodds: The Dublin Years（1916—1919）," in *Classics Ireland*, 6（1999）, pp. 98-104。

〔17〕 参见魏勒《希腊史》（Ingomar Weiler, *Griechische Geschichte*, Darmstardt 1988^2），pp. 135ff。

〔18〕 关于这对概念的起源参见米德《原始民族中的合作与竞争》（Margaret Mead, *Cooperation and Competition Among Primitive Peoples*, New York 1937）。

尽管存在着大量反例，同样的准则作为无可争议的真理应适用于所有社会。至少在这方面，我们现在都是康德主义者。”[19] 阿德金斯认为，区别于希腊人，现代人成熟的道德意识集中体现于康德式的自我和道德概念，在这里内心普遍的道德法则取代了外在他人的眼光。同样的观点也可见于阿德金斯十年后出版的另一本书《从多到一：古希腊社会语境中的人格与人性观研究》（*From Many to the One: A Study of Personality and Views of Human Nature in the Context of Ancient Greek Society*, London 1970）。

如果说当年多兹通过“耻感文化”这一概念所表达的，乃是一个在当时的古典学界可以找到颇多认同的观点，那么从 20 世纪 60 年代开始，特别从 70 年代阿德金斯的新书出版后，学界的风向再次发生了变化。和《菊与刀》后来的境况类似，多兹－阿德金斯的理论遭遇了一系列反对者，从莱斯基（Albin Lesky）《荷马史诗中属神的与属人的动机》（*Göttliche und menschliche Motivation im homerischen Epos*, Heidelberg 1961）开始，围绕着“希腊文化是否是耻感文化”产生了系列文章和专著，代表性的声音来自比如《羞耻与必然性》2008 年版序言的作者朗（Anthony A. Long）《荷马史诗中的道德和价值》（“Morals and Values in Homer,” 1970）；多弗（Kenneth J. Dover）《柏拉图与亚里士多德时代的希腊大众道德》（*Greek Popular Morality in the Time of Plato and Aristotle*, Oxford 1974）及《希腊诗歌中关于道德评价的描绘》（“The Portrayal of Moral Evaluation in

---

〔19〕 A.W.H. Adkins, *Merit and Responsibility: A Study in Greek Values*, Oxford, 1960, p. 2: “For any man brought up in a western democratic society the related concepts of duty and responsibility are the central concepts of ethics; and we are inclined to take it as an unquestionable truth, though there is abundant evidence to the contrary, that the same must be true of all societies. In this respect, at least, we are all Kantians now.”

Greek Poetry”，1983[20]）；帕克（Robert Parker）《污染》（*Miasma: Pollution and Purification in Early Greek Religion*, Oxford 1983）；布雷默（J.N. Bremmer）《希腊的灵魂概念》（*The Early Greek Concept of the Soul*, Princeton 1983）等。在反对者们看来，进步主义论者的基本方法和基本概念都存在问题：在方法上，抽离作品语境的术语分析被认为难以直接作为希腊道德价值史的直接证据；在概念上，耻感文化与罪感文化、竞争性价值和合作性价值被认为是过于简单化的区分，这些区分忽视了耻感同样可以指向一个内在的自我，而一个行为本身可以既是竞争性也是合作性的。然而，阿德金斯的理论仍然具有广泛的影响力。1987年，《古典语文学》（*Classical Philology*）期刊组织了一期专栏文章，劳埃德–琼斯（Hugh Lloyd-Jones）、加加林（Michael Gagarin）和阿德金斯本人均围绕“荷马道德”议题发表了文章。而在当时正以“耻感”为题写作博士论文的凯恩斯（Douglas Cairns）看来，在这组讨论中胜出的是阿德金斯。[21]

关于20世纪下半叶这场旷日持久的论战，不少论著如吉尔（Christopher Gill）《希腊思想》（*Greek Thought*, Oxford 1995）、格拉夫（Fritz Graf）《与荷马相关的宗教与神话》（“Religion und Mythologie im Zusammenhang mit Homer”）[22] 都有过翔实的总结，可供

〔20〕 “The Portrayal of Moral Evaluation in Greek Poetry,” in *The Journal of Hellenic Studies* 103（1983）: pp. 35-48.

〔21〕 参见凯恩斯“我最喜爱的五篇《希腊研究学刊》文章”系列博客之三：https://www.cambridge.org/core/blog/2017/08/16/my-top-5-journal-of-hellenic-studies-articles-part-iii/

〔22〕 F. Graf, “Religion und Mythologie im Zusammenhang mit Homer: Forschung und Ausblick,” in *Zweihundert Jahre Homer-Forschung: Rückblick und Ausblick*（ed. J. Latacz; Stuttgart/Leipzig, 1991）, pp. 331-362.

读者诸君参考。一个有趣的细节或者可以帮助说明这场论战的级别和持久性：向来有古典学界诺贝尔奖之称的萨瑟讲演，其 1969 年的讲者劳埃德－琼斯（Hugh Lloyd-Jones, 1922—2009）与 1989 年的讲者威廉斯（Bernard Williams, 1929—2003）均是多兹在牛津的学生，而他们的讲演所呼应的均是多兹在其 1949 年萨瑟讲演中设定的议题，只是侧重于不同方面：劳埃德－琼斯的讲演主题来自多兹"《伊利亚特》叙事中毫无迹象表明宙斯关心正义本身"这一观点，这就是后来的《宙斯的正义》（*The Justice of Zeus*）一书；〔23〕而威廉斯则重新回应"耻感"问题，这就是摆在读者面前的《羞耻与必然性》一书。〔24〕

威廉斯 1993 年的此书，产生于这一世纪之争的尾端，它被凯恩斯称为"对阿德金斯论证的最后一击"（the final demolition of Adkins's arguments）。〔25〕该书问世的同年和次年，凯恩斯《*Aidōs*: 古代希腊文学中荣与辱的心理与伦理》（*Aidōs: The Psychology and Ethics of Honour and Shame In Ancient Greek Literature*, Oxford 1993）；山形直子《荷马道德》（*Homeric Morality*, Leiden 1994）相继出版，它们和《羞耻与必然性》一起为这场世纪之争画上了句号。前文所提到的诸位古典学者及其著作，读者诸君会在威廉斯此书中常常见到，他们是威廉斯对话的主要对象。由是观之，耻感问题可以说是一把打开 20 世纪古典学研究的钥匙，西方曾有几代优秀学者为这个问题贡献过心血，而经由这个概念，我们可以看到在过去

〔23〕 H. Lloyd-Jones, *The Justice of Zeus*, Berkeley 1971, p. 1.

〔24〕 有趣的是，斯坦福大学古典学教授 Josiah Ober 2019 年的萨瑟讲演则以"希腊人与理性"（The Greeks and the Rational）为题。

〔25〕 https://www.cambridge.org/core/blog/2017/08/16/my-top-5-journal-of-hellenic-studies-articles-part-iii/

的百年间人们对于希腊文化的理解经历过哪些关键性的转变。如果说以多兹和阿德金斯为代表的进步主义论者（progressivist）希望破除前人创造的有关希腊理性主义的神话，威廉斯要克服的，则是进步主义论者创造的所谓现代人具备“发达的道德意识”（developed moral consciousness）〔26〕这一神话；但此举并不是为了再度回到“理想的希腊”，而是希望呈现古希腊世界复杂而丰富的格局，更加精确地区分古希腊人与现代人究竟在何种意义上相似，而又在何种意义上不同。威廉斯指出，尽管荷马笔下的人并没有在后世意义上使用“灵魂”（*psuchē*）和“身体”（*sōma*）概念，这并不代表他们不在后世意义上理解灵魂和身体。史诗当中所描述的一些基本事实恰恰表明，荷马笔下的人并不缺乏自我概念，他们意识到自己是行动的主体，可以在关键时刻有所“决定”（decision）。而那些被认为可以刻画希腊文化基本特征的关键词如“羞耻”（*aidōs*）与“必然性”（*anankē*）亦各有其复杂性：具有羞耻感，并不意味着没有内心的道德准则；而受必然性左右，也不意味着完全失去道德能动性和道德责任。希腊人和现代人分享了这些基本的伦理观念，甚至在某些方面希腊人做得更好，比如希腊人并没有“无个性的道德自我”（the featureless moral self）〔27〕这一幻象。

在本书初版序言中，威廉斯希望以此书向他的老师多兹致敬。尽管论点相左，但多兹或许也会欣赏威廉斯此书中所进行的尝试。作为一名哲学家，威廉斯一方面能够准确可靠地运用古典诗歌和悲剧文本，另一方面不断与活着的思想和兴趣接触，从而完美结合了古典学的技术和人文精神两个层面。通过借用文学作品“对历史现

〔26〕 本书英文版第7—8页。

〔27〕 本书英文版第159页。

实进行哲学描述”[28]，威廉斯或许也希望向读者传递这样一个基本理念，即古典文明研究乃是一个整体。然而，古典学研究的意义并不仅仅在于增进我们对古代文明的了解，也在于帮助我们更好地理解自身。从一开始，“耻感文化”便是西方为了理解东方而提出的概念，而直至现在，中国和日本文化亦常被视为“耻感文化”的代表，这一点相比希腊文化的情形更少争议。中国文化是如进步主义论者所认为的“耻感文化”吗？还是说这一定义过于简单？读者诸君不妨在读过此书之后自己来评判。

〔28〕　本书英文版第4页。

序　言

本书根据我1989年春在加州大学伯克利分校所做的萨瑟讲演（Sather Lectures）写成。该系列讲座按惯例由特别杰出的古典学者主讲，而我有义务向读者，还有萨瑟委员会——他们的邀请赐予我荣耀，这荣誉我分外珍惜——说明，我基本上不是一个古典学者。我是个曾受过过去所谓古典教育，但后来成了哲学家的人，主要通过古代哲学领域的工作一直还在接触希腊研究。

我必须提到这一点，更是因为本书的研究并没有停留在上述经历可能暗示的限度之内。我确实讨论了一点古代哲学（篇幅最长的是在第5章，论及亚里士多德的某些观点），但是在本书大部分章节中，我讨论的作者并不是哲学家而是诗人。而且，我试图将他们作为诗人来讨论，而非为哲学提供些富含韵律的实例。在第一章中，我解释了这么做的理由。诚然，我尤其关注还没有哲学作者，或者说只有很少哲学残篇传世的年代希腊人的想法，但这并不是我转向诗歌的主要理由。

那些自身学术不精的哲学家理应为之受到谴责。同时也必须指出，有些文学研究者看起来不愿接受这样的想法，即他们的反思很可能包含着糟糕的哲学。或许，他们至少应该意识到所冒的危险。这并不是说，他们去冒这个险是做了件错事——学术正统（orthodoxy）是有标准的，哲学（在一个古老的笑话里）却是人尽可夫的荡妇（anybody's doxy）。我要说的是，学术，至少在它试图说出些有趣的东西时[1]，不能完全凭着自己的资历旅行。真实的情况是，如果我们打算做点什么，我们都不得不比我们应当能做好的做得更多。就像 T. S. 艾略特说的："当然，一个人可能'走得太远'，可除了那些使我们能够走得太远的方向，别的走起来根本就没意思；而且只有那些愿意冒'走得太远'的险的人才有可能发现一个人能走多远。"[2]

艾略特的评述令人赞赏，不过，对于一个处于我这种境地的人来说，它所传达的不仅仅是激励，还有警告。如果说，那些不习惯处理文学文本的人有时可能会太过冒失而不能满足学术的要求，那么，从评论应富含想象力的标准看，他们也会有走得不够远、显得无力或肤浅的危险。一种未受当代文学研究论著影响的坚定洞见，很可能最终仅仅代表着某种未被遗忘的偏见。人们只能接受这样的事实，要将非专业主义的缺陷转换为英雄主义的回报，并没有一条可靠的路径可走。

---

〔1〕　它不这样时也是如此。与此相关的是把学术的某一方面，也就是文本校勘（textual criticism），理解成纯粹技术化的学科。诚然，古文书学与文本传承的技术考察增添文本解释的力量，忽略它们的人要自担风险，但是某些文本编订者夸大了文本校勘相对于可争议的风格和义理问题的独立程度。我们必须要谨慎对待豪斯曼（Housman）在颂扬本特利（Bentley）时所使用的医学隐喻："当你面对棘手的疑难句读或训释，泥滞不前……然后遇到本特利，看他指扪患处，说：'你这里痛，还有这里痛。'这时，你脑子里闪现这样一句话：'Lucida tela diei（白日里闪亮的标枪）。'"（《马尼利乌斯整理前言》[*M. Manilii Astronomicon* Liber I，xvi]。译注：中译文参照《西方校勘学论著选》，苏杰编译，上海：上海人民出版社，2009 年，下同）实际上，在同一篇文章中，豪斯曼对本特利提出了不可忽略的斥责，"尽管本特利发现真相的能力在学术史上无人能匹，但他去发现的愿望并不同样强烈。评论家如波森（Porson）、拉赫曼（Lachmann），尽管在 εὐστοχία（译注：射技）和 ἀγχίνοια（译注：洞察力）上略逊一筹，却凭借他们严肃无私的动机和对待自身的诚实而将他钉在了耻辱柱上。"（xiii）校勘运用失控的突出例证，参见下文，第 5 章，注释 39。

〔2〕　为哈利·克罗斯比的《金星凌日》（Harry Crosby, *Transit of Venus*）所作序言，第 9 页。（译注：下文所引页码，凡未注明，皆为英文版页码。）我的这一引用转自克里斯托弗·里克斯《T. S. 艾略特与偏见》（Christopher Ricks, *T. S. Eliot and Prejudice*），第 171 页。

我得承认，这场演出大半时光，我是在用“安格尔的小提琴”（Violon d’Ingres）* 演奏，与此同时，令我欣慰的是，至少当年是些良师引我入门。在牛津读本科时，我有幸受教于21世纪两位最为出色的古典学者：爱德华·弗伦克尔（Eduard Fraenkel）和埃里克·多兹（Eric Dodds）。他们为理解古代世界设立了截然不同但同样要求甚高的标准。顺带一提，两人在牛津并未得到毫无保留的赏识。弗伦克尔被公共休息室的学生圈子恶意地描绘成日耳曼傲慢的怪兽。当然，在遇到草率的或装腔作势的错误时，他可能让人胆寒，但是，他在教授中所传达并且教会人们去尊重的品质，正是谦卑地去面对晦涩复杂的语文学事实。尽管他拥有的古典学识，其水准在我看来在世者无人能匹，但在和被他称为“伟大的列奥”** 的大师相比时，他却自认浅陋寡闻。

如果说弗伦克尔有时被门外汉贬损，多兹则是被学究们低估了（毋庸赘言，学究和门外汉有时是同一群人）。多兹的政治态度极为自由，对社会科学兴趣浓厚，身为诗人和诗人们的朋友的他，还是个极富想象力的学者。他在1949—1950年间曾作萨瑟讲演，其成果是该系列著作中最有益后人、影响最持久的一本，[3] 也是在主题上和本研究最接近的一本。我还是学生时，他对我也很是友善，因此，尽管我的这项研究不能完全匹配他所实践的那种学术，我还是很希望它可以算作向他的致敬之作。

有很多人、很多机构我要感谢。我感谢巴黎的“人类科学之家”

---

* 译注：法国画家安格尔亦擅长小提琴，曾在图卢兹的乐团中任职，不过为其绘画的锋芒所掩。这一习语用来指某人出于自身的热情而投身于自己专业之外的领域。顺带一提的是，超现实摄影大师曼·雷有幅名作亦以此为名。

** 译注：应指弗伦克尔在哥廷根的导师弗雷德里希·列奥（Friedrich Leo, 1851—1914）。

〔3〕《希腊人与非理性》（*The Greeks and the Irrational* 简写：GI）。

（la Maison des Sciences de l’Homme）以及它的主管克莱孟·埃莱尔（Clemens Heller），1981 年我在那里度过一段成果丰硕的时光。同年，我在肯特大学的艾略特讲座中讲授了本书部分材料的早期版本。我感谢这一邀请，我也很抱歉，由于我所做的这些讲座变成了当前这种极不寻常的形式，这使得它们没有资格出现在以该讲座命名的系列丛书中。剑桥古典系邀请我在 1986 年做 J. H. 格雷讲座，这让我的某些想法更接近它们现在的样子。更晚些时候，我有机会在耶鲁、加州大学洛杉矶分校、哈弗福德学院、密歇根大学、华威大学和纽约大学的讲座和论文中提交本书某些章节的早期版本。这些场合的讨论和评论让我受益不浅。

xii

在我被邀请做萨瑟讲座和实际做讲座之前的这段时间，我成了伯克利的一名教员。古典系的教员们，无惧于这一史无前例极不寻常的情况，给予我这个哲学系的访客同样殷勤和热诚的欢迎，如同他们惯常给那些来自其他机构的萨瑟讲演者一样。特别是托尼·朗（Tony Long），不仅做了人们能够要求系主任所做的一切，而且使我能够受益于他自己有关讲座主题的工作（特别是第二章），表现出他作为诤诤益友和慷慨同事的一面。我有特别理由要感谢古典系其他同事：乔瓦尼·费拉里（Giovanni Ferrari）、马克·格里菲斯（Mark Griffith）、唐·马斯特罗纳德（Don Mastronarde）和汤姆·罗森迈尔（Tom Rosenmeyer）。我感谢大卫·恩格尔（David Engel）和克里斯·西奇利亚尼（Chris Siciliani）的研究助理工作。在多琳·B. 汤森人文中心（Doreen B. Townsend Center for the Humanities）举办过两次有关这些讲座的讨论班，对我帮助很大，为此我特别感谢保罗·阿尔佩斯（Paul Alpers）、萨缪尔·舍夫勒（Samuel Scheffler）和汉斯·斯卢加（Hans Sluga）。

其他朋友和同事慷慨给予评论和学术帮助。有的在本书准备阶段阅读了全书或部分章节。我要感谢茱莉亚·安娜斯（Julia Annas）、格伦·鲍尔索克（Glen Bowersock）、迈尔斯·伯恩耶特（Myles Burnyeat）、罗纳德·德沃金（Ronald Dworkin）、海伦·弗雷（Helene Foley）、克里斯托弗·吉尔（Christopher Gill）、斯蒂芬·格林布拉特（Stephen Greenblatt）、斯图亚特·汉普希尔（Stuart Hampshire）、斯蒂芬·克纳普（Stephen Knapp）、乔纳森·里尔（Jonathan Lear）、杰夫里·劳埃德（Geoffrey Lloyd）、安娜·米凯里尼（Anne Michelini）、埃米·穆林（Amy Mullin）、托马斯·内格尔（Thomas Nagel）、鲁斯·帕德尔（Ruth Padel）、罗伯特·波斯特（Robert Post）、安德鲁·斯特瓦特（Andrew Stewart）、奥利维尔·塔普林（Oliver Taplin）和大卫·维金斯（David Wiggins），感谢他们各自的善意。而错误毫无疑问是我自己的。

2008版序言

伯纳德·威廉斯（1929—2003）是现时代英语哲学家中最伟大的一位。他的作品展现出概念的精微、扣人心弦的论证、想象力、对文学的敏感和人性洞见的令人惊异的结合。它们也比大部分学院哲学更容易亲近普罗大众，借威廉斯一本论文集的标题来说，这是由于他（特别是在他职业生涯后期）对理解人性意义的强烈兴趣。[1]威廉斯早期两部著作的标题——《自我的问题》和《道德运气》雄辩地展现了他的这一特殊贡献，这在《真理与真诚》这部他过早辞世前完成的最后著作中得到了强有力的表达。[2]这并不是说，威廉斯畏避职业哲学家们在学术刊物上争来论去的技术问题。他针对人格同一性、科学实在论和意愿自由等论题发表了大量文章。但是，如他显赫的职业生涯所展现的那样，他更专注于伦理学，专注于他眼中的哲学能做什么，更特别的是哲学不能做什么，以此帮助我们过上道德上令人仰慕和有意义的生活。

威廉斯对伦理名下所包含内容的理解，比大多数当代哲学家作为学术共同体成员在他们一贯的实践中所使用的这一概念要宽泛得

〔1〕《理解人性的意义和其他哲学论文（1982—1993）》（*Making Sense of Humanity and Other Philosophical Papers 1982-1993*）（剑桥：剑桥大学出版社，1995）。

〔2〕《自我的问题：哲学论文（1956—1972）》（*Problems of the Self: Philosophical Papers, 1956-1972*）（剑桥：剑桥大学出版社，1973）；《道德运气：哲学论文（1973—1980）》（*Moral Luck: Philosophical Papers 1973-1980*）（剑桥：剑桥大学出版社，1981）；《真理与真诚：谱系论》（*Truth and Truthfulness: An Essay in Genealogy*）（普林斯顿：普林斯顿大学出版社，2002）。

多。他的著作涵盖大量政治论题，它们展现出对历史的深切关怀，既包括哲学史，也包括古典时期的历史。这一连串错综的兴趣鲜明地呈现在《羞耻与必然性》一书中。显而易见，这本书重点分析了标题中的两个主题，以及责任和能动性这些主题是如何在希腊的文学和哲学中展开的。威廉斯对这些论题的处理透辟入里，在语文学上精准可靠——这是对古典研究的重大贡献——但其中也充满他的哲学和文化洞见，以及对于这一题材深切的个人投入。正如他在第一章的末尾，以他那无从模仿的文风评价希腊人："他们能告诉我们的不仅是我们是谁，还有我们不是谁：他们可以斥责我们的自我形象的虚假、片面或是局限。"（第20页）

《羞耻与必然性》诞生于威廉斯1989年在加州大学伯克利分校担任萨瑟古典文学教授时所做的六次系列讲座。每年伯克利的古典系都会邀请一位学者作为来访的同事在大学里待上一学期，其职责是就他或她所选论题做一系列讲座，并教授一门研究生讨论课。萨瑟教席的任命在古典学者圈里堪比诺贝尔奖。在威廉斯的萨瑟教职任内，我极其幸运地担任古典学系主任。因此，我不仅有幸聆听他的六次讲演，而且每一次还可以介绍他。在这些讲座以本书的形式出版之前，我们之间也有过很多讨论。

xv

作为职业哲学家的威廉斯如果当初是在美国受的高等教育，那么，他能够具备胜任古典学者必需的卓越品质，这或许就会令人困惑难解。实际上，在英国的高中和牛津大学作学生时，他就曾获得良好的语言和历史训练，只要他愿意，他足以胜任古典学教授或者专精古代哲学的学者职位。尽管他转而选择我先前提到的方式，作为一名极富创造力的哲学家而闻名于世，但是，他所受的古典学教育和他对古希腊文学和哲学的兴趣闪耀他整个职业生涯，尤其是在他晚年的岁月里。他不仅在谈论荷马诗歌和索福克勒斯的悲剧中，而且在用希腊原文向他的听众引述这些文本时找到极大乐趣，这一点对于每个参加他的萨瑟讲座的人都再清楚不过。我们这些伯克利的古典学家再也选不出一位萨瑟教授，他对古典文学富有感染力的热情能够更加清晰可触。

《羞耻与必然性》1993 年在加州大学出版社甫一问世，即成一时传诵之经典。此书立足点平易可亲，但与诸多现代学者不同，威廉斯宁愿让他的读者自己思考和做出反应，而不是用一个冗长的导论来总结一切或是明确地告诉读者他来自何方。实际上，当我们将此书置于威廉斯早先兴趣的语境中，它的论证力会获得更多吸引力和重要性，这对任何细心的读者都是不言自明的。由于威廉斯决定在《羞耻与必然性》中不把这些明白地表达出来，我在这里提供一个简短的论述。[3]

xvi

1981 年，威廉斯出版了一篇出色的希腊哲学概述。[4]在引述柏拉图的《理想国》和柏拉图归于特拉绪马科的“自我中心的……理性”时，威廉斯注意到特拉绪马科的立场的历史根基和魅力源自“贵族或封建道德”，荷马的英雄们高度重视在竞争中获取成功，即为明证（第 243 页）。对于这样一种道德，他指出，“羞耻是一种支配性观念，而对耻辱（disgrace）、嘲笑和丧失特权的恐惧则是一个

〔3〕 以下所述，我扼要摘自为 A. 托马斯编辑的《伯纳德 · 威廉斯》（A. Thomas ed. *Bernard Williams*）（剑桥：剑桥大学出版社，2007）所撰写的文章。

〔4〕 《哲学》，载 M.I. 芬利编《重估希腊遗产》（M. I. Finley, *The Legacy of Greece: A New Appraisal*）（牛津：克拉雷登出版社，1981），第 202—255 页。威廉斯在《羞耻与必然性》中并没有引述这一研究。该文收录于 M. 伯恩耶特（M. Burnyeat）所编辑的威廉斯的论文集，题为《过往的意义：哲学史论文集》（*The Sense of the Past: Essays in the History of Philosophy*）（普林斯顿：普林斯顿大学出版社，2006）。

主导动机。”然而，我们不应认为引起羞耻的只是在富有竞争性和展示自我的功业中的失败，触发它的也可以是“未能按照某种所预期的自我牺牲或互助合作的方式行事”：

> 用基督教……世界观（outlook）作为标准来衡量希腊人的态度，这鼓励了此二者（即竞争成功的价值和羞耻的产生）的混淆。这种世界观将道德同时与善意、自我否认、内向型（inner directedness）或罪责（在上帝或自身之前的羞耻）联系起来。它将道德思想向着这一点的发展看作进步，它往往将那些由于这一进步而被废弃的——或者至少是声誉受损的——诸多不同的想法联系在一起。（第 244 页）

这一段信息稠密，当回过头来读时，可以把它看作为《羞耻与必然性》设定了基本议程：尤其是后一本书对荷马的密切关注，确认羞耻既可以推动竞争也可以推动合作行为，对基督教道德观的负面评价，以及批判进步主义论者的道德观含混不清并且脱离诸多人类经验。

xvii　在这篇概述中，威廉斯发现希腊伦理学的一些方面很成问题：例如苏格拉底的理想，即一个头脑清楚的人总是有“更强的理由去行正义的行为……而不是粗鄙的、短视的、自私的行为”，还有亚里士多德所说的“性格的理性整合”（第 249—250 页）。然而，威廉斯在总结时得出结论：在很多方面，“希腊人的伦理思想不仅迥异于大多数现代思想，尤其是受基督教影响的现代思想，而且状态更佳”（第 251 页）：

> 它没有也不需要上帝……它最为核心和首要的是性格的问题，是道德考虑如何植根于人性之中：它追问何种生活对于个体而言是理性的。它不使用空白的绝对命令。实际上——尽管我们经常为了方便起见使用“道德的”一词——这一思想体系从根本上欠缺道德这一概念，这里的道德指这样一类理由或要求，它迥然不同于其他类别的理由或要求。
>
> ……与此相关，在公众的“道德规则”世界和私己的个人理想世界之间并不存在裂隙：有关如何规约一个人和他人的关系的诸种问题，既存在于社会语境也存在于更加私己的语境之中，不能将它们同有关何种生活值得度过以及何物值得操心这样的问题割裂开来。

威廉斯承认，希腊哲学家对这一世界观的运用既不能完全恢复，也并非全然值得钦佩：我们既不能栖居于希腊城邦，当然也不应赞同希腊人对奴隶和妇女的态度。此外，他还发现希腊人的伦理思想，同“此后多数伦理观”一样，建立在一种“客观的人性目的论之上”，而就此而言，“自某些［公元前］5 世纪的智者开始质疑以来，或许没有人比我们现在更能意识到必须抛开这一点。”（第 252 页）尽管如此，他赞同希腊的哲学伦理学，因为它代表了“极少数成套想法中的一种，现在仍能有助于将道德思考转化成同现实的真诚接触”。 xviii

在这篇 1981 年概要的末尾，威廉斯从希腊哲学转向悲剧。同他对荷马式价值的扼要评述一样，他在这里简要地勾勒了他自己后来在《羞耻与必然性》中大大扩展的想法。尽管希腊哲学，“在它对理性自足性的一贯追求中”，试图将美好生活同偶然相隔绝，希腊文学特别是悲剧却给我们这样一种感觉，“伟大的东西是脆弱的，而必然的则可能是破坏性的。”（第253页）这一段鲜明地标示出威廉斯对尼采有限的认同：

> 考虑到西方哲学之希腊根基的范围、力度、想象力和创造力，这一点反而更引人注目，即我们可以也应该严肃对待尼采的评述：“希腊人最伟大的特征之一是他们无力将最杰出的东西转化为反思。”

促成《羞耻与必然性》一书的萨瑟讲座，给了威廉斯一个机会去详尽阐述尼采的箴言，这显然是他所享受的机会，因为这本书最为突出的特征，正是威廉斯带着同情去接触荷马和希腊悲剧作者**隐含**（*implicit*）的伦理学和心理学。同样突出的是，在《羞耻与必然性》中，令人吃惊地同《希腊遗产》一书中他所撰写的概述章节形成鲜明对照，威廉斯针对希腊哲学家特别是柏拉图的道德心理学采取了强烈的批判姿态。要理解这一转变，我们应当考虑威廉斯对他所说的“道德”或“道德体系”的怀疑论挑战，正如他在《伦理学与哲学的限度》一书中所述——该书写于有关希腊哲学的概述文章之后，《羞耻与必然性》之前。

xix　《伦理学与哲学的限度》以威廉斯诸多早期研究为基础，对当代道德哲学的融贯性、心理可行性和现实性提出了强有力的挑战。尽管他讨论了大量“伦理理论的不同风格”，他批评的主要目标是承自康德的“道德义务这一特殊观念”，他将其刻画为“几乎我们所有人的世界观（outlook），或者含混地说，我们世界观的一部分”（第174页）。威廉斯在道德义务概念中找到的问题包括它无条件地宣称它通杀（trump）所有其他类别的动机；它关注假定为自律的意愿，而这并不能由个人的气质（dispositions）、兴趣和社会角色所确定；而且，概而言之，它与个人作为共同体成员的生活经验相隔绝，而个人的世界观既是部分共享的，也是以有意义的方式个人化的。这本书展示出对如下想法的全面挑战，即哲学反思只凭借自身就能产生伦理规范，而且可以脱离人们的社会语境和心理特殊性来塑造他们的世界观。

威廉斯将如此刻画的“道德体系”在上述诸多方面同希腊哲学伦理学相对比，以此推进对前者的批判。然而，这本著作一开始，他就怀疑是否存在一种道德哲学（现在包括希腊人的道德哲学）“能够合理地期待可以回答人应如何生活这一问题”（第 1 页）。尽管如此，他将苏格拉底问题视为“道德哲学最好的出发点”（第 4 页），因为泛泛而言，这一问题对特定的“道德”考虑或有关义务或善的假定不置可否。用威廉斯的话说，苏格拉底问题属于“伦理学”而不是“道德”，后者他用来指强调义务观念的狭义的伦理学。

在《羞耻与必然性》中，威廉斯更多的是越过柏拉图和亚里士多德回望荷马和悲剧作者，他们的作品尚未受到哲学的影响——这里的哲学指柏拉图最先正式开创的一种特殊类别的著述和追问方式。在这一素材中，特别是在它对羞耻和必然性这些关键主题的处理中，他找到证据表明存在这样一种世界观，它不仅能逃脱他早先对道德哲学的责难，而且，他认为，“如果我们能够理解希腊人（他这里首先指苏格拉底和柏拉图之前的作者）的道德概念，我们将会在我们自己身上认出”这一世界观。[5] 在下一页，他在另一个出

xx

〔5〕《羞耻与必然性》，第 10 页（译注：这里的页码为原书页码，即本书边码）。

彩的句子中写道，“如果我们能把希腊人从［我们］对他们居高临下的误解中解放出来，那么这同一进程也有助于把我们从对我们自己的误解中解放出来。”有关威廉斯在古代与现代间穿梭的出众能力，不必再说更多，以免败坏读者的胃口。与其如此，我更愿意在结束时对这本书表达一点个人的体悟。

《羞耻与必然性》的出色体现在它对希腊素材的处理上，但它最予人启发、引人入胜的是，它向我们展示了威廉斯这个极富创造力的哲学家，和他突破严格意义的“哲学”思想和单纯的“文学”想法这一陈腐区分的杰出能力。自从他发表《道德运气》这一影响深远的论文以来，随着他有关安娜·卡列尼娜和假想的高更的精微讨论，他从文学中抽取强有力的洞见的天赋就已经人所共睹，这尤为突出地体现在《真理与真诚》中对卢梭和狄德罗的论述上。眼前这本书令我特别印象深刻的是，威廉斯以哲学的方式投入到通常称为文学的伟大文本中。在他堪称实践模范的引导下，荷马和希腊悲剧中的主要人物成为伦理和心理学反思的素材而不曾丧失其在具体语境中的身份；而且，我认为这正是威廉斯在其使命中所期待实现的目标：让道德哲学成为一项忠实于人类生活复杂性的事业，真心对待人们实际经历过或者精彩地构想过的生活。

xxi

A. A. 朗

伯克利

2007年8月

第一章　古代的解放

1

我们现在已经习惯于将古希腊人看作异邦人。四十年前在《希腊人与非理性》一书的前言中，埃里克·多兹为他使用人类学材料来解释“古希腊精神世界的一个侧面”做出辩护，或者更应该说婉言谢绝了辩护。〔1〕自那时起，我们渐渐熟悉了那种将类似文化人类学的方法应用于古希腊社会的研究活动。这种做法已经硕果累累，尤其是致力于以这一类术语来揭示神话和仪礼结构的努力，带来了若干近年来最富启发性的成果。〔2〕

这种方法界定了我们自己同希腊人之间的某种差异。文化人类学家们在一个传统社会中生活，扮演着人所周知的观察者的角色，他们因此可能会非常亲近他们与之一起生活的民众，但他们坚定地认为这样的生活是异质的。他们探访的重点在于理解和描述人类生活的另一种形式。而我刚才提到的那一类作品帮助我们理解希腊人，它们所借助的方式首先是使希腊人变得陌生，也就是说，比他们现在——在现代思想以过于善意的方式吸纳了他们的生活之后——看起来的样子要陌生得多。我们并不能同古希腊人生活在一起，也不能在任何实质性的意义上想象我们可以如此去做。他们生活的许多方面对我们来说是隐蔽的，也正因为这一

2

〔1〕　《希腊人与非理性》p. viii。

〔2〕　简·哈里逊是其中一个先驱，例如她的《希腊宗教研究导论》(Jane Harrison, *Prolegomena to the Study of Greek Religion*)。

点，对我们来说很重要的是要保持对他们的他异性（otherness）的意识，而文化人类学的方法有助于我们维持这一意识。

本研究并不采用这种方法。我所讨论的大多数主题已经用这类术语处理过，但我基本上将这些讨论搁置一边。[3]关于古代世界，我打算追问一类完全不同的问题，它将古代和我们自己的世界放在一种完全不同的——并且只在一种意义上更加亲近的——关系之中。但是，我并不想否认希腊世界的他异性。我不会宣称公元前5世纪的希腊人最终要比我们近来被诱导着去设想的还要现代，或者说尽管有众神、命运守护神（daimons）、污染、血罪、牺牲献祭、丰收庆典和奴隶制，他们实际上几乎就像维多利亚时代的英国绅士一样，比如说，像某些维多利亚时代的英国绅士们愿意设想的那样。[4]

我要强调的是希腊思想与我们的思想之间一些未被认可的相似性。文化人类学当然也援引相似性，否则它就不能使它所研究的社会能被我们理解。有些相似性是显而易见的，它们在于普世的需求：各地的人类都需要一个文化框架来处理生殖、饮食、死亡、暴力。有些相似性并不明显，因为它们是无意识的；理论家们通过诉诸在某种程度上我们所共有的意象结构（structure of imagery），他们宣称已经理解了希腊神话、仪礼和文学中的思想。

〔3〕　我希望这一研究进路能够在学术分工框架内为它自己开出一条体面的通道。我很清楚，上述忽略将会使我的观点处于风险之中，最危险的是在涉及我称之为“超自然的”希腊思想时我所触及的观点。关于这一点，见下文第6章，第130—132页（译注：以下提到的页码均为本书英文版页码）。

〔4〕　关于这一主题，参见理查德·詹肯斯《维多利亚时代与古希腊》（Richard Jenkyns, *The Victorians and Ancient Greece*），关于它对另一个文化的影响，见E.M.巴特勒《希腊暴政在德国》（E. M. Butler, *The Tyranny of Greece over Germany*）。

我所说的并不会同这样的追问冲突，但是我要强调的那些相似性属于一个不同的层面，它们关系到那些我们用来解释我们自己和其他人的感受和行动的概念。如果说我们的思想方法和希腊人的这些相似性在某些场合是不明显的，这并不是因为它们源自潜藏于无意识中的某种构架，而是因为出于文化和历史的原因，它们没有得到承认。我们对于自己与希腊人相类似的某些行为方式茫然无知，这正是我们伦理处境的一个后果，也是我们与古希腊人 3 关系的一个后果。

田野里的文化人类学家在对照他们正在研究的生活与自己家乡的生活（这或许可以称作现代性的生活）时，并不致力于对前者做出任何特定的评判。他们有很多理由不认为自己比所研究的民族高人一等，但是，这些理由或许都多多少少围绕着由如下事实造成的双方的不对称性：其中一方研究另一方，并且将先前研究过其他对象的理论工具应用在他们之间的关系上。而在我们与古希腊人的关系上，情形有所不同。他们是我们的文化先祖的一部分，我们对他们的看法和我们对我们自己的看法密切相关。这一直都是研究他们的世界的一个独特之处。同研究其他社会不同，这里我们不仅仅是去了解人的多样性，了解其他社会或文化成就，或者是那些欧洲主宰的历史所宠爱或摒弃的东西。去了解那些东西自身，当然是我们自我理解的一个重要助力，但是去了解古希腊人是自我理解更直接的一个部分。即使现代世界扩展到全球将其他传统拽入自身，这一点仍然如此。其他那些传统会给它崭新的不同的轮廓，但它们不能抹杀的事实是：希腊的过去就是现代性的过去。

现代性吸纳其他传统的进程，并不能消解现代世界乃是由希腊的过去所主宰的欧洲产物这一事实。然而，它很可能使得这一事实不再有趣。或许它会证明对于一种新生活来说更有助益、更有成效的是去遗忘这一事实，至少在任何自居为历史的层面是这样。现在仅仅因为希腊的过去是“我们的”就认定它一定有趣，已经太晚了。〔5〕我们需要一个理由，这与其说是为了表明对希腊人的历史研究同现代社会理解自身的方式有特别关联——这已经足够明显——，不如说是为了说明自我理解的这一维度应当是至关重要的。我深信存在这样一个理由，一如尼采凝练的表达：“如果古典文学不是不合时宜的，我不能想象它在我们这时代的意义还能是什么：这也就是说，它反对这时代并借此来影响这时代，而且，让我们期盼，这将有益于未来的时代。”〔6〕我们现在应当尽力理解我们的想法如何与希腊人的相关，因为，如果我们这么做，这将特别有助于我们明白我们的想法会以什么样的方式出错。

4

本书针对的是我宽泛地加以界定的希腊人的伦理思想，尤其是这样一些涉及有责任行动、正义和引导人们行令人钦赞和尊敬之事的动机的想法。我的目的是对历史现实进行哲学描述。我将要复原并和我们的诸种伦理思想相比较的是一种历史的层积，是某些希腊人的想法；但是，这一比较是哲学化的，因为它将要

---

〔5〕 但这并非由于近来颇为时髦的这样一种观点，即认为所有同“霸权式的”（hegemonic）西方传统及其作品相关的价值判断，无一例外都是同样的、有害的意识形态构想。这一主张无论如何会碰到如下问题（对它理解得越多，问题就越深）：所有用来反对霸权的批判体系自身都是这一传统的产物。本书并不会展开论证驳斥这一主张。更确切地说，我希望本书所讨论的作品本身就成为反对这一主张的论证。

〔6〕 《历史之于人生的利与弊》，载《不合时宜的沉思》，加里·布朗（Gary Brown）译为《历史对人生的用与害》（“History in the Serviece and Disservice of Life”），载《非现代的考察》（*Unmodern Observations*），威廉·安罗史密斯（William Arrowsmith）编，第 88 页。在引用中，我用“不合时宜的”（untimely）取代“非现代的”来翻译 unzeitgemäß；“非现代的”暗含“后现代”之意，这在当下太过接近“时尚的”这一含义。

袒露思想和经验的某些结构，并且首先要追问它们之于我们的价值。在某种意义上，我将断言希腊人所拥有的基本伦理想法不同于我们，而且状态更佳。而在某些方面，则是我们同希腊人一样依赖同样的思想，只不过我们并不承认我们实际的依赖程度。〔7〕

就我们同古希腊人的伦理关联来说，这两种主张都同我们所熟知的图景相对立。当然没有人会以为希腊人关于这些问题的信念和我们的完全相同；没有人会断定在现代道德和希腊世界特有的世界观之间不存在实质差异。就希腊的伦理观念以及它们同我们自己的观念的关系而言，我们熟知的图景更应当说是发展的、进化的，而且——用一个我无法避免的难听的字眼——进步主义的。有些现代学者直截了当地提出这一点〔8〕，更多的人则视其为理所当然。按照进步主义理论，希腊人有关行动、责任、伦理动机和正义的观念是原始的，在历史的进程中已经被一整套更加复杂和精致的思想所取代，后者界定着伦理经验更加成熟的形式。据此人们达成共识，这一发展经历了长期的过程；人们也赞同某些改进就发生在古代希腊这段时期之中，而另外一些则有待

5

〔7〕　不止一位朋友在阅读本书先前的草稿时问我，这一随处可见的“我们”代表谁。它指一定文化处境中的人们，但是谁在那样的处境中呢？显然，它不能指这世界的每一个人，也不能指西方的每一个人。我希望它不仅仅指像我一样已经思考的人们。我最多只能说，“我们”一词起作用，不是通过预先确定的指派，而是通过邀约。（我认为在大多数哲学尤其是伦理学中的“我们”也是如此。）这里的问题不是“我”告诉“你”我和其他人在思考什么，而是我请你来考虑，你和我要把某些事情思考到什么样的程度，或许还有在多大程度上你和我还需要思考其他问题。

〔8〕　一个广为人知的、极有影响力的例子是 A.H. 阿德金斯的《品德与责任：古希腊价值研究》（A. H. Adkins, *Merits and Responsibility: A Study in Greek Values*）和《从多到一：古希腊社会语境中的人格与人性观研究》（*From the Many to the One: A Study of Personality and Views of Human Nature in the Context of Ancient Greek Society*）。这一基本观点广为流布，并不局限于那些直接讨论希腊人的著作。

后来的历史。至于这一框架下各色各样的改进何时出现，却没有达成共识。大家都认可荷马的世界体现了一种羞耻文化（a shame culture），而羞耻的核心伦理作用随后为罪责（guilt）所取代。有些学者认为这一进程在柏拉图的时代，或者甚至在悲剧作者那里就已经大大推进。其他人则认为，就一个观念所包含的自由和自律而言，主宰整个希腊文化的种种观念更接近于羞耻，而不是一个完整的道德罪责观念；他们相信只有近代意识才能达致道德罪责。[9] 同样的分歧出现在道德能动性（moral agency）上。我们被告知，荷马史诗中的男男女女并非道德行动者（moral agents）；根据我在下一章讨论的一种极有影响力的理论，他们甚至不是行动者。柏拉图和亚里士多德笔下的人们则被允许成为行动者，但他们可能还是欠缺道德能动性，因为——至少根据其中一些解释——他们缺乏恰当的意愿（will）概念。

无论从历史的还是从伦理的角度看，这些叙述都极易让人误解。它们所产生的许多问题，涉及一种发达的道德意识的这个、那个或其他某个要素应该在何时产生，而这些都是无法回答的，因为产生此类问题的发达的道德意识本身根本就只是个神话（myth）。这些理论用现代的自由、自律、内在责任、道德义务之类的思想来衡量古代希腊的思想和经验，并且假定我们能够确切地把握这些思想自身。可是，如果我们诚实地问我们自己，我深信我们将会发现我们对于这些思想的实质并无清晰的想法，因此对于（根据进步主义理论）希腊人所没有的东西也没有清晰的想法。

6

〔9〕 多兹持前一种观点，后一种则在阿德金斯的《品德与责任》《从多到一》中大行其道。休·劳埃德－琼斯在《宙斯的正义》（Hugh Lloyd-Jones, *The Justice of Zeus*）中则非常合理地警告我们不应将这些区分太过绝对化，特别见第 25 页以下。

确实有一个词来指希腊人被认定不曾拥有的东西，也就是“道德”（morality）这个词。当我们被告知所有或部分希腊人缺乏责任、认同（approval）或诸如此类的**道德**观念时，这个词明确地指明我们生活在进步主义者的世界中。看起来，这个词本身就应该可以传达我们所拥有而希腊人缺乏的关键假定。或许以下这点暗示着来自这些作者们一方合乎情理的焦虑：无论这个词是否能传达上述假定（或者更应该说无论这个词自身是否能传达任何东西），他们总是一再觉得有必要用斜体来写这个词以增强其救赎力量。

我们通常思考这些问题——特别是道德，但还有现代性、自由主义和进步——的方式其结构是如此简单，以至于把我刚才讲的这些话说出来，很难不被看作是复古的反动。此外，由于我先前提到的晚近的人类学研究，以及他们之前的杰出学者们的著作都理所当然地将希腊世界涂抹上厚重的阴影，因此，倘若被看作是复古的反动，这实在太过黑暗。所以，我必须尽可能迅速并且坚定地申明，我并不主张现代国家应该按照忒俄格尼斯（Theognis）*的原则运行，我也不愿意同下面这样的人成为盟友，他们疑心《报仇神》（*Eumenides*）的结尾场景已经展示出某种朝向自由主义的危险衰退。我并不建议，我们应当复兴希腊人所共享的对待奴隶制的态度，或者他们对待女人的态度——这当然是男人们的态度，但毫无疑问也是许多妇女们自己的态度。

在批评我所说的进步主义时，我要说的并不是不存在任何进步。实际上，希腊世界自身中就存在进步，就 *aretē* 或人的卓越性（excellence）这一想法在一定程度上不再受社会地位决定来说，进　7

* 译注：Theognis，公元前 6 世纪麦加拉的诗人，以哀歌体格言诗闻名。

步是显著的。更加显著的是差异，是我们必须认可的差异，我们自己同希腊人之间的差异。问题在于这些差异应当如何去理解。我的主张是，从能动性、责任、羞耻或自由等基本伦理思想的转变这样的角度并不能最好地理解这些差异。恰恰相反，通过更好地领悟这些思想自身以及我们在何种程度上同古人分享这些思想，这或许有助于我们确认我们对现代世界的某些错觉，并由此更有力地把握我们所看重的我们同希腊人之间的差异。这不是要**复生**（revive）任何事物。逝者已逝，在很多重要的方面，即使我们知道复生意味着什么，我们也并不想让它复生。希腊世界有活力的东西已经获得活力，并且（常常以隐蔽的方式）帮助我们保持活力。〔10〕

当我说，从基本伦理思想的转变这样的角度不能最好地理解我们同希腊人的差异，我指的是两件不同的事。首先，当我们的基础性思想不同于希腊人时，在我们的差异中我们所看重的通常并不来自他们的思想。此外——也就是第二点——，在基础思想中发生过如进步主义论者所设想的那般巨大的转变，这并非事实。发生过多大的转变，我们在多大程度上依赖那些经历过转变的想法，也就是那些关于自由、责任和个别行动者这类事物的想法，这是一个难以把捉的问题，它最终并不能得到完全的答复；要回答它，需要在我们思考的东西和仅仅是我们自认为我们在思考的东西之间划定明确的界限。出于同样的理由，在断言“发达

---

〔10〕　尼采认为现代文化已经彻底毁坏，它比本书力图断言的更加需要救赎性拯救。我们不需要接受尼采的观点来赞同他如下的言辞：“所以，如果我们理解希腊文化，我们就明白它永远消失了。因此古典学家是我们的文化和教育环境中**伟大的怀疑者**。”（《我们古典学家》注释，III, 76，英译文见《非现代的考察》，第 345 页）

的道德意识”观念——它同希腊人据说较为原始的观念形成对照——乃是个神话时，我引入了两个不同的想法，它们不可避免地相互交织在一起。在一定程度上确实存在这样的意识，但它独特的内容由一个神话所构成；另一方面，这样的意识能够存在，这本身在一定程度上就是个神话。毫无疑问的是，我们依赖于我们和希腊人共同分享的想法的程度，比进步主义理论所宣称的要大得多。在我看来，这必定如此，因为那些被认定为更加发达的思想并没有提供多少可以依赖的东西。就这样的基本思想来说，希腊人站在坚实的根基上——通常这根基要比我们自己的更加坚实。这何以如此，某些希腊人何以在某些特定的方面比其他人要站在更坚实的根基上，将是本书第二、三、四章的主题，其中我将探讨能动性、责任和羞耻。

8

如果希腊人的基本伦理思想事实上在很多方面都要比我们自己的牢靠，那么，这一点并不是要让我们否认他们和我们之间的实质差异——例如在有关正义的问题上，而是引导我们以新的方式来理解这些差异。要恰当地衡量希腊人对待奴隶和女性的态度（我在第五章讨论这一态度）同我们之间的差距，不能用所谓的“道德”这样的后起的结构性思想作为标准，而是应当考虑权力、机遇以及正义最为基本的形式，这些考虑自身可以追溯到希腊世界。

人们很容易假定，在比较我们和希腊人的伦理思想时，从逻辑上说只能有三种基本立场：更好、更坏、几乎一样。这一图解不仅是一种可笑的过分简化，而且将两种不同的问题放在一起，它们实际上被进步主义的态度混为一谈，而当务之急恰恰是要将它们分开。我们是否要将从古代世界到现代的伦理思想史理解成发展、进化以及诸如此类的历程，并因此认为我们的思想是希腊人的思想的更加精致和复杂的替代物，这是一个问题。但是，在9两者间分配我们的爱慕则是另一回事。这一方面体现在这样一些人身上，例如正统的马克思主义者，他们持进化论观点，但正因为这一点他们认为对古代思想和实践的评估不切要点：举例来说，恩格斯或许会轻蔑地看待进步主义者的观点，正如他对待有关古代奴隶制的道德化评判一样。[11]

不过，这里存在不止一个问题，这一点更为有趣地体现在另一些人身上，对他们来说（与马克思主义者不同），现代意识的复杂精细（sophistication）本身就是问题的一部分。尼采就是其中一员，我的追问和这位作者的关系既异常紧密，也必然含混暧昧。这里的要点不是去追寻最近一位评论家所恰当地指出的“尼采同希腊的某些方面痛苦的、语调激昂的疏离以及……同另一些方面的令人坐卧难安的牵连”[12]。但无论如何，关于尼采有两件事情是显而易见的：一是他对希腊世界的激情，另一件则是他对现代性的大多数方面强烈的轻蔑和厌恶。他的复杂态度部分地来自他无时不在的判断：没有他所厌恶的发展，他自己的意识也不可能形成。特别是他对事物的观点——无论是希腊人的还是其他任何东西——依赖于高度反思、自我意识和内在性（inwardness），而他

〔11〕 恩格斯《反杜林论》（德文版《马恩全集》20卷，第168页）：“没有奴隶制，就没有希腊国家，就没有希腊的艺术和科学；没有奴隶制，就没有罗马帝国。没有希腊文化和罗马帝国所奠定的基础，也就没有现代的欧洲。……讲一些泛泛的空话来痛骂奴隶制和其他类似的现象，对这些可耻的现象发泄高尚的义愤，这是最容易不过的事情。……但是，这种制度是怎样产生的，它为什么存在，它在历史上起了什么作用，关于这些问题，我们并没有因此而得到任何的说明。”（引自M. I. 芬利《古代奴隶制与现代意识形态》，第12页）

〔12〕 海因里希·冯·斯塔登《尼采和马克思论希腊艺术和文学：接受史案例研究》（Heinrich von Staden, “Nietzsche and Marx on Greek Art and Literature”），载《戴达罗斯》（*Daedalus*）1976冬季号，第87页。

认为，没有这些概念正是希腊人的魅力之一，实际上也是其力量所在。“希腊人深刻地肤浅”，他的说法广为人知[13]，这一评断将在本研究的多个领域展现其力量。

尼采坚定地认为，转身去寻求那失落的世界是荒谬的。如果说进步主义者的世界观是可笑的，那么只是把它反转过来也同样可笑。如果我们要使我们同希腊人的伦理关联有意义，我们需要的就不仅仅是乡愁。尼采铭刻在心的一个想法是，由于缺乏某种反思和自我意识，希腊人——他很愿意将他们同孩童相比[14]——同样也缺乏某些自我欺骗的能力。尼采这个拆穿面具者，最终自我毁灭的真实性（truthfulness）的追求者，他在担当这些角色时借用了如下主张：希腊人，至少是苏格拉底之前的希腊人，他们的生活公开地展示着权力意愿，而后来的世界观，特别是基督教和他的后裔自由主义，在他们日渐增长的自我意识中不得不掩盖这一意愿。

10

尼采的这些想法就其本身来看，是用反思和非反思、隐晦和直接界定了我们的概念同希腊人的概念之间的关系。根据这一点，希腊人和我们的世界观的相似或统一，主要出现在人的基本动机这一层面，这些动机据说在现代意识中要比在远古时代隐藏得更深。然而，这一图景并不足以支持或是解释我们对希腊人的理解。我将要断言，如果我们能够理解希腊人的伦理概念，我们就能在我们身上认出他们。我们所认出的是同一的内容，这一

---

〔13〕　他两次提到这一评论，在给《快乐的知识》第二版序言中和《尼采反瓦格纳》的后记中。

〔14〕　这显著地表现在《我们古典学家》一文（III, 19），英译文第 337 页。不过他还提到，“婴儿和孩童的目的在于他们自身，他们并不是［成长的］阶段。”（《我们古典学家》，V, 186，英译文第 385 页）冯・斯塔登指出，青年马克思也同样把希腊人看作孩童。

确认远远超出了简单地承认我们同古人所共有的某种隐藏的动机——那解构主义探针所触及的兴奋的神经。

实际上，在帮助我们理解我们同希腊人的联系上，尼采所提供的不止这一思路。尼采式的想法将在本研究中得以复现。首先要说的是，他通过一种极端的方式，将我们如何理解希腊人的问题同我们如何理解我们自身的问题联结起来，由此确定了这一研究的论题。这两个问题，尼采自己一个也没有解决。尽管尼采超越了将世界视为审美现象的理解——这主宰了他早期献给希腊人的主要作品《悲剧的诞生》[15]，但他并没有达到任何足以提供融贯的政治学理论的观点。他自己并没有提供任何途径将他的伦理学和心理学洞见同对现代社会的清楚易懂的论述联系起来——尼采给人的印象是他对现代政治学有一些明确的但也是可怕的想法，这几乎不能掩盖上述失败。[16]但我们需要政治学，需要一整套融贯的主张来说明权力在现代社会中运用的方式、界限和目的。如果说我们的伦理思想和希腊人的共同点要多于我们通常所认为的，我们就必须确认这不仅是历史事实而且是政治事实（political truth），它影响着我们应当采取什么样的方式来反思我们的实际处境。

11

因此，摒弃进步主义观点最好不要给我们留下这样的印象：现代性不过是一个灾难性的错误，而现代世界所特有的世界观，

〔15〕　对此书的全面研究，见西尔克与斯特恩的《尼采论悲剧》（M. S. Silk and J. P. Stern, *Nietzsche on Tragedy*）。

〔16〕　特雷西·斯特朗的著作《尼采与转型的政治学》（Tracy B. Strong, *Nietzsche and the Politics of Transfiguration*）尽管标题如此，并没有真正地给出尼采式的政治学。马克·沃伦的《尼采与政治思想》（Mark Warren, *Nietzsche and Political Thought*）则很好地论证了，尼采的政治学主张本来就和他自己的洞见不相匹配。

例如自由主义，只不过是些错觉。不止一位哲学家指出，错觉本身就是现实的一部分。即使启蒙运动的大多数价值观念并不像它们的拥护者所主张的那样，它们无疑仍然是有意义的东西。[17]这就给当前这样的研究提出了要求，它应当帮助我们解释这些价值观念如何能在不利于［我们的］自我理解的同时仍然是有意义的。按我先前所说的，我们所依仗的究竟是什么？如果说我们现代的伦理见解确实包含错觉，那么它仍然能得以继续，这仅仅是因为它得到了比这一理论见解所承认的要现实得多的人类行为模式的支持。而这些模式，在古代世界得到了不同的、同时在某些方面也更加直接的表达。在这些关联中，正如本章标题所暗示的，有一条过往和当下之间的双行线：如果我们能将希腊人从［我们］对他们居高临下的误解中解放出来，那么这同一进程也有助于将我们从对我们自己的误解中解放出来。

对希腊人和我们之间关系的哲学兴趣构建了一种有关希腊人的历史论述，除此之外，当然还有另外一种更加宏大的研究和这些兴趣相关，也就是关于把我们同希腊人联系起来的历史的研究。但这并不是我的论题，要从事这一研究，牵涉到或者精通或者忽视几乎整部西方世界思想史。去猜想一段历史的不同进程，在其中古代的想法可以通过某种更少伪装、更少扭曲的形式抵达现代世界，无可否认，这非常有诱惑力。去梦想这样一段历史，　12

［17］　我并不认为阿拉斯代尔·麦金太尔（Alasdair MacIntyre）充分认识到这一点，他在《追寻德性》（*After Virtue*）以及更晚近的《谁之正义？何种合理性？》（*Whose Justice? Which Rationality?*）一书中确实摈弃了我称之为进步主义的观点，但他将现代世界观特别是自由主义仅仅看作来自过往传统的片段的毫不融贯的拼凑。如果我理解得不错的话，他认为有一个传统确实来自希腊人，但是它在古代的主要贡献者是亚里士多德，在圣托马斯那里终结。对他现代性观点的批评，参见我给后一本书的书评，《伦敦书评》1989 年 1 月号。

在其中基督教并不曾，用尼采的话说，“劫夺我们对古代世界文化的收获”[18]，这是有欺骗性的。不应当让这样的梦想耽误我们，但是这样的胡思乱想只是浪费时间这一事实，并不意味着不可能会有这样的世界。我们大多数人并没有黑格尔式的理由或更传统的宗教理由，可以认为从公元前 5 世纪到今天的发展历程必须采取它实际所取的路径，尤其是要通过基督教这一环节。事实是，我们实际拥有的世界在如此大的程度上由基督教所塑造，以至于我们不能认同奥斯卡·王尔德迷人的主张：“我们生活中任何现代的东西，我们实际上都应归于希腊人。而任何与时代悖谬的东西则来自中世纪传统（medievalism）。”[19]把基督教仅仅看作（借用当前东欧流行的有关共产主义和资本主义的评论），是从异教到异教之间最为漫长和痛苦的路程，这绝不会是正确的。然而，尽管基督教的构成性影响是某种我们应当归于事实使然的东西，而且我们凭借如下的想法也不能有多少作为，但它有可能是正确的：不仅有某种别的东西，而且是某种完全不同的东西，曾经可以占据基督教的位子。举例来说，就像彼得·布朗所说，“公元 2 世纪出现在基督教圈子中的新的思想方式，将对人脆弱本性反思的重心从死亡向性欲转移”[20]，这是一个特殊的发展过程。基督教在从古代到近代世界的转换中的势不可挡的作用是必然的，这是说，如果我们试图除掉这一点，我们就不能清楚地构想另一段历史，也不能构想可能成为**我们自己**的另外一些人；但是，尽管基

〔18〕《敌基督》英文本第 60 页。然而，尼采非常清除地意识到基督教是如何渗透到古典世界，见《我们古典学家》一文（III, 13），英文本第 329 页。

〔19〕《身为艺术家的评论者》，载《意图集》（初版于 1891 年），英文版第 119 页。

〔20〕《身体与社会》英文版第 81 页。这本杰出著作的优点之一在于，它的洞见和学识在使人能够理解发生了什么的同时，也保留了这一切可能并不发生的意义。

督教的作用在这一意义上是必然的，它却有可能并不如此。

在试图复原希腊人的想法时，我将回到哲学之外的源泉。这并没有什么不同寻常的，但是该实践已成标准这一事实使我更有（而不是更没）必要说明：文学作品尤其是悲剧在我看来能够以何种方式增进我从事的研究。当然，哲学应当关心文学，这对于这种意在历史理解（historical understanding）的研究来说并没有什么特别。甚至在哲学没有牵扯历史时，它也必须对文学有所需求。例如，在寻求对伦理生活的反思理解时，它经常从文学作品中撷取例证。为什么不从生活中找例子呢？这是个非常好的问题〔21〕，它的答案也很简单：哲学家们用来取代文学而呈现在他们自己和他们的读者面前的将不是生活，而是糟糕的文学。

13

在将哲学和文学对举时，我们应当记住有些哲学本身就是文学。哲学家们常常假想，一段文学文本向他们提出的诸种难题，是他们归之为哲学的文本提不出来的。然而，这一想法大半是由他们以褊狭的方式使用哲学文本而造成的。我们应当牢记在心，在用这种褊狭的方式解读哲学文本时，他们是以何种极端的方式来处理某些文本的。之所以需要这种处理方式，是为了从文本中获取哲学家们通常所追求的东西——论证性结构——，显而易见，它要求对某些文本进行比其他文本更多的重构工作，而那些需要最极端的管制（regimentation）的文本有时可能产生最有趣的结果。但这并不意味着这些文本并没有提出有关它们应该如何被阅读的文学问题；实际上，这些文本向那些试图决定如何管制它

〔21〕巴斯·凡·弗拉森提出这一问题，见《爱和欲望的奇特效应》(Bas van Fraasen, “Peculiar Effects of Love and Desire”)，载于布莱恩·麦克劳克林与阿梅莉·罗蒂编辑的《自欺面面观》(Brian McLaughlin and Amélie Rorty, eds., *Perspectives on Self-Deception*)。

们的人们提出了这样的问题。只有哲学史家们才会为了自己的目的，将它们化约成那种本来就不提出这些问题的文本。

在有的哲学家那里，上述流程付出的代价特别高昂，而我们的研究将会涉及的柏拉图就是这样一位。此外，在他那里，我们还遇到这样一个特别的难题：他最先提出了我们借以讨论上述问题的范畴，也就是“文学”和“哲学”这两个范畴。但是，并不见得柏拉图借以展开这些范畴的那些作品自身也应遵循这一区分。哪怕我们可以认为柏拉图总是直截了当，也不应当指望这一点：这也就是说，哪怕我们可以假定对话中富有权威的交谈者（特别是苏格拉底）所阐发的学说，柏拉图不会设法加以修正或者破坏。更何况我们并不总有理由来假定这一点。[22]

14

即使在柏拉图这样一个极端例子中，也并不是以哲学史家们处理文本的典型方式来处理它们就必然有错。只有当它最终毫无成效，或者有这样一种想法在肆无忌惮，认为我们正在揭示的论证“真的就在那里”，它才是错的。去除了固执，这样的活动可以是富有创造力和启发性的。晚近有些评论者秉持后结构主义精神，攻击哲学史家们把“哲学的”和“文学的”文本截然区分分别对待；同时，他们也嘲笑可以从任何文本中抽取确定的或隐秘的含义这样的想法。然而，推至极端，后一种想法会削弱前一种。如果说我们能同过去的文本所做的只是与之游戏，那么一种

〔22〕　一个核心文本是《斐德若篇》，它探讨两个不同的对比：修辞与哲学，言语与写作；对后一对比的处理使得有关前一对比的讨论变得更加精细，但也带来更多的问题，超出了诸如《高尔吉亚篇》中的相关讨论。对这一对话的很有助益的考察，见费拉里《聆听蝉鸣：柏拉图〈斐德若篇〉研究》（G. R. F. Ferrari, *Listening to the Cicadas: A Study of Plato's Phaedrus*），尤其是第二章。而有关苏格拉底所表达的有关写作的态度是否削弱了柏拉图自己的写作，见该书第七章。

让人满意的游戏风格就可以是强迫它进入哲学史所要求的管制。

我在这本书里考察的大部分文本甚至看起来都不像哲学，我的目标也不是要让它们像哲学。其中，悲剧对于我要追问的很多问题特别重要，但要揭示它的重要性，并不是要把它看作哲学，甚至也不是以一种更加精致的方式，把它看作一个后来为哲学所取代的讨论媒介（medium）。[23] 与此同理，这些剧作并非哲学作品，指出这一显而易见的事实并没有告诉我们，它们对于哲学的意义究竟是什么。或许是这一点上（但不仅仅是这一点上）的混淆促使已故的丹尼斯·佩奇爵士给《俄瑞斯忒亚》的作者写下这一著名的期末评语："埃斯库罗斯首先也主要是一个伟大的诗人，富有影响力的剧作者。精确或深刻思考的能力并非他天生所长。"还有充分显露其书生气的一句："宗教在这些篇章中举步不前，哲学则全无立锥之地。"[24]

15

如果以这样的方式来思考悲剧，你就不仅误解了它同哲学的关系，而且也使得自己不能历史地理解悲剧。悲剧是围绕那些它没有详述的想法形成的，要理解它的历史，也就是部分地去理解

〔23〕 "悲剧作者们的关怀有时被移交给宗教哲学这一更引人沉思的范畴。"（罗伯特·帕克：《污染》[Robert Parker, *Miasma*]，第 308 页）布鲁诺·斯内尔即持有哲学取代悲剧这一观点，见《心灵的发现》（Bruno Snell, *Die Entdeckung des Geistes*），尤其是第 5 章（英译为 *The Discovery of the Mind in Greek Philosophy and Literature*, 英译者 T. G. Rosenmeyer。英译文补充了额外的一章，下文页码均为英译本）。这必须同尼采所持的哲学使悲剧不可能这一观点区分开来。玛莎·努斯鲍姆《善的脆弱性》（Martha C. Nussbaum, *The Fragility of Goodness*）的第 12 页，在这些［悲剧和哲学的］关联中为悲剧研究辩护，但她所提出的大多数理由并非悲剧所独有；其中一些，例如她所强调的"复杂的"和"具体的"人物（第 13 页）似乎更适用于小说而不是悲剧。

〔24〕 埃斯库罗斯《阿迦门农》，丹尼斯顿（J. D. Denniston）和丹尼斯·佩奇（Denys Page）校订本，xv-xvi。以上摘引的评述出自佩奇所写的导言（参见 vi）。劳埃德－琼斯就埃斯库罗斯的心智这一论题提出了很好的修正，但他并未考虑悲剧和哲学的关系（《宙斯的正义》，第 107 页）。

这些想法和它们在产生悲剧的社会中的地位。我们所拥有的全部希腊悲剧都写于同一个世纪，同一座城市。它们在对城邦具有重要意义的宗教庆典中上演；它们的题材绝大多数取自同一批传奇故事。〔25〕晚近的研究揭示了悲剧演出活动以何种方式有助于阐释和表达对立和张力，即内在于城邦诸多概念和具有导向性的种种形象之中的对立和张力。〔26〕正是在一个特定的历史处境中这一切才得以可能，要理解它，就必须去追问：关于人类的行动和经验，悲剧所提供或者暗示的是什么样的图景，以及这些图景如何同那些参与悲剧演出的人们的生活发生关联。

由此可知，即使我们要从历史的角度理解希腊悲剧，我们也必须要把它看作悲剧。悲剧并非一份档案恰巧成了一出戏剧，或是一出戏剧恰巧具有一种悲剧风格的传统形式：别的暂且不论，要在历史语境中理解悲剧，就意味着要把握其悲剧效应（tragic effect）。再次回到上述[悲剧和哲学的]关联，从相反的方向读解，它或许会针对悲剧效应自身向我们有所交代：即它的可能性与同样的历史处境相关。在有关这些问题的精彩讨论中，瓦尔特·本雅明曾经有言："历史哲学的诸方面[构成了]……悲剧理论的本

---

〔25〕 西蒙·戈德西尔 的《解读希腊悲剧》（Simon Goldhill, *Reading Greek Tragedy*）中的论述颇有助益，特别见第三章有关城邦方面的讨论。

〔26〕 同类作品中参见让－皮埃尔·韦尔南和皮埃尔·维达尔－纳凯所著《古希腊的神话与悲剧》（Jean-Pierre Vernant and Pierre Vidal-Naquet, *Mythe et tragédie en Grèce ancienne*）第一卷和第二卷；尼科莱·洛罗 的《杀戮妇女的悲剧方式》（Nicole Loraux, *Façons tragiques de tuer une femme*），查尔斯·西格尔的《悲剧与文明》（Charles Segal, *Tragedy and Civilization*）。戈德西尔给出了更多这类作品的出处。彼得·尤本在他给《希腊悲剧和政治理论》（*Greek Tragedy and Politial Theory*）这一文集所作导言中，或许太过轻易地从悲剧表演是一个城邦事件这一论点推进到悲剧具有政治内涵这一想法。现在可以参看尤本所作《政治理论中的悲剧：未择之路》（J. Peter Euben, *The Tragedy of Political Theory: The Road Not Taken*）。

质成分。”[27]

然而，这将引发一个重要问题，它关系到我当前正在进行的这项研究：论述过古代悲剧兴起的这一历史时刻的学者们大多同意，悲剧包含着对人的行动的一种特殊理解，它出现在人的行动和某种神圣的或超自然的秩序的种种关系之中。本雅明自己深信这一点，他的评述予人启发：“悲剧之于命运守护神（daimonic）犹如悖论之于歧义。”[28] 让－皮埃尔·韦尔南（Jean-Pierre Vernant）在其有关希腊悲剧的著名著作中，在“悲剧的历史时刻”这一标题下写道：

16

> 当人和神的位面（planes）充分地相互区别开来，彼此形成对立但又显得密不可分的时候，你就理解了悲剧中的责任意识。当人的行动成为反思和争论的对象，但它又尚未获得充分自律（autonomous）的状态而得以自足的时候，这种悲剧中的责任感就产生了。适合悲剧的领域位于这样一个前沿地带，在那里，人的行动借助神圣的力量表达出来，也正是在这一地带，人的行动揭示出它真正的意义，这一意义行动者自己本来一无所知，他们在承担自己的责任时，将自己嵌入到人和众神的秩序之中，而这秩序超越了人的理解。[29]

〔27〕《德国悲剧的起源》（约翰·奥斯伯恩 [John Osborne] 英译），第 101 页以下。在同一段中，本雅明有力地批判了尼采有关悲剧的纯美学观点。

〔28〕同上书，第 109 页，我替换了译者所用的可能产生误导的“恶魔”（demonic）一词。关于来自命运守护神的内在“歧义”的例证，以及悲剧如何将其激化为悖论的方式，参见第 6 章中有关神谕以及它和可能性的关联的讨论。

〔29〕《古希腊的神话与悲剧》，第 16 页，文中引用的（还有第 19 页的）译文是我自己翻译的。

这一论述关系到在诸多希腊悲剧中得以表达的［责任］意识，它包含相当多的真理。对韦尔南自己来说，这构成进化史的一部分：悲剧中的世界观对他来说是“行动观念发展中的一步”。[30]我并不接受这一进化理论，而这会带来一个难题。我想要表达下面所有这些主张：我们有关行动、责任和我们的其他一些伦理概念的想法比我们通常所设想的要更接近古希腊人；希腊人这些想法的重要性表现在古代悲剧之中，实际上构成了悲剧效应的核心；悲剧必须理解成一个特定的历史进程，在一个特定的时刻产生；这一历史进程包含着某些有关超自然、人类和命运守护神的信念，而我们可能不能接受这些信念，它们也不构成我们的世界的一部分。但是，所有这些能够同时为真吗？

17

当我们想到，在悲剧作者当中有一位能以最有冲击力和挑战性的形式来体现这里谈到的有关行动和责任的想法，他正是索福克勒斯，此时，上述难题将会显得更加尖锐。索福克勒斯的词句能在只言片语中压缩巨幅的冲突、不安和精心掌控的联想；[31]他的文风来源多样，带来高密度的引证，这本身就有助于我们警觉其中隐含的种种想法之间的关联。而它们也显然有助于我们理解索福克勒斯悲剧的一个重要特征：某种具有塑造性的必然性（shaping necessity）（我将在第六章中对索福克勒斯那里的戏剧必然

〔30〕　《古希腊的神话与悲剧》，第 63 页。

〔31〕　从无数例证中暂举一例，［奥瑞斯忒斯的］老保傅在将奥瑞斯忒斯和皮拉得斯推向谋杀时说道：μέλαινά τ᾽ ἄστρων ἐκλέλοιπεν εὐφρόνη（《埃勒克特拉》19，译注：“星辰黑暗的美好时光已经退场。”原文所引希腊文并无英译，为方便汉语读者，依字面义并参照威廉斯的解释译出，并且参照了罗念生、陈中梅、张竹明等人的中译本，尤其是专名的翻译，恕不一一注出。）εὐφρόνη（译注：美好时光，黑夜的委婉说法）确实已经逝去，连同它委婉表达的［黑夜］。已经到来的黎明可以被描绘成新的黑暗，这一时刻星辰黯然无光。参见下文对俄狄浦斯的言辞的讨论，见第三章第 58 页，第 6 章第 147 页。

性和形而上学必然性做更多的讨论，在那里我要考虑宿命论和决定人的行动的超自然模式）。概而言之，该诗人的作品对我要讨论的很多想法至关重要。这毫不留情地揭示出我们的困难所在，因为索福克勒斯使用的生活形象，他在剧作中表现的人类和必然性的关联无可避免地同古代宗教的主题纠缠在一起。查尔斯·西格尔（Charles Segal）将索福克勒斯称为“融合有关人类生活中的暴力与苦难的两种解释方式的巨匠：内在的与外在的，心理的与宗教的”[32]。多兹则写道，

> 首先正是索福克勒斯，古风时期世界－观（archaic world-view）的最后一位伟大的代言人，他用未经缓和、未经道德化的方式表达出古老的宗教主题的所有内涵——在面对神圣奥义时人类令人震惊的无助感和等待着一切人类成就的压倒一切的疯狂感（ate）——，正是他使得这些思想成为西方人（Western Man）文化遗产的一部分。[33]

这些评述清楚明白地提出这样一个问题：既然，古风时期的世界观无疑不是“西方人文化遗产的一部分”——至少从我们实际拥有它，把它当作人们在遗产中所期待的东西这一意义来说，它并非如此——，那么，索福克勒斯的这些思想又如何能是，又以什么样的方式是它的一部分呢？

18

关于这个问题最重要的一点是，尽管我把它作为我自己的问题提出来，但对韦尔南和其他评论家们来说——他们把悲剧作

〔32〕　《悲剧与文明》，第 7 页。

〔33〕　《希腊人与非理性》，第 49 页。

品看作与自律的人类行动相关的思想发展中的一个已经过去的阶段——，如果他们多少能够回应并且期望我们回应悲剧的话，这实际上也是他们的问题。但是，如果悲剧作品的效应本质上基于我们身后两千多年前的超自然概念，我们又如何能回应这些悲剧呢？应当承认，对它们的回应可能不是直接的，并且需要某种知识。但是，需要知识和想象来了解他们的观点，这一事实并不意味着当我们了解了他们的观点，这种经验就只是虚构的时空旅行的产物——也就是说，只有在我们假装成公元前 5 世纪的希腊人时，它们才对我们有意义。如果我们找到了那个位置，在那里它们对我们有意义，那么它们就是对**我们**有意义。重要的是，希腊悲剧的戏剧内容可以明确地塑造对它们的现代回应：仅仅借助一系列形象的无意识力量并不能充分刻画这一回应。它也不会只是大而无当的、靠不住的误解，好比某人沉醉于格列高里圣咏，只因他把它当成了某种印度拉格（raga）。我们能够真诚地而不仅仅是作为游客来回应悲剧，这事实本身足以说明，我们和悲剧听众的共同点从伦理的角度看比进步主义理论所允许的要多得多。

有人或许要说，上述矛盾并不存在：因为韦尔南所宣称的，悲剧和它的思想世界紧密地同它们得以出现的历史环境纠缠在一起，这一点并不正确。某种意义上说，这是对的，这是我们必须深入了解的研究方向。但是，悲剧作品确实包含着超自然概念，特别是有关必然性的概念。[34] 这一点如此明显，我们不能单纯地

〔34〕　我先前提到，这问题直接产生于索福克勒斯，也基本适用于埃斯库罗斯（以及《被缚的普罗米修斯》的作者——有关该作者并非埃斯库罗斯的详细论证，见马克・格里菲斯《被缚的普罗米修斯的真实性》[Mark Griffith, *The Authenticity of "Prometheus Bound"*]）。欧里庇德斯情形则不太一样，至于确切地说怎么个不一样，这是个复杂的问题。关于这一点的评论，见下文第六章，第 148—151 页。

19

回避它们的这一特征，自甘气馁地退回本雅明正确摈弃的陈腐观念，即存在某种超越时间（timeless）的悲剧经验，而这些作品只是碰巧在它们的时代表达或触发了它。悲剧作品要求我们在我们的经验和对世界的理解中，去寻找与它们所表达的必然性相应的类比。

就某些方面来说，我们可以通过删减的方式（subtraction）入手。韦尔南也曾说过：

> 从悲剧的角度看，行动和成为行动者具有双面性。一方面，它在于自我协商，衡量利弊，尽力预料手段和目的次序；另一方面，它要向未知的和不可理解之物下注，要在难以通行的地域冒险。它意味着进入超自然力量的游戏……在那里，人们并不知晓这些力量所准备的是成功还是灾难。〔35〕

在这一段里，如果删掉“超自然”一词，我们就能获得相当生动的悲剧感。但这只是第一步。如果要让剩下的描述不仅仅是刻板的套话，我们需要更好地理解必然性和机遇，以及它们在命运守护神消失之后的含义。其他方面也是如此，从古希腊世界，从悲剧中表达的内容到我们自己的意识，这一变化要求更广泛的和更精心构造的结构性替换。确切地理解这些替换将是一个庞大的任务，既是历史的也是哲学的。在本书中，我希望定位这一任务，也希望它或许能帮助我们达到对我们和希腊人关系的理解，以便更清楚地呈现这一任务的含义。

---

〔35〕　《古希腊的神话与悲剧》，第 37 页。

维拉莫维兹（Wilamowitz）在牛津的一次讲演中提到，“要让古人开口，我们必须以自己的鲜血饲之”[36]。当古人开口时，他们告诉我们的不仅仅关系到他们自身。他们告诉我们的也关系到我们自己。每一次，只要我们能让他们开口，他们就能做到这一点，因为他们告诉我们我们是谁。毫无疑问，这是我们努力让他们开口的最基本意义。他们能告诉我们的不仅是我们是谁，还有我们不是谁：他们可以斥责我们的自我形象的虚假、片面或是局限。我相信，就我们有关人之能动性、责任、遗憾、必然性之类的想法来说，他们能做到这一点。

20

---

〔36〕 休·劳埃德－琼斯《给幽灵的鲜血》，第200页，以及该书题词，第5页。马克·米戈蒂（Mark Migotti）先生向我指出，维拉莫维兹的这句警言一定得自尼采（鉴于他们古典学学术见解的关系，这颇有讽刺意味）：“只有当我们交付它们我们的灵魂，[这些往昔的作品]才能继续生存：是**我们的**鲜血使它们得以向**我们**开口。一个真正的‘历史’陈述[Vortrag]应当如同一个幽灵一样向幽灵们发言。”（《杂乱无章的观点和箴言》，载《人性的、太人性的》，第126页）

第二章　能动性的核心

21

既然在希腊文学中人们无法追溯到荷马以前，所以丝毫不令人意外，我标示为“进步主义的”世界观在他那里找到了它所设想的原始的、非反思的、道德上有缺陷的、（推至极致时）不融贯的伦理经验的最为清晰的表达。通过同个体道德发展相类比，荷马的人物实际上被视为幼稚的。

我们几乎不需要论证，更不需要哲学论证，就能发现这种解释一定有什么地方错了：面对这些诗歌自身的权威，它们不堪一击。然而，这种权威尽管能使那有关幼稚性的控诉哑火，却并不能确切地说明它哪里错了，或者它怎样彻底地误解了［荷马］。我将试图在本章和随后的两章中表明，我们的伦理观中大部分最基本的素材已经出现在荷马那里，而这些评论家们认为它所缺乏的，与其说是道德成熟的福利，不如说是令人误入歧途的哲学的积淀（accretions）。

首先，荷马诗歌中的人物有所决定（decision），并按其决定行事。必须要提到这一点，这看起来可能有些离奇。然而，确实有这样一种理论，由布鲁诺·斯内尔（Bruno Snell）和其他学者提出，至今仍有影响，它大概是说：就连把人理解为行动者（agent）这样一种最基本的能力，都是荷马力不能及的。“荷马的人（Homer's man）并不把他本身看作他自己的决定的根源，”斯

22

内尔写道。[1] 并非只有他一人持此论调，克里斯蒂安·福格特（Christian Voigt）也说，在荷马那里“人尚不拥有……为自己作决定的概念。”对于任何读过荷马但又并非学者的人来说，这些论断看起来一定让人诧异。因为荷马的人物总是在盘算该做什么，得出结论，然后付诸行动。且举一个战场上的平常例子：

> 德伊福波斯两相思虑（wondered two ways），
> 是退回去找个刚毅果敢的
> 特洛伊人做伴，还是独自和他交手，
> 思来想去，此相在他看来最为妥当：
> 去找埃涅阿斯。[2]

此外，他们似乎也会为自己的所作所为遗憾，希望自己先前做别的事，诸如此类还有很多。那么，斯内尔认为这里缺乏的究竟是什么呢？

我说的是“荷马的人物”（Homer's Characters），斯内尔和福格特说的是“荷马的人”。隐藏在他们的说法之后的是这样一种想法：诗歌的语言可以作为向导，向我们引介最初阅读或聆听史诗的人们心中的概念架构：因为诗歌所使用的措辞对于它们的听众来说是自然而然的。这假设与其说是错误的，不如说是含

---

〔1〕《心灵的发现》，第 31 页。福格特的话引自多兹《希腊人与非理性》，第 20 页，注释 31。

〔2〕《伊》13.455-459。“两相思虑”（wondered two ways）是我对“διάνδιχα μερμήριξεν”的翻译，无可否认，这多少有些怪异，关于该句，参见下文注释 23。在引用荷马时，我通常追随里奇蒙德·拉铁摩尔（Richmond Lattimore）的翻译，只是在对论点有必要时修订它们，使其更贴近字义（译注：荷马史诗的翻译依据威廉斯所用英译本，同时参考了罗念生和陈中梅的译本，下同）。

混的。一方面，没有人否认，荷马那里有描绘男人掷矛，女人和丈夫交谈之类的诗句。要否认这些，只能诉诸一个彻底全新的翻译。如果诗歌描写这些事情，那么这些事情对于诗歌的听众就是清楚明白的。另一方面，没有人认为早期说希腊语的人用史诗的词句来相互交谈，或者用适合史诗诗句的模式来交谈——这里就会产生一个真正的问题。我们要从文本出发对它的听众做出推论，就必须清楚我们需要做什么样的假设才能理解史诗话语。基于这一理由，我们究竟是从那些可以发现的东西出发，还是像斯内尔那样从那些被断定为不能发现的东西出发来达到结论，这就大有干系：从存在（presence）出发的推论是一回事，从不存在（absence）出发则完全是另一回事。在本章结尾，当不存在再次成为问题时，我会回过来讨论我们应该如何进入和走出诗歌这一问题。

23

斯内尔有关决定的观点构成了一个更宽泛论题的一部分。之所以认为荷马时代的人不能自己做出决定，一个理由是他被认定并不拥有自我（self）来做出决定：在他自己的理解中，他并不是一个我们所认为的完整的人（a whole person）。我们必须首先考虑这一宽泛的论断。确实，有一样东西是荷马有关人的描述所匮乏的，那就是对灵魂和身体的二元区分。人们常常指出，在柏拉图时代用来意指“灵魂”这种东西的 *psuchē* 一词，在荷马那里表示的是某种只在一个人晕厥、垂死和死去时才提到的东西；当这个人死了，*psuchē* 被描绘为以非常缥缈、无力、可悲的状态生存，存在于那个《奥德赛》第十四卷中奥德修斯从中召唤死者的世界。[3]

---

〔3〕《伊利亚特》和《奥德赛》在表现下界的方式上存在差异，这在某种程度上也出现在《奥德赛》第十一和二十四卷之间。詹姆斯·雷德菲尔德《伊利亚特中的自然与文化》（James M. Redfield, *Nature and Culture in the Iliad*）第 257 页注释 52 引用拉恩（H. Rahn）的评述，（转下页）

上述二元论的另一半也同样无迹可寻。后来用来指和灵魂相对立的身体的希腊词 *sōma*，它在荷马那里指的是尸体，这一点亚历山大的学者阿里斯塔库斯（Aristarchus）已经指出。[4] 正如斯内尔所论[5]，没有其他词可以担负灵魂的二元同伴的含义。Demas 最为接近它，但它指的是可见的身体（在这点上我追随斯内尔），它和英语词“waist”（腰）同属一类范畴。[6] 这导致斯内尔谈到“一种尚未准备好接受严格意义上的身体的思维”，并且断言“早期希腊人似乎在他们的语言或他们的视觉艺术中并没有理解作为统一体的身体”。我不想讨论涉及视觉艺术的这一难以确认的论断，但是就语言来说，它显然已经开始出错了。

24

荷马的语汇中包含诸多表达肢体的词语，这一事实给斯内尔留下深刻的印象，当他断言早期希腊人“没有理解作为统一体的身体”时，他指的是他们只把身体理解为部分的聚合物。但是每一个《伊利亚特》的读者都知道这不可能是真的。当在史诗的结尾，在它的一个最为动人的场景中，普里阿摩斯打算从阿基琉斯那里找回他儿子的身体，他问他的同伴（实际上是神祇赫尔墨斯）：

（接上页）“*psuchai*（译注：*psuchē* 的复数）对于荷马来说近于‘虚无’（Nichts），正如他总是可以生动地将人描述得近于虚无。”（译注：原文为德文）见《荷马实在观中的动物与人》，载 *Paideuma* 5（1953—1954），第 450 页。下界所见的人物保留着死者的名字，这一事实并不能说明他们直接就是这些人（但请参见下文注释 8 中的观点）。他们只是 εἴδωλα（《奥》11，476，译注：“影像”），而在古希腊世界和在我们的世界一样，名称可以毫不费力地从事物转移到他们的影像上。

〔4〕《伊》3，23 讲到动物的身体，这曾被举为反例，但是这里谈到的东西很有可能已经死去——洛布版将其译为“残骸”。

〔5〕《心灵的发现》，第 5 页以下。

〔6〕J. L. 奥斯汀（J. L. Austin）曾经指出“我腰上有点疼”（*I have a pain in my waist）这个句子的怪异之处。

我的儿子究竟依然躺卧

船侧，还是眼下已被阿基琉斯

肢解剥离，扔在群狗之前?

赫尔墨斯完全有能力告诉他，尽管阿基琉斯凌辱这身体，拖着它绕着帕特洛克罗斯的坟冢，它却奇迹般地未受毁损、不曾腐坏：

所以，是那些至福的不朽者关爱你的儿郎，

哪怕他只是一具尸骸；因为在他们的心底

他们深爱着他。〔7〕

普里阿摩斯想让赫克托尔的身体得以完整，他是想让赫克托尔能像他活着时一样。尸骸的完整，普里阿摩斯所想要的完整，并不是只在死亡中才能获得：它就是赫克托尔的完整。〔8〕

在荷马的万物图景中，斯内尔没有在他根据自己的假设而期待有所发现的地方找到某种整体、统一体，他由此推断早期希腊人所确认的只是这个整体的部分而已。在这样做的时候，他忽略了他们、我们和所有人类都确认的整体，也就是那活着的人自

〔7〕　《伊》24.405-423。有关那尸骸正是赫克托尔这一想法的表达是非常强烈的：ὥς τοι κήδονται μάκαρες θεοὶ υἷος ἑῆος / καὶ νέκυός περ ἐόντος 422: 尽管他是一具尸骸，他们仍然关爱他。参见《伊》24.35 中阿波罗对其他神祇说：τὸν νῦν οὐκ ἔτλητε νέκυν περ ἐόντα σαῶσαι（译注：眼下你们不愿救他，尽管他已是一具尸骸）；然而在同一段话的末尾（第 54 行），他却可以说阿基琉斯在侮辱的是 κωφὴν γαῖαν（译注：没有知觉的泥土）。有关阿基琉斯的侮辱行为富有启发的论述，参见韦尔南《个体、死亡、爱欲》（Vernant, *L'individu, la mort, l'amour*），第 68—69 页。

〔8〕　"那位于一切抽象形式之前，有关贯穿行动一切阶段的个人同一性的最为简单的表达正是'名字'（Eigenname）"（阿尔班·莱斯基《荷马史诗中属神的与属人的动机》，载《海德堡科学院通讯》，1961 年 [Albin Lesky, "Göttliche und menschliche Motivation in Homerischen Epos," *SHAW* 1961]——译注：原文为德文），第 11 页。

己。他忽略了每个人眼前的东西；对荷马和其他希腊人而言，这一忽视对他们敏锐的情感（sensibility）尤为具有毁灭性，因为塑造它的主要是这样一个想法：那将要死去的东西，如果得不到恰当地安葬，就会被狗和鸟吞食，而这东西正是人的存在。

25 斯内尔的表述方式一直以来影响深远，而且还会保持其原有的形式继续如此。此外，即使不承认斯内尔本人的较为极端的表达方式，它所依赖的假设仍然在继续产生扭曲事实的效应。[9]斯内尔确实有他自己独特的表述方式，这让他看不到自己要去何方。例如，他喜欢说如果荷马时代的希腊人不确认某一事物，那么这事物“对他们来说就不存在”，这一表达形式几乎注定会产生这样那样的错误。“当然荷马时代的人（Homeric man）也拥有同后来的希腊人完全一样的身体，”他写道，“但他并不能把它**作为**（qua）身体来认识，而只是作为肢体的总和。换句话说，荷马时代的希腊人还没有现代意义的身体。”[10]那么，人们就只能问，在什么意义上荷马时代的人“确实”拥有一个身体？这些令人不快的表述方式在论

〔9〕 连查尔斯·泰勒这样一个对造成斯内尔曲解的那一类错误极为警醒的哲学家，在讨论荷马时也引用了这类解释，《自我的源泉》（Charles Taylor, *Sources of the Self*），第 117—118 页。而在其具有科学–历史（scientific-historical）猜想性质的名著《两院制心灵崩塌中意识的起源》一书中，朱利安·杰恩斯（Julian Jaynes, *The Origin of the Consciousness in the Breakdown of the Bicameral Mind*）推进了同斯内尔类似但更为极端的立场：“一般说来，《伊利亚特》中并不存在意识”（第 69 页）。杰恩斯宣称众神（他们“把人当作机器人来驱使”）“正是我们现在所说的错觉。”（第 73—74 页）这里没有解释的是缺乏意识的生物如何能够有错觉。在本书其他地方引述的著作中，A. A. 朗、克里斯托夫·吉尔（Christopher Gill）以及其他学者已经对斯内尔论述的很多方面提出了有效的批评。亦见理查德·加斯金《荷马的英雄们能做出真正的决定吗？》（Ricard Gaskin, “Do Homeric Heroes Make Real Decisions?”）载《古典学季刊》新番 40（1990），以及沙普尔斯《为何我的灵如此同我说话？》（R. W. Sharples, “But Why Has My Spirit Spoken with Me Thus?”），载《希腊与罗马》30（1983）。亦见劳埃德–琼斯《宙斯的正义》第 9 页以下。

〔10〕 《心灵的发现》，第 8 页。

证中起到了一定作用。它们助长了如下想法：既然身体对荷马时代的人来说并不存在，那么，在身体应当存在的地方就留下了一定空间。除非荷马时代的人是隐身人，这空间就必须被某种东西填满。而填满它的正是其部分的集合。但是，所有这些都不足以如此极端地扭曲荷马时代的形象，除非其后有某种更重要的东西支撑——也就是这样一种假设：灵魂和身体的区分，不仅是在后来的希腊思想中，而且是实实在在地刻画了我们的存在。[11]

当斯内尔把他用在身体上的同一种论证模式应用到灵魂上时，这一点非常明显。“要确切地表达我自己的想法，”他写道，“我必须说：我们解释为灵魂之物，荷马时代的人将其分解为……各种成分，每一个他都用生理器官的类比来加以界定。”[12]这些成分包括 *thumos* 和 *noos*（大致可翻译为“心神”[spirit] 和“心灵”[mind]，我们回头再讨论它们）。这一次，当他没能在荷马的图景中找到他的假设引导他去期待的东西——灵魂——时，他又找到了部分来取代它的位子。[13]这一次，他还是不承认那显而易见的统一体，而它就在他眼前。他并不否认当奥德修斯进行思索，或者瑙西卡为前者的离开而遗憾，或者赫克托尔沉思死亡时，这些人物确实做了这些事情。正相反，他明确地承认这一点。[14]但他没有明白的是，正由于这一点，他已经找到了他孜孜

26

〔11〕　参见下文所引段落，出自该文 15 页。斯内尔的文本中充斥大量看起来是笛卡尔主义的要素：例如他在第 5 页有关视觉和“光学印象”的神秘评述。

〔12〕　《心灵的发现》，第 15 页。

〔13〕　就这点而言，我同意大卫·克劳斯（David Claus）以下评述的思路：“在一定意义上，这是在怪罪荷马的术语没能获得有关自我的二元观念，与此同时又借助这样一个观念来解释其语言。”（《朝向灵魂》[David Claus, *Toward the Soul*]，第 14 页注释 13）

〔14〕　《心灵的发现》导言，第 9 页。

以求的东西。要拥有思想和经验所必需的统一体就在那里。他们正是荷马的人物所承认的正在思考和感觉的统一体：他们自己。

然而，这里的情形比身体那里要更为复杂，而它也引出有关斯内尔的潜在理由的一个更深层的看法。我们确实有身体的概念，我们也赞同我们每个人都有一个身体。然而，蒙柏拉图、笛卡尔、基督教和斯内尔恩准，我们并不都同意我们每个人都有一个灵魂。灵魂相比身体，在某种意义上说，是一个更加思辨或更理论化的概念。[15] 与此相比，将身体分为它那些显而易见的部分，并没有什么理论化的，或过于理论化的东西。但是 *thumos*、*noos* 以及其他东西，在斯内尔看来，贡献了某种心灵的原型理论（prototheory）。对斯内尔来说，荷马时代的人只拥有初级的心灵理论，它只诉求部分而不承认完整的灵魂：只有在更加精致的心灵理论中，完整的灵魂才会出现，而这按照斯内尔的观点才是正确的理论。我早先说过斯内尔假定了灵魂和身体区分的真实性。他的假设现在显得更为复杂：每个人都需要心灵理论，而灵魂理论则是正确的心灵理论。[16]

因为这一对理论的诉求，这里的情况就比身体那里要复杂得多，但根本说来，它们所犯的错误是同一个。*Thumos* 和 *noos* 这些术语，以及其他荷马在涉及心理功能时所使用的术语，例如 *phren*

---

〔15〕 但这并不比将**身体理解成灵魂的对立**更加理论化。正是为了这一更加理论化的目的，笛卡尔有意识地针对古代传统发展了有关身体的机械论理解，根据这一理解，活人身体同死人身体的差异就像运行正常的手表和坏了的手表之间的差异。（《灵魂的激情》I：6）这种理解眼下似乎已成为我们对身体的理解。重要的是，这一观念所拒斥的不仅仅是亚里士多德的思想。尽管柏拉图对于活生生的人的观念不同于亚里士多德，而且它在二元论这一点上接近笛卡尔，但它的**生命**概念并不是现代的。试比较以上引自《灵魂的激情》的段落（以及 I:5：灵魂的离去因为身体已死）和《斐多篇》102a 以下有关不朽的最后论证。

〔16〕 我们在下文（第 33 页）将看到这一假设比这里所揭示的还要复杂。

（译注："心"），都属于这一类词汇，在其中人自身（the person himself）发挥着本质性的和不可取代的作用。人们用他们的 *thumos* 或在 *thumos* 中思考和感觉，他们通常用或在他们的 *phren* 和他们的 *thumos* 中反思或谋划（deliberation）。如果说人们需要用一个 *thumos* 来思考和感觉，那么，同样千真万确的是，*thumos* 也需要一个人来使思考和感觉活动得以进行。这意味着如果 *thumos*、*noos* 和其他东西是某种心灵理论的一部分，那么人自身也是：这样的话，这一理论就会包含着一个统一体。或许我们也可以说，这些术语太过混乱、随意、缺乏解释力而不能成为任何理论的一部分。那样的话，它们就不是那种随后被一种以灵魂为术语的更加统一的理论所取代的理论的一部分：理论的不存在并非有关不存在的理论。然而，无论哪种情况，无论它们被看作理论术语与否，它们所代表的都不是随后为整体所取代的碎片。只有当人们假定真正的统一体就是灵魂统一体，并且由此断定早期希腊人忽视了灵魂，也就忽视了那唯一可以阻止他们分裂成精神部件的事物时，它们才会看起来像碎片。

27

之所以质疑把荷马的术语只看作某一理论的部分的做法，一个主要的理由是，它们看起来原本并不拥有解释力。它们原先在多大程度上是解释性的，这同 *thumos* 或 *noos* 是否能以一种融贯的方式区别出心理功能这一问题关系尤为紧密。该论题已经得到非常广泛的讨论[17]，除了一个一般性的评述之外，我并不想参与这一争

〔17〕　关于这一题材的详细论述，见克劳斯《朝向灵魂》。亦见雷德菲尔德，第 175 页以下；诺曼·奥斯汀《月色阴暗时的箭术》（Norman Austin, *Archery at the Dark of the Moon*）第 106 页以下，关于这一主题还有许多其他著作。克劳斯的部分论点得不到他自己的证据的支持。他断言如果人们撇开 θυμῷ 这一惯用法（大致意为"无比地"）和 κατὰ θυμόν （转下页）

论。为这些术语寻找融贯易解的区分，这并不十分成功，其中一个理由或许是，当人们寻找这些术语用法所隐含的结构时，他们自己所继承的有关心灵划分的哲学和心理学假设过于强烈地主宰着他们探寻的方向。关注后来的希腊语中这些术语的使用是恰当的——它们是一门语言中有史可考的词语——，但是大多数后来的用法本身是哲学化的，或者说是由哲学化的预设所塑造的，人们需要大量的自我批评来过滤掉后起的关联。

28　关于这点，一个清晰的例证是，某些词语的用法促使学者们认为，希腊人从一开始就有这样一个倾向：用理智化的术语来理解性格和情绪气质（emotional disposition）。[18]通常认为，这一习惯为后来苏格拉底将德性和知识相等同提供了自然依据。因此，帕特洛克罗斯告诉阿基琉斯，他有一颗毫无怜悯的 *noos*：*nous* 一词后来具有理智能力、心灵或理性的含义，而这一关联又被读回

（接上页）（译注：在心里）这一表达式，“就会发现，对于其他用来表达‘生命’含义的词语来说，θυμός 一词所增添的唯一真正重要的范畴，就是‘情感’（affection）。”（所谓“生命”含义，这里说的是，与“灵魂”有关的这类词语用来指能量力量或活着的状态。）但是参见其他例证，《奥》4.452-53 οὐδέ τι θυμῷ / ὠίσθη δόλον εἶναι（译注：不曾用心 / 察觉任何阴谋）；12.57-58 ἀλλὰ καὶ αὐτὸς / θυμῷ βουλεύειν（译注：但你自己必须 / 用心思考）（如何在斯库拉和卡鲁伯底丝之间航行）；10.415 δόκησε δ' ἄρα σφίσι θυμός（译注：他们的心看起来仿佛）（他们已经回到了家园）I. 200, 9. 213,《伊》7.44（预知、预言、理解神的决定）；《伊》9.189 τῇ ὅ γε θυμὸν ἔτερπεν（译注：他以此愉悦己心）（阿基琉斯对着诗琴咏唱）；参见《奥》I. 107（求婚者们玩掷色子的游戏）。

托马斯·雅恩在《论荷马语言中“灵魂－精神”的语义场》（Thomas Jahn，*Zum Wortfeld “Seele-Geist” in der Sprache Homers*）中总结道，θυμός 和其他六个术语，包括 φρήν / φρένες, κῆρ, κραδίη，在语义上是可以换用的，根据其音步的可能性而加以采用。参见 A. A. 朗所做的书评，载《古典评论》n.s. 42（1992），此条引证归功于他。

〔18〕 相关出处，见多兹《希腊人与非理性》，第16页以下及注释。多兹本人认可这一现象。他实际上警告我们不要将这种“习性的理智主义”看作有意的表达方式；而是如他富有见地地所言，“这是缺乏意愿概念的不可避免的结果。”

这样的早期段落中去。更让人震惊的例证是 *eidenai* 这个词。在荷马时期和后来的希腊语中，该词确实都意为“知道”（但是，哪怕在后来的希腊语中，它也并不必然指“知道某事乃是事实”：它也可以指技艺）。然而，在荷马时期而不是后来的希腊语中，它也可以应用到性格状态和气质上。例如，它可以用来描述奈斯托耳和阿迦门农之间的友好关系，用来表达“要是他真的友好地待我”这样的想法。[19] 但是要从 *eidenai* 后来的含义来论证有关这些例证的理智主义理解，这必然是误入歧途。更好的解释是，*eidenai* 在荷马那里并没有如此特定的含义，而只是大致意为，“心（mind）里有某个东西”，“有某种想法”，这一含义后来缩小成知识的观念。是这一点有助于阐明希腊的知识观念，而不是知识观念有助于阐明早期希腊的性格观念。有一个论证可以为我们这种看待问题的方式辩护，假如真的存在一种从荷马到苏格拉底的一般性的理智主义倾向，而且荷马对这个词的使用也体现了这一倾向，那么，荷马对这个词的使用会有所变化这一点就难以索解了。说得更具体点，这一表达式在荷马那里的某些用法明显是不利于理智

〔19〕　εἴ μοι ... / ἤπια εἰδείη 《伊》16.72-3（译注：译文见正文）。与此相似 αἴσιμα, ἄστια:《奥》14.433，19.248（译注：这两个词与动词 eidenai 连用，意为“合乎心意”“心气相投”），还有独眼巨人 ἀπάνευθεν ἐὼν ἀθεμίστια ᾔδη，《奥》9.189（译注：离群索居，天性无法无天）。上文所引帕特洛克罗斯，见《伊》16.35。奈斯托耳和阿迦门农，《奥》3.277。迈克·奥布赖恩在《苏格拉底的悖论与希腊心灵》（Michael J. O’Brien, *The Socratic Paradoxes and the Greek Mind*）一书中针对这一用法得出同样的结论，并就同样的诗句做出进一步推论，见第 39 页以下，尤其见第 43 页：“这一多样性（案：指 οἶδα [译注：即正文中的 *eidenai*] 的用法）最简单的解释，并非所有其他的意义都源自其本义，而是在荷马那里这个词超越了我们赋予它的种种区分。”（此条引证得益于某位作为匿名评审的萨瑟委员会成员）

主义解释的，例如他用这些字眼把阿基琉斯和雄狮相比较。〔20〕

因此，假如荷马时代的人不“为自己作决定”，这并不是因为29他没有一个自我来为之或者由其做出决定。认为荷马时代的人分裂成若干部分，或者是心灵的部分或者是身体的部分，斯内尔所倡导的那些一般性论证，是一种系统性失误。不过，荷马时代有关谋划（deliberation）和行动的观念可能仍然包含某种特殊的东西，它尤其支持以下想法：荷马图景中缺乏某种东西，例如某种被称之为“意愿”（the will）的东西。这样想的一个原因是众神的作用，斯内尔和其他学者都提到了这一点：“必须特别注意的是，荷马并不知道真正的个人决定（personal decisions）：即使在一个英雄表现得像是在两个选择中权衡时，也是众神的干预起到了关键的作用。”〔21〕如果这意味着每一次都有一个神来干预，那么，它说的根本就不是事实。有一个很常见的动词用来表达一个人思虑应该做些什么，*mermērizein*，“焦虑、若有所思”，有时用在固定结构中引入和区分有关的想法。例如，在本章开头引用的段落中，德伊福波斯被描述成“两相思虑”。〔22〕当某人陷入这一状态时，众神有时确会干预：当奥德修斯在思虑该对抗鲁基亚人还是追赶萨尔裴冬时，雅典娜将他的 *thumos* 引向鲁基亚人。但是更常

---

〔20〕　λέων δ' ὥς ἄγρια οἶδεν《伊》24.41（译注：像雄狮一样性情狂野），和狮子的比较延续到这个短语之后。赫尔曼·弗伦克尔《早期希腊诗歌与哲学》（Hermann Frankel, *Early Greek Poetry and Philosophy*, 据此英译本引证）根据《奥》19.329 的文势抵制正文中提出的建议：ἀπηνὴς αὐτὸς ἔῃ καὶ ἀπηνέα εἰδῇ（译注：倘若自己为人苛刻，而天性刻薄）。但是我所捍卫的观点并不必然包含这两个从句是同义的；而且即使它们是同义的，在人们所熟知的结构中，此处的 καὶ（译注：大致相当于英文的 and，此处译为“而”）也可以表达附加解释（epexegetic）。

〔21〕　《心灵的发现》，第 20 页。

〔22〕　《伊》13.455 以下。Δηίφοβος δὲ διάνδιχα μερμήριξεν, ἢ ... ἦ ...（译注：译文见前）cf. 1.188; δίχα δὲ φρεσὶ（译注：想着两个主意）《奥》22.333。

见的是他们并不干预。还更常见的是，这种不确定的状态得以终结，仅仅是因为其中一种行动路线在行动者看来渐渐变得比另一种更好。[23]

然而，即使众神确实很有规律地进行干预，像怀疑论者那样由此推断荷马并没有为自己做决定的概念，这还是错了。关于这点有两个完全不同的理由，每一个在我看来都是决定性的。一个理由是，即便在众神确实干预的时候，他们按常规并不是简单地让人们去做某事——比如说给他们上紧发条，给他们指明特定的方向。（在下一章中，我们将关注与此更相类似的一些例子，确切地说，在这些案例中，谋划而成的行动的正常条件在一定程度上被削弱了。）在有些事例中，神的干预只是被描绘成影响了行动者的心灵——例如在上面的例子中，他的 *thumos*——而我们并未被确切地告知它是如何影响的。而在其他案例中，我们会获得更细致的描述，在其中神祇通过给予行动者［行动］理由而加以干预。因此，在《伊利亚特》第一卷的著名段落中（第 187 行以下），阿基琉斯正在思虑是否应该当场格杀阿迦门农，雅典娜抓住他的头发，向他发言，告诉他是赫拉派她前来，要求他的服从，阿基琉斯屈服了：　30

> 女神啊，我必须听从你们俩的话
> 尽管我有气，在心里窝藏。这样做定会更好

〔23〕　这表现在以下这些表达式中，例如 ὧδε δέ οἱ φρονέοντι δοάσσετο κέρδιον εἶναι（例如《伊》13.458;《奥》22.338，24.239。译注：他斟酌比较，觉得此举最为适宜）和 ἥδε δέ οἱ κατὰ θυμὸν ἀρίστη φαίνετο βουλή（例如《伊》2.5，14.161。——译注：当下看来最合心意的决策）。奥德修斯和鲁基亚人，见《伊》5.671-674。

谁听从众神，众神也会倾听他。

阿基琉斯做了决定，他所做的正是在他看来更好的事情。女神所做的，不止于根据他正在考虑的进行处理的角度，帮他看到一种行动路线比另一种更好。在这个事例中，女神赐予他一个他先前不曾拥有的、额外的、决定性的理由，让他认为这一行动路线确实更好。当然，如果没有进行干预的众神，人们不能获得他们得以做出决定的那种理由，但这并不意味着这里所发生的就不是在决定该如何行事，不是按照一定的理由做出决定。

这也带出了很关键的一点：必须存在一定的考量权衡，使行动者得以处理他正为之犹豫不决的种种行动路线。他在追问的是哪一条才是更好的路线。神灵可以帮助他解答这一问题。在阿基琉斯的例子中，我们看到女神通过赐予他一个崭新的、神圣的行动理由来做到这点。神灵同样也可以根据原有的处理角度来帮助某人解答这一问题。然而和先前一样，尽管神灵可以改变处理问题的角度，增添别样的理由，它可能仍是纯粹的属人的理由（human reason）。因此，狄俄墨得斯在战斗白热化时考虑一个不同寻常的问题：做什么事情才是最**可怕的**（*awful*）？[24]雅典娜前来说服他不要做任何那样的事情，而要谨慎地退回船上。但是无论神灵赐予行动者的是何种理由，神灵帮助解答的问题，正是行动者根据一定理由做出决定时所问的问题——而当行动者根据那

31

〔24〕《伊》10.503 以下。这个词是 κύντατον，来自 κύων，“狗”。尽管是个阳性词，却作为侮辱人的字眼用在女人身上，例如海伦在《伊》6.344，356 中对自己的描述。关于这点以及阿里斯托芬的《云》659-666 中 ἀλεκτρύων 明确的阳性形式所提供的笑料，参见尼科莱·洛罗《忒瑞西阿斯的经历》（Nicole Loraux, *Les experiences de Tirèsias*），第 8 页以下，第 239 页。

些理由做出决定并根据这决定而有所作为时，他的所作所为根据的是他自己的理由。[25]他的问题不是，也不可能是："哪种行动路线才是某位神灵要我取的?"这是一类完全不同的问题，而当神灵的决定以如此这般的方式，太过密切地卷入到那些和谋划相匹配的思考中时，我们所遭遇的是一类特别的难题，它牵扯到宿命论。这些难题确实潜在于希腊人的思想世界中，它们在后面第六章中将得到我们的关注。

有关众神干预方式的这些考量，提供了我所提到的两个理由中的一个，说明我们为何不能从众神的作用得出荷马没有"为自我决定"的概念的结论。第二个理由简单得令人难堪：荷马的众神自己也在谋划，而且还会得出结论。他们的结论当然是他们自己的，而不是另一个神灵干预的产物。没有人会否认荷马的众神是彻底拟人化的（anthropomorphic）[26]，而他们的决定正像那些凡人在没有神灵干预时的决定一样：有关他们疑惑不决的语言描述和决定的程式都是一致的。即使众神总是干预人的决定，那么，这仍然不能表明荷马缺乏为自我决定的概念。他不能把一个他并不拥有的决定概念用在众神身上。

这里确实存在一个问题：当荷马明确谈到决定之中神的干预，他所要特别强调的究竟是什么？在很多场合，对神的干预的提及只是简单地和日常的心理解释放在一起：神圣能动力量（divine

〔25〕　参见莱斯基：《荷马史诗中属神的与属人的动机》，第18页以下。

〔26〕　在《伊》21.455，劳墨冬，一个凡人，据说威胁着要砍去阿波罗和波塞冬的耳朵：没有任何迹象表明他不知道他们是谁。劳墨冬，普里阿姆的父亲，严格说来是三十二分之一的神，与宙斯相隔五代（20.213以下），但这无关紧要。关于这一主题，见尼科莱·洛罗《神之身体》（Nicole Loraux, "Corps des dieux"）载《反思的时代》7（1986），第335—354页。

agency）的作用方式在于行动者的思考。〔27〕不过，当荷马（正如《奥德赛》中经常发生的那样）〔28〕将神的干预同它的缺席进行对照时，这还需要进一步的说明。在那里，神的干预和心理学解释的普通内容之间，仍然没有任何不一致。真正成问题的是，这些普通的内容，在如此特殊的场合中，究竟在多大程度上成功地做出了解释？

32

《奥德赛》第五卷中，一位神灵前来干预，说服卡鲁普索让痛苦的奥德修斯离开。读者知道卡鲁普索已经有理由打算这么去做——例如，她先前已注意到奥德修斯是多么痛苦。尽管如此，这些理由是否充分，这并不清楚。后来，当奥德修斯给他的东道主讲起卡鲁普索，说她让他走“不知是因为来自宙斯的口信，还是她自己的心意发生了转变”。这两个选项潜在的差异，最好理解成如下两种决定的差异：其中一个卡鲁普索能够给出一套完整的决定性的理由，而另一个尽管有种种理由，但为何这些理由最终占了上风，这始终神秘难测。与此相似，当墨冬试图向苦痛焦躁的裴奈罗普解释为何忒勒马科斯必须外出远征普洛斯，他说道，“我不知是神灵推动他，还是他自己的心灵有这样的冲动要去普洛斯”，这是在回答裴奈罗普追问的问题，这尤其是因为忒

〔27〕　莱斯基在《荷马史诗中属神的与属人的动机》第23页指出，《伊》9.600-601 ἀλλὰ σὺ μή μοι ταῦτα νόει φρεσί, μηδέ σε δαίμων / ἐνταῦθα τρέψειε（译注：但是别让我看见你心里这么想，别让精灵 / 把你往那边驱赶）并没有提供可选项，而且拉铁摩尔的翻译（别让你内心的心神 [spirit] 走上那条路）将其现代化了。相应的，关于702-703行 ὁππότε κέν μιν / θυμὸς ἐνὶ στήθεσσιν ἀνώγῃ καὶ θεὸς ὄρσῃ（译注：当他的内心催促他，神灵激励他时），他评述道：“人之内心的冲动和神的作用融汇成（münden）同一个单一的行为。”

〔28〕　莱斯基指出，在《伊利亚特》中找不到和《奥德赛》3.26-27对应的章句：ἄλλα μὲν αὐτὸς ἐνὶ φρεσὶ σῇσι νοήσεις, ἄλλα δὲ καὶ δαίμων ὑποθήσεται.（译注：有的，你在心中自会知晓，别的，命运守护神会给你帮助。）

勒马科斯并没有理由去远征。墨冬说的是，他不知道究竟是他们所说的理由足够充分，还是他径直去了。[29] 当众神给予某人一个理由时，例如我先前所讨论的例子（而卡鲁普索，尽管她怨憎不已，也是如此），留给他们干预的空间的是这样一个事实：没有任何解释可以说明为何这理由会在行动者那里出现，或者当它出现时它为何能占上风。这样的空间在我们的世界中仍然存在。人们的行动有其理由，而这些理由通常能解释他们的所作所为。但为何一个理由而不是另一个应当占上风，或者它为何能吸引某人的注意，这可能始终隐藏难解。荷马的众神在这样的例子中，他们的功用就是取代这些隐藏的原因。荷马说女神赫拉快得像念头（thought）一样——并非任何念头，而是有着很多欲望、并且正在思考自己该前往何方的那个人的念头——，这实在恰当无比。[30]

33

因此，众神的干预在一个体系中运行，该体系将行动归于人类；还有谋划，他们的作为正是其结果；因此还有理由，这是他们作为的根据。在将理由归于凡人时，它同时把欲望、信念和

〔29〕　奥德修斯对卡鲁普索的描述，见《奥》7.262；墨冬，4.712-13；裴奈罗普的问题，4.707。在这两个例子中，那不是来自神灵的（nondivine）的选项都是由 ἢ καί 引入的。καί 一定是用来加强语义（intensive），“或者、还有”：参见《伊》1.62-63，ἀλλ᾽ ἄγε δή τινα μάντιν ἐρείομεν ἢ ἱερῆα / ἢ καὶ ὀνειροπόλον（译注：让我们先询问通神的人士、先知 / 或者是释梦者），其他例证，见丹尼斯顿《希腊语虚词》（J. D. Denniston, *The Greek Particles*）第二版，第 306 页。而附加性的 καὶ（例如“P ἢ καὶ Q 意为”P or P & Q”）在任何人对上述内容的解释中都是不通的。

〔30〕　《伊》15.82；μενοινήῃσί（阿里斯塔克斯：虚拟式；抄本中作 μενοινήσειε，希求式。）意为“热切地欲求”，它指欲望而不是单纯的愿望，参见《奥》2.248，285；索福克勒斯《埃阿斯》341。众神对人的推动并不总是如此微不足道。比较《奥》5.100 以下，赫尔墨斯为了一次漫长疲惫的海上旅行而向众神的抱怨。韦尔南倾向于夸张众神在这方面的力量。我看不出有什么根据可以像他那样（《个体、死亡、爱欲》，第 34 页）把《奥》1，22-26 解释成说波塞冬同时在大地的两极。

目标归于他们。如果我们要在荷马那里寻找行动理论，这体系自身就是最佳备选。它更富有贯穿力，而且最重要的是，它更富有解释性，远远胜过引用 *thumos*、*noos* 诸如此类的东西。如果它算是一种行动理论，那么它和我们的别无二致。而如果它是一种理论，那么，我们就会看到斯内尔和其他人误入歧途的另一个原因。信念和欲望不是行动者，而是行动者的属性，它们如果在一种理论中发挥作用，这理论就包括那作为行动者的人（person）：就像我说过的，*thumos* 和 *noos* 的理论如果确实是被看作一种理论，它就理应包括这点。然而，斯内尔假设灵魂理论为正确的心灵理论，这更加使他倾向于去找寻那假定内在行动者（inner agent）的理论。因此，在把荷马的词汇不仅看作一种理论而且看作那样一种理论时，斯内尔把它理解成那种假定数个内在行动者的理论的残片，这也就不足为奇了。

有一个概念（concept），它出现在我们的日常行动理论中（如果它真是如此的话），而在荷马那里没有相应的名词或直接对等的动词，这就是**意图**（*intention*）。然而，在下一章我将断言这想法（idea）在荷马那里已经有了。任何人在荷马的世界中有所行动时，就像在我们的世界里一样，他或她引发种种事态（states of affairs），其中只有部分是他或她打算引起的。这本身足以为有关意图的想法奠定基础。实际上，如果我们不能在荷马的诗篇的用语中发现这样一个观念（notion）的存在，还有信念、欲望、目标的存在，很难想象我们如何能理解这些谈论人的行动的诗篇。这些想法，或者与之非常接近的想法，看起来是人的行动观念的构成要素。如果它们是那一观念的构成要素，这一事实本身就可以当作否认这些想法构成某种行动**理论**的一个理由。然而，它们是

34

否构成一种理论这个问题，尽管在哲学上重要[31]，它并不影响我们的基本论点：在那些标志着荷马与我们自己的差异的术语之下，潜藏着一个复杂的概念网络，特定的行动根据它得以解释，而这一网络之于荷马，正如它之于我们。实际上，如果不是这样，我们真的能把荷马理解成在向我们描述人的行动吗？进步主义评论家们怎么能理解他呢？只有当我们能够把他理解成在向我们描述行动，在荷马将行动和人群、社会以及非人的世界相关联的方式，同我们自己的相关联的方式之间，我们才能进而发现相似或差异。

在所有这些论证当中，我们必须提醒自己，这套观念以何种方式在荷马那里一直被看作理所当然的，提醒我们自己，它是何等丰富、富有解释力、为人熟知。在《奥德赛》第五卷的结尾（464-493），奥德修斯爬上法伊阿基亚人的岛屿的岸边，精疲力竭，全身赤裸、遍体盐津：

> 他烦恼不堪，对着自己豪迈的心魄述说：
> “现在会发生些什么？长远的将来会有何事临头？
> 倘若我在河边苦熬难忍的夜晚，

〔31〕 基本的问题是，这套概念要进行理论化加工的材料（data）是什么。显而易见的答案是“可观察的举止”（observable behavior）。而困难在于找到一个相关的“举止”观念，它尚未包括这一假定的理论。参见珍妮弗·霍恩斯比《身体运动、行动和心理认识论》（Jennifer Hornsby, *Bodily Movements, Actions, and Mental Epistemology*），载《中西部哲学研究》10（1986）。如果我们一定要说以信念、欲望之类为据的解释构成了一种理论，这也必须同“取消式的唯物主义”（eliminative materialism）所持有的更进一步的观念区分开来，亦即它是一种原始的“大众心理学”理论，它就像来自巫术的想法一样，将被科学解释取代。对这一完全不可信的观点的最为可信的展示，见斯蒂芬·斯蒂奇《从大众心理学到认知科学：以反对信仰为例》（Stephen Stich，*From Folk Psychology to Cognitive Science: The Case against Belief*）。

我担心柔弱的露珠和邪恶的寒霜联起手来
令我已经受创的体魄难以承受，我如此精疲力竭，
而且，清晨凛冽的寒风将从河面刮来。
然而，倘若爬上斜坡，走进阴森的森林，躺下
在茂密的灌木中睡去，甚至寒冷
疲惫也放过我，甜蜜的睡眠将会降临，
我又担心我会成为野兽的猎物和战利品。”
35 在内心的撕裂中，后一种方式看来最为妥当，
他前去找寻树林，在水边找见
一片显眼的空地里，他停在两蓬树丛下
二者同在一处生长，一蓬灌木，一蓬野生的橄榄树，
湿润的海风的强力吹不透它们
耀眼的太阳，它的光线也难以刺透，而
雨水浇泼不进，它们如此紧密地
生长在一起，相互交叠；在它们之下，现在奥德修斯
钻了进来，动手堆起一个可供安睡的
床铺，让它足够宽大，既然地上有的是掉落的枝叶
足以把两人，甚至三人遮护
在寒冬季节中，甚至在那最恶劣的气候中。
眼见如此，久经磨难的伟大的奥德修斯满心欢喜，
居中躺下，在身上堆起落叶。

处理这些实际考虑的是清晰直白的心智，对于一个处于如此极端情景的人来说，它本身就很让人动容，这些考虑应当属于奥德修斯这位 *polumētis*（译注：足智多谋者），这在故事的这个阶段尤为

恰如其分；因为这是《奥德赛》的转折点：此刻，他的漫游终结，他将要踏上最后的返乡之旅。他从大海中带来的，他通过思虑为第二天和将来的日子留下的，正是他自己的生命：

> 像有人将燃烧着的木头埋进黑色的灰堆
> 在国土的边缘之地，在那没有近邻之地
> 保存火种，再没有其他地方可以得到一丝
> 亮光，因此奥德修斯将自己埋在落叶中，雅典娜
> 遮掩他的双眸，让睡意覆盖他的双眼，
> 以便尽快消释他艰辛劳作的疲劳。

既然荷马所拥有的如此丰富，那么人们认定他不曾拥有的究竟是什么？在这些学者看来早期希腊人所缺乏的，而且可能从没有任何希腊人曾经完全发展出来的意愿的概念，它又是什么呢？ 36
正如这些学者所论，荷马没有一个词单纯意为“决定”，这确凿无疑。但是，他有这样的观念。[32] 因为他有如下想法：它关系到思考要做些什么、关系到做出结论以及因为自己得出的那个结论而

〔32〕 这是斯内尔“词条”（lexical）原则——亦即如果荷马没有表示某事的词，他就没有关于他的想法——的反例吗？除非这原则所预设的是，如果荷马“有一个词”来表达特定事物，那么他的这个词在它出现的所有语境中都意指那个事物，在任何语境中都不意指其他东西。（在说一个词“在给定的语境中意指特定事物”，我说的是如下情况：如果我们要理解在该语境中表达的观点，我们就必须将这个词理解成这一区分的标示，而不是其他。）但是，在这一形式下，该原则显然是不可接受的：参见下文及本章注释 34，亦见第三章第 51 页，以及该页两条有关意图的注释 3 和注释 4。

做一件特殊的事情；而这正是决定。[33] 他还有如下想法：为以后要做的事情做出结论，并且在随后的时间中因为那结论而做那件事。看起来，荷马所不曾考虑到的，只是有关另一种心理活动（mental action）的想法，这活动必然被假定为介于得出结论和付诸行动之间：他不考虑这一点可谓处置得当，因为并不存在这样的心理活动，有关它的想法不过是拙劣哲学的捏造。

此外，荷马也没有一个词单纯意为"实践谋划"（practical deliberation）。我已经提到的 *mermērizein* 这个词，可以单纯指"焦虑或若有所思""有所怀疑"；动词 *hormainein* 经常用来指实践谋划，也可以指思虑某事是否如此的状态。[34] 但是，这对于现代英语来说也是如此，当我们说"思虑"或"考虑"该做些什么时，连"决定"这个词也不被限定于实践关联中。而唯一专门指"实践谋划"的词就是"谋划"，而它实际上只是人造的哲学术语（philosophical term of art）。而语言自身，无论是我们自己的还是荷马的，都有助于提醒我们，决定并不是一种特殊的活动，此外，思虑该做些

---

〔33〕　严格来说，它正是经过谋划的决定。同样地，在荷马那里并不缺乏未经充分谋划的决定。当然，要让它能成为有关决定的论述，重要的是那些思考的结果应当是**做某事**（*doing*），而不是**发现自己在做某事**（*finding oneself doing*）；但是，在荷马那里就像在生活中一样，它通常如此。

〔34〕　在其实践含义中，和 μερμηρίζειν（译注：即正文中的 *mermērizein*）一样，它通常同有关划分的表达式连在一起：《伊》14.20-21 δαϊζόμενος κατὰ θυμὸν / διχθάδι'（译注：［老人］在心里区分衡量 / 这两方面）；《伊》16.435，宙斯说 διχθὰ δέ μοι κραδίη μέμονε φρεσὶν ὁρμαίνοντι（译注：我斟酌衡量，心中的想法分成两半），而在第 443 行，赫拉尖声回应道 ἔρδ（译注：做去吧！）。其他含义，参见《奥》4.789 裴奈罗普思虑忒勒马科斯是否会被杀，15.300，忒勒马科斯思虑同样的事情。加斯金在第 9 页写到，"荷马式的决定从不会被贴上决定的标签"；我认为他借此意指的是"它们从不通过 *hairein* 或 *haireisthai* 这样的动词标示出来"。不过，并不清楚的是，为什么人们会认为这个词如此特别。Αἱρεῖσθαι 可以指"决定"（例如希罗多德《历史》1.11），但它也可以指一些其他的东西，特别是"宁可"（prefer）：在柏拉图《申辩篇》38E 中，αἱροῦμαι 并不指"我决定"。

什么和思虑事物是什么样的之间有某种共同之处：它们都因为人们变得确定而得到彻底解决。

或许我们应当觉得这里缺乏的，并非单纯的决定，而是某种同通常所谓意愿联系起来的东西：例如，来自意愿的努力。斯内尔自己确实求助于我所认为的来自意愿的努力或行为，或者更应当说它的缺席；但是，如果这是他所说的意思，那么，必须指出的是，语境对他非常不利。“我们相信，”他写道，“人是借助他自己意愿的行为，通过他自己的力量得以从一个早先的状态向前推进。但是，与此相反，当荷马想要解释力量增长的来源时，他就没有别的办法而只能说责任在于神灵。”〔35〕他引述《伊利亚特》中的一个场景，格劳科斯的臂膀受了伤，绝大的痛楚令他动弹不得。格劳科斯向阿波罗祈祷：

37

> 我身受猛烈伤痛，手臂两边
> 剧痛难忍，血液不会
> 干涸，再不能止，我的肩膀在它之下隐隐作痛
> 我再不能举稳我的长矛，我再不能举步向前
> 和敌人厮杀……
> 我主，治愈这猛烈的伤痛
> 让痛楚睡去，赐我力量……
> 他如此祷诵，福伊波斯·阿波罗倾听他。
> 当即，他令痛苦停止，在重伤的创口上
> 让发黑的流血干涸，将力量注入他心（spirit）中。

〔35〕　《心灵的发现》，第 20 页；《伊》16.513 以下。

阿波罗为格劳科斯所做的是舒缓疼痛，疗治伤口，使他能够去做他非常想要去做的事情。如果斯内尔真的认为，这些服务在现代世界可以被意愿的努力所取代，那么，我很高兴他不曾管理医院。另一方面，当事情可以通过一定的努力来实现时，荷马的人物同样也能做到。[36]

努力也可能在心灵内部实现。荷马的人物能够使他们自己的思想戛然而止，也能使自己回想起某些需要考虑的问题。他不止一次用一个奇怪的表达式来表述这一点："冲着他自己的 thumos 发言"，在随后的谈话中说道："然而，为何我的内心要争辩（debate on）这些事情?"[37] 赫尔曼·弗伦克尔已经注意到，

38

这些针对 *thumos* 的评述接下来又说成是由 *thumos* 所作出的。不过，这里翻译成"争辩"的这个词，*dielexato*，毫不意外，指的是双向的交谈[38]，而这一表达式所捕获的想法正是，一个人在同他的 *thumos* 交谈时，他是在同他自己交谈。在这两种情形中，荷马的人物从他一直在考虑的行动路线中抽身而出，转而支持另一条他更加认同的行动路线。这两个例子涉及的行动路线截然不同：在一个例子中，奥德修斯前行，而另一个例子中，墨奈劳斯后撤——但是，这一差异实际上代表着他们不同的身份认同

---

〔36〕 以下常见想法预设了上述观念：普通人，就像现代人一样，必须付出更大努力来做成荷马的英雄们轻易做成的事情：《伊》20.285-287 ὁ δὲ χερμάδιον λάβε χειρὶ /Αἰνείας, μέγα ἔργον, ὃ οὐ δύο γ' ἄνδρε φέροιεν, / οἷοι νῦν βροτοί εἰσ' ὁ δέ μιν ῥέα πάλλε καὶ οἶος.（译注：埃涅阿斯也顺手抓起一块大石头 / 那石头大得现今两个人都难以抱起 / 他却能独自一人不费劲地把它高举。）同样的表达式，见 5.304，12.449，并参见 12.383。

〔37〕 《伊》11.407；17.97；沙普尔斯充分地讨论了这点，将其描述为一种将行动者同所弃绝的行动路线"隔离"（distancing）的表达式。弗伦克尔：《早期希腊诗歌与哲学》，第 79 页。

〔38〕 πρὸς ἀλλήλους（译注：冲着另一个说）柏拉图《政治家篇》272C 及其他多处；ἀνὴρ ἀνδρὶ（译注：一个人对另一个人）修昔底德 8.93。莱斯基在《荷马史诗中属神的与属人的动机》，第 10 页引述了其他古代语言中的对应表达。

(identification)。[39]

《奥德修斯》中有一段描述自我克制，在柏拉图读来，它展现出理性压服情绪（特别是愤怒）的力量。奥德修斯非常想杀死那些和求婚者调情的女仆，但他阻止自己去这么做：

> 他捶打自己的胸膛，对自己的内心开讲，责备它：
> “忍着点，我的心。你曾忍受更坏的境况，
> 在肆无忌惮的库克洛普斯吞食
> 我强健的伙伴们的那一天，但你坚忍，直到心智（intelligence）
> 把你带出洞穴，尽管你已料想死亡。”
> 他如此言述，冲着他胸中自己亲爱的内心发言；而
> 这颗心以极大的服从，自那时起坚持忍耐。[40]

所以，荷马的人物确实能够自我控制。然而荷马有关自我控制的想法，以及相关的坚忍观念——在某种程度上古代希腊人也是这样——引人深思地与我们的不同。奥德修斯内心的痛苦乃是他不得

〔39〕　莱斯基注意到这点，《荷马史诗中属神的与属人的动机》第 13—14 页。多兹也将身份认同这一概念用于这一关联中，但他把它和我依据正文中给出的理由加以拒斥的如下想法联系起来，即 θυμός 表现的是“非我”(not-self)。他还给出了同类现象的一个例子（第 25 页注释 98），《奥》9.299 以下 τὸν μὲν ἐγὼ βοὺλευσα ... 302 ἕτερος δέ με θυμὸς ἔρυκεν（译注：我先是考虑这一点，/ 但另一个心意却阻止了我），沙普尔斯指出，这里的第二条路线行动者是“勉强”接受的。这使它同下文所讨论的 20.17 以下相类似，这样做显然有一定理由；但是，要说这里的“坚忍”恰恰指的是这一时刻，这并不十分清楚。至少就这些诗行来说，它也可以是说，奥德修斯在考虑一个初看起来不错的想法，随后一个决定性的反驳出现在他心中。

〔40〕　《奥》20.17 以下。在我看来“自那时起”比拉铁摩尔（Lattimore）的“无怨无悔”更接近 νωλεμέως，后者在这一关联中很有误导性。“以极大的服从”用来翻译晦涩的短语 ἐν πείσει：古代注经者改写为 ἐν δεσμοῖς。柏拉图的引用在《理想国》441B，该段确定了灵魂三分，这将在下文中讨论。

不承受的痛苦，此时，他出于审慎的理由，不能去做他非常想做，并且也有很好的理由去做的事情。痛苦乃是等待的代价，等待他能39做到心智所要求的事情，而他的坚忍在这里乃是承受出于内在原因的痛苦的能力，尽管这痛苦是自外施加的。所发生之事的痛苦特性实际上自外而来，来自其他行动者的作为，以及奥德修斯对这些事情的感受；可是，之所以需要坚忍，是因为他需要等待，而且是长久的等待，而这两点来自他自己的 *mētis*，他自己理性的计划。这重新阐释了奥德修斯的一个标准描述，*polutlas*，“坚忍者”；实际上，它将这特质同奥德修斯更广为人知的特点结合起来，即 *polumētis*，“足智多谋者”。奥德修斯拥有的意愿不仅仅要去坚忍施加于他的痛苦，他的意愿是要去坚忍他自己的行为意愿所带来的后果。

同样是这一关联，《伊利亚特》接近结尾处有一个不同寻常的解释。在我曾经提到过的一个场景中，普里阿摩斯前来找寻赫克托尔的身体，阿基琉斯告诉他一件奇怪的事情：“你有一颗铁心”——这是因为他打算要做的事情，不仅是一个人来到希腊人的舰船边，而且打算去观望一个杀死了他众多儿子的人。几乎同样的词句，不久之前，在一个完全不同的场合中，阿基琉斯自己曾经听赫克托尔说起过。当赫克托尔求他饶过自己的性命，阿基琉斯的拒绝令人心寒，赫克托尔说，他在这个人这里再没有其他的期待：“你的胸中有一颗铁 *thumos*。”〔41〕在第二个例子中，“铁”

〔41〕　《伊》22.357：最好的抄本作 ἐν φρεσὶ（译注：胸中），其他本作 ἔνδοθι（译注：内部）阿基琉斯对普里阿摩斯的描述出现在《伊》24.518 以下：第 519 行的 ἔτλης（译注：坚忍）用来说普里阿摩斯打算去做的两件事。《希腊语词典》的 *τλάω 词条对该词使用范围的评述很有助益。普里阿摩斯的举止被看作极不寻常：注意 480 行以下令人惊异的比较：阿基琉斯和其他人最初看到他时的震惊，被比作当一个人在 ἄτη πυκινὴ（译注：极度的迷乱）导致他杀了某人之后来到外邦的一个富人家前，人们看到他时的震惊。

表示一种对人的诉求的毫无感情的（unfeeling）冷漠；而在普里阿摩斯那里，它表示的是一种不依感情（feeling）行事的能力，这是为了完成满足人的深层需求所必需的事情。将此二者联系起来的是坚忍的能力——阿基琉斯的冷酷意味着，面对赫克托尔的祈求，他没有任何感情需要坚忍压制——不过，他们两人对于普通的感情对象的冷漠都到达了超乎预期的程度。

在以坚忍压制感情时，奥德修斯和普里阿摩斯一样；而他们俩心中坚忍的能力又都得到他们的行为意愿的补养。不过，他们的坚忍所压制的是完全不同类别的感情。更一般地来说，希腊人倾向于把［所有］顽抗感情或欲望的能力看作同一个能力，不管这感情或欲望是什么，也不管它们如何产生——无论它是性的欲望、屈从痛苦的欲望、逃跑的欲望，还是报复的欲望。出于这一点，他们倾向于把力量和软弱并置，其做法和常规的现代观念一直惯用的——至少在不久前是这样——方式不同：所以，他们认为男人比女人能更好地抵御恐惧和性欲。[42]

40

坚忍的能力，在面对欲望或破坏性的感情时使自己有所作为的能力，这在荷马和其他许多希腊作者看来，是同一种气质（disposition），无论这坚忍所面对的是单纯地施加给一个人的痛苦，还是为了行动的利益而遭受的痛苦。此外，坚忍正是那可以用来对抗不同类别的感情和欲望的同一种气质。最后一点，至少在荷马和苏格拉底之前的作者那里，它是同一种气质，无论那迫使一个人承受痛苦和抵制欲望的动机是什么。当女仆们在厅堂里浪笑时，奥德修斯坚忍，这是为了他能收回自己的家园；他在波

〔42〕　参见多弗《柏拉图与亚里士多德时代的希腊大众道德》（K. J. Dover, *Greek Popular Morality in the Time of Plato and Aristotle*），第98—102页。

鲁菲摩斯的洞穴里坚忍同伴的尖叫，为了有人能得救，他不得不抛弃这些同伴。普里阿摩斯坚忍他的仇恨和憎恶、他的恐惧和可以预料的嘲弄，这是为了将他儿子的尸骸收回，为了这样一个涉及怜悯、荣誉和爱的行为。

那么，讲完了这些之后，那缺失的究竟是什么呢？那些进步主义者认为缺席的“意愿”究竟是什么？此刻，我忍不住要说，他们必须告诉我们。至少在我看来，在荷马的世界里，有关为人的生活而行动的基本思想确实已经足够：谋划的、推断的、行为的、努力的、使自己有所作为和坚忍的能力。谁还能要求更多？

41

但是，确实有人要求更多，我将要说明的并不是，假如这东西能找到，它应该是什么（这样的问题没有答案），而是为什么会有人找它。我要说的是，某些人之所以觉得荷马有关行动的观念古怪，根本来说，正在于它们并**不是**围绕道德和非道德动机的区分而展开的。我猜测，人们所惦念的是兼有以下两种特性的“意愿”：它表现在行动中而不是坚忍中，因为人们假定它的活动本身就是一种行动范式（a paradigm of action）；它只为一种动机，即道德的动机服务，尤其是为义务（duty）服务。义务，就其某种抽象的现代含义而言，是不为希腊人所知的，特别是古风时期的希腊人，这当然是进步主义论者所指出的他们的特征之一。[43] 在这

〔43〕　参见阿德金斯的评述，“至少就这方面来说，我们现在都是康德派。”（《品德与责任》，第 2 页）；这方面是指将义务和责任作为伦理学的核心概念，并且假定“在这样的情景下我的义务是什么”乃是“行动者在任何要求道德决定的情况中必须问自己的基本问题”。至于亚里士多德那里的 τὸ δέον（译注：必须之事）及其与“义务”的关系，以及在什么意义上理性或 ὀρθὸς λόγος（译注：正确理性或正当理由）在什么意义上**下命令**（*command*），参见戈捷 – 若利夫（Gauthier-Jolif），第二卷 568—575 页。这一论述颇有助益，表明了康德的观念与此毫无瓜葛。然而有趣的是，它仍然陷入这一道德主张的某些预设之中。

一缺乏中包含着多少东西，它在他们同我们之间造成了多大的差异，在多大程度上我们应当认为在这方面我们的想法比他们的更好——这些问题将以不同的形式贯穿本研究。但是，它们和当下的讨论相关吗？无论就义务而言的区别是什么，无论这些区别重要与否，初看起来，这些差异并不涉及行动的观念自身。如果希腊人和我们对于义务的意见有分歧，这并不应当——像有人可能以为的那样——使我们认为，在希腊人的万物图景中，人们因此不能有所决定或为自己做决定，或不能使自己有所作为。这更应当是有关人们应当或者可能按照什么样的理由行事的分歧，而不是有关人们究竟有没有按照理由行事或者在行事中有没有运用他们的意愿的分歧。

事情并非如此简单。举例来说，某些哲学和宗教假设会引导人们认为，为了行动者利益的行动是自外而来的，由外在于道德或理性自我的欲望所决定，它们因此并非真正的行动。[44]按照这种观点，只有纯粹自律的道德义务，而不是某种反应（reaction），才能产生我们主动的作为——或许我们应该说，才能产生由我而生的运动（movements）。这一图式如此扭曲我们有关行动的基本主张，以至于只要人们真正地思考过，很少有人会想接受它。然而，毫无疑问的是，在涉及荷马时代的希腊人被认为有所欠缺的东西时，它确实在这些混乱的讨论中起到了一定作用。

42

有一种不那么极端，在历史上也更为重要的想法，它将行动和努力的观念同道德或伦理思想联系起来。这一想法认为，基础

〔44〕　在斯内尔那里可以找到这些想法的强烈暗示，见《心灵的发现》，第103页。把这一图式称为康德派的，对康德来说并不公平，但他的哲学必须为此承担一定责任。

行动理论自身，即有关人为何物以及他如何行事的论述，是一种必须借助伦理术语加以表达的理论。这一想法不仅仅是说必须存在某种有关伦理的心理学——也就是说只要我们拥有伦理气质、信念和感情，就必须有我们心理学的论述：这显然是正确的，但它并不是这里所说的想法。这一想法更应当是指，心灵的功能，特别就其与行动相关而言，是通过那些从伦理学中获得其意义的范畴来加以界定的。这样一个想法在荷马和悲剧作者那里，显然是缺乏的。发明它的任务留给了后来的希腊思想，而自那以来，它就几乎不曾离开我们。

看起来发明它的是柏拉图。《理想国》中的灵魂三分，是对这一想法最早的完整表达，同时也是最为极端的一种表达。这一理论，尽管从它设计之初就考虑到政治目的，呈现为一种心理学模型。该模型意在解释和阐明一定类别的心理冲突，对它来说关键的是，只有某些类别的心理冲突才要求它所提供的解释性区分。之所以引入灵魂的划分，根本来说是为了刻画和解释两种动机间的冲突：以善好为目的的理性关怀和单纯欲望。正如柏拉图非常急切地提醒我们的那样，欲望自身之中的冲突乃是土生土长的，但是它们并不要求在灵魂内作进一步的划分。相互冲突的欲望只有一处所在，一个灵魂的部分。历时性地看，它确实会同自身交战，除非那更高的理性的部分将秩序带给它。只有根据伦理学考虑，以及特定的在伦理上有意义的性格和动机的区分，柏拉图的图式才是可理解的。特别要指出的是，在确定某一行动路线中使用到一些理性能力，正如在将某种欲望付诸实现时也可能用到一些理性能力一样，这并不足以让灵魂的理性部分卷入进来，这将仅仅包含欲望部分的种种冲突中的较高的理性的部

43

分。[45]理性只有在它控制、主宰或是凌驾种种欲望时，它才作为灵魂一个独特的部分发挥作用。

但我并不是要说，借助《理想国》中伦理化的心理学，柏拉图引入了评论家们所孜孜以求的“意愿”。正相反，这些评论家们，特别是那些更加康德化的评论家们，他们发现意愿在柏拉图那里仍然缺席。[46]更应该说，因为柏拉图提供了从伦理范畴获得其意义的心理学，他们可以把柏拉图看作在正确的方向上迈出了关键的一步。也正因为这点，在那些评论家们看来，柏拉图未能一路贯通（其实，就算你真的一路贯通了，在他们看来你会到达何方，这一点和以往一样，一定还是不清不楚的）。[47]这样来看的话，柏拉图之前的希腊人，由于某种原初的盲目，甚至未窥其径。

---

〔45〕　同样地，τὸ θυμοειδές（译注：意气部分、心神部分）只有通过伦理的和最终是政治的区分才能加以解释。关于此点，参见拙作《柏拉图〈理想国〉》中的城邦灵魂类比》（“The Analogy of City and Soul in Plato’s *Republic*”）。（译注：相关讨论可以参考译者的论文《重思〈理想国〉中的城邦—灵魂类比》，载尚新建编《求真集》，北京大学出版社，2012 年。）关于《理想国》第四卷中灵魂的划分及其论证有许多可争议的问题，特别是有关“对立原则”的地位：有些时候心理的冲突效仿力量的对峙，另一些时候则效仿命令的对立（或者更可能是矛盾）。相关讨论及出处，尤见欧文《柏拉图道德理论：早期与中期对话》（T. H. Irwins, *Plato’s Moral Theory: The Early and Middle Dialogues*），约翰·库珀《柏拉图的人之动机理论》（John Cooper，“Plato’s Theory of Human Motivation”），载《哲学史季刊》1（1985）；迈克·伍兹《柏拉图对灵魂的划分》（Michael Woods,“Plato’s Division of the Soul”），《不列颠学院院刊》73（1987）。

〔46〕　在已经提到的作者之外，还有阿尔布雷希特·迪勒《古典时代的意愿理论》（Albrecht Dihle, *The Theory of Will in Classical Antiquity*），更多评述，见下文第三章注释 5。

〔47〕　对该目的地的一种说法是尼采所揭示的那一类心理学，他用**怨恨**（*ressentiment*）的种种作用对其加以诊断，怨恨在行动者和其作为之间设置鸿沟，并用自由意愿来填充它：特别见《道德的谱系》I 13。这一说法特别含混，同时毫无疑问也特别有力。然而，我认为从历史和哲学的角度来说更有助益的做法是，去考虑我们的这些幻觉在多大程度上可以追溯到一个更普遍的现象，即对那基本伦理化的心理学的渴求，这里提到的只是其中特别有害的一种。

他们没觉得有必要进行这样的旅程，这事实上是正确的。不过，至少在古风时期，他们曾经忽视了这一旅程，那时萦绕他们心头的另外一些假设最终变得不再合用。看起来，是当众神、命运和人们所接受的社会期待不再存在，或者不再足以塑造环绕人类的世界，柏拉图才觉得必须要在人之本性内、在最为基础的层面上发现伦理上有意义的范畴：不仅仅要以伦理知识的能力为形式，就像苏格拉底先前设想的那样，而且要在灵魂的结构中，在行动理论自身的层面上。灵魂的三分模型，与它《理想国》中的伴侣——理念论（the theory of Ideas）一样，它必须完成的事情千差万别，眩人耳目。它提供了一种动机理论、性格类型学、政治类比，此外，它所描述的灵魂还得不朽。这里的每一个要素都带来困难，而将它们全都联结起来，这更是危险，摇摇欲坠。困难尤其出现在我们的出发点上，正是从下面这个问题我们才推进到当前的讨论：行动究竟是什么？只有沿着荷马的方向弱化上述理论，人们才能够动身去查明灵魂或灵魂的某一部分如何在身体的活动中出现；而沿着那个方向弱化它，这已经在抛弃柏拉图在《理想国》中想要从中获取的某些东西。〔48〕

44

逍遥学派以他们惯有的居高临下的方式，褒奖柏拉图发现了灵魂中存在非理性要素〔49〕，同时他们沿着一个不那么戏剧化而更加现实化的方向重塑他的划分。不过，行动理论中伦理范畴必不可少这一点却保留下来。亚里士多德对这些论题最重要的贡献是他有关 *akrasia*（译注：不自制）的讨论——这个术语通常译作“意愿软弱”或“不节制”（二者出于不同的理由都是让人遗憾的译法）。

〔48〕　沙普尔斯正确地指出，柏拉图的灵魂理论所表现的灵魂不如荷马的一体化。

〔49〕　［亚里士多德］《大伦理学》1182a25。

他对该状态的定义完全由伦理兴趣所决定："*akratēs*（译注：不自制者）知道他所做的是坏事，但由于激情仍然做它；而 *enkratēs*（译注：自制者）知道这里的欲望是坏的，并由于理性而不追随它们。"[50] 如果我们在试图理解 *akrasia* 时——用唐纳德·戴维森的话来说——，不把它"本质上看作道德哲学中的问题，而是行动哲学的问题"[51]，我们就是在将它从一个古远的传统中剥离出来，在该传统中，有关理性行动和决定的问题是用基本从属伦理学的词汇来定义的。

我们有充分的理由远离这一传统。然而，*akrasia* 这一特殊概念非常抵触将它从其伦理起源剥离：这个想法里就包含某种东西，它具有伦理意义。实际上，人们现在已经意识到，可以恰当地称为 *akratic*（译注：不自制的）的现象，并不必然像亚里士多德设想的那样，代表坏之于好、欲望之于伦理理性的短暂胜

45

〔50〕《尼》1145b14 以下。亚里士多德实际上提出了如下问题：在一个有缺陷的行动者那里，*akrasia* 的心理机制是否可能不按他的伦理利益行事，因此引出他有关尼奥普陀尼摩斯和"诡辩悖论"的讨论（1146a17 以下）。但是他有关这些材料的讨论妨碍了那些从一种较少伦理化的心理学的观点看来最为有趣的问题，例见 1151b21："不是每一个以快乐为目的行事的人都是自我放纵的或坏的或不节制的，只有那些为了可耻的快乐而作的人才是。"更一般来说，亚里士多德的心理理论带有伦理内涵。莎拉·布罗迪曾经说过，"在亚里士多德的框架内，有关'基础'人性的不含价值（value-free）的理论是不可能的。"（《同亚里士多德做伦理学》[Sarah Broadie, *Ethics with Aristotle*]，第 102 页）然而，我要强调的是，在评述柏拉图和亚里士多德的心理理论时，我并不想暗示存在某种对人类心理学的合理论述，它是完全不含价值的。是否存在这样的东西（例如，心理学能否免除并非纯粹统计性的"规范性"观念），在我看来是可疑的，但它并非当下的讨论所提出的论点。这里的要点更应当是，这里所谈及的价值的范围是什么以及什么东西特别需要解释。对柏拉图和亚里士多德的批评，与其说是他们使心理学解释牵扯价值，不如说是他们将一套特殊的在伦理和社会意义上令人满意的价值注入心理学解释。这一问题下文中将再次出现，见第 6 章第 160 页以下。

〔51〕《意愿软弱如何可能?》，载《论行动和事件》（"How is Weakness of the Will Possible," in *Essays on Actions and Events*），第 30 页注释 14。

利。[52] 尽管如此，*akrasia* 在当代的讨论中，仍然通过短期之于长期的胜利来加以辨认；或者是一个人所认同的行动路线被他不那么认同的路线击败；或者至少是，一个人有意识地做他较少有理由去做之事，而不做他更有理由去做的事情。有关 *akrasia* 的理论理当提供解释这些情形的框架。但是，对这一理论的追寻，仍然是在把心理解释置于同伦理关怀的含混关联中。为什么我们必须假定，通过这些术语得以辨别的情形构成了一类事件，它们拥有一种特殊类别的心理解释呢？有关所发生的情形的相关描述，在很多情况下，只能以反观的方式（restropectively）才能获得，而且是作为某种解释的一部分，该解释建立或者重建了一个人的身份认同，以及一种理由胜于另一种的重要性。其后果是，一个情节是不是和 *akrasia* 相关的情节，它的关键可能取决于后来的理解。一个已婚男子和另一个妇人有了情事，当他试图结束这一切时，可能会发现自己在这一努力中摇摆不定，并且在他们决定不再相会后又去见他的情人。如果他最终和他的妻子在一起，他可能会把这些情节看作是不自制的。但是如果最终他和他的妻子分手，而他和他的情人生活在一起，这些情节就有可能不再算作不自制的，而成为一系列暗示，它们将要证实他真正更有力的行动理由。假定在这些情节发生时刻有一类特殊的心理事件（psychological event），如果事情以其中一种方式发展它就出现，而以另一种方式发展它就不出现，这纯粹是错觉；然而，*akrasia*，就其提供了一种心理解释而言，理当解释这一事件。我们有理由说，*akrasia* 与

46

---

〔52〕 特别见阿梅莉·奥克森伯格·罗蒂《不自制的断裂何处发生》和《不自制与冲突》，均见《行动中的心灵》（Amélie Oksenberg Rorty, “Where does the Akratic Break Take Place” and “Akrasia and Conflict”, both in *Mind in Action*）。

其说是心理学概念，不如说是（广义的）伦理学概念，这一要素有助于提供伦理上有意义的叙事。

我们在多大程度上区分心理的和伦理的概念，在多大程度上不要求用不可取消的伦理术语来对心灵基本的活动加以分类，我们也就在多大程度上回返荷马的处境。当然，很多有价值的心理范畴荷马并不曾拥有；不消说，我们也可以为他所拥有的基本配置添色不少。但在西方文学之初，他拥有我们所需的基本品目，而他所缺少的几件我们并不需要，尤其是心灵的基本力量内在地由某个伦理秩序所构建这一错觉。

评论家们在荷马那里没有找到的“意愿”可能意味着一些不同的东西；而我试图表明的是，所有这些东西，只要它们能被确认，那么真相就是，要么荷马已经拥有这些东西，要么他，还有我们，最好不要它们。然而，当我们从这些心灵哲学的论证中撤回，我们当然必须对荷马的人物（尤其是荷马的英雄）行事的方式有所说明——说明他们内心生活的本性，或者说明他们缺少内心生活。赫尔曼·弗伦克尔说过，自我与非我的对题（antithesis of self and not-self）在荷马那里还不存在：“在《伊利亚特》中，……人整个是他的世界的一部分。”[53] 荷马的英雄没有内在性（innerness），没有秘密动机——他是什么，他就说什么、做什么；尽管史诗英雄并非悲剧英雄，我们仍然可以将这些想法同本雅明有关悲剧里英雄的“沉默”（silence）或“空洞”（emptiness）的评述

[53]　《早期希腊诗歌与哲学》，第 80 页。参见雷德菲尔德对弗伦克尔立场的论述和评价，第 20 页以下。

联系起来。[54]许多评论家们已经注意到他们用这样的字眼所描述的某个东西；他们的言论针对的就是这个东西。

确实如此；不过，此刻我们必须回到诗歌自身在做什么这一问题。这些人物形象的某些特性——尊严、距离、对被赐予的命或运（fate or fortune）严峻以待——就像詹姆斯·雷德菲尔德所强调的那样，正是他们被描绘出来的特征，是史诗文体的人为创造。[55]在文体的和心理的之间划定界限——这是在心理学概念的简单意义上来说，我们可以想象人们在听到诗歌时会把这些概念用在彼此身上，——可能是一项极其复杂难以把捉的工作，内中缘由，首先是叙事限制所强加的沉默。在阿基琉斯听到帕特洛克罗斯之死的那一刻，和他同阿迦门农媾和的那一刻中间，难道他心中没有任何变化起作用？这一切只是一系列前后相继的状态？《伊利亚特》16.60，当帕特洛克罗斯还活着的时候，阿基琉斯对他说：

47

> 算了，我们就让所有这一切成为过去的事情；在我的心里
> 不会永远愤怒；但是，我已说过，
> 我不会罢息怒气，直到那一刻来临
> 直到战斗……逼近我自己的战船。

---

〔54〕《德国悲剧》第106页以下。韦尔南曾经引述维达尔－纳凯（《个体、死亡、爱欲》，第55页）评述道，阿基琉斯是《伊利亚特》中唯一一个被描述为向自己（和帕特洛克罗斯）歌咏英雄事迹的人物（9.189）。但是由此断言："作为英雄人物，阿基琉斯只有在那恢复了他自己的映像的歌咏的镜面中，才拥有为他自己的存在。"这就错了。这里有一个执果索因的反驳：他如何知道唱给谁听呢？但更严重的是，我们在诗歌自身中获得的材料将证伪上述图景。

〔55〕《伊利亚特中的自然与文化》，第22页以下。他在第22页指出，"在如此迅速地[像弗伦克尔那样]从诗歌向文化推进时，我们必须小心谨慎。"我完全同意这一点；我在正文中进一步提出的问题是，诗歌自身是否留给我们这样一个有关阿基琉斯的印象，即他的灵魂经历如同雷德菲尔德所建议的那样稍纵即逝。

而在 18.107，他对他的母亲塞提丝说：

> 如此，我但愿争斗从神和凡人那里消散，
> 连同怨毒的胆汁，它使心灵最伟大的人发怒
> 而愤怒的苦胆犹如烟云一样弥漫一个人的内心
> 对他变得比垂滴的蜂蜜还要甜美。
> 就这样，如今众人之主阿迦门农激怒了我。
> 然而，我们将让所有这一切成为过去的事情，而为了我们所有的
> 伤悲，我们必须击退深植我们内心的愤怒。
> 现在，我将出战。

“我们必须”这里所代表的只是必然性的相当微弱的表达，事关杀戮赫克托尔。

当 19.65，阿基琉斯最终面对阿迦门农时，他把这最后两行又说了一次：

> 然而，我们将让所有这一切变成过去，……

48

他继续说道：

> 我罢息愠怒。无休止地愤恨
> 这并不是我[56]

〔56〕 19.67 的 παύω χόλον（译注：我罢息愠怒）所传达的不是一个意愿行为，它是一种行动性的声明：“争论结束了。”

在很大程度上，这一必然性内在化了，更加成为他有关自己和别人之间关系的观点的一部分。[57]这些重复如同公式一般，我们事实上所得到的只是语言表达、只是发展过程中前后相继的一些阶段，这些很自然地会让人放弃用探听八卦或者撰写传记的方式，来猜测这期间占据阿基琉斯的种种想法。但是，它们并没有摧毁这样一个印象：阿基琉斯的这些想法可能确实存在。而且，这些语言表达的力量本身来自某种感觉，某种不清不楚的感觉：这些表达乃是经验的表达，它们确实暗示了一个发展进程。

还有一个更困难的例子出自《奥德赛》17至23卷中，是关于裴奈罗普举止的描述，我不打算做深入的论述。究竟她认出了奥德修斯，还是没认出他，还是“潜意识中”认出了他，诸如此类的问题争论多多，相关的意见林林总总，从拙劣的分析家们有关前后不连贯和不合逻辑的指责，直到断言“任何小心追随裴奈罗普脚步的读者……必然带着对荷马有关人的思想行为的有机概念的最高敬仰离开”。[58]无论我们如何看它，显然，任何通达裴

---

〔57〕 18.113的必然性通过ἀνάγκη（不是拉铁摩尔所说的“被迫”）得到表达。19.66重复这点，但是19.67的“这并不是我”中用的是χρή（译注：必须）关于这个词，见勒达尔《χρή和χρῆσθαι研究》（G. Redard, *Recherches sur χρή, χρῆσθαι*）：它们同χρήματα一词（译注：财物、必需之物），人类的占用（human appropriation）有关联。亦参见，洛厄尔·埃德蒙兹《修昔底德思想中的机遇与心智》（Lowell Edmunds, *Chance and Intelligence in Thucydides*），第43页。[公元前]5世纪时，人们倾向于将χρή用作具有内在根基的必然性和要求的表达，而δεῖ则偏向于需要、因果必然、源自神灵的无可逃避性以及其他外在的束缚。见巴雷特（Barrett）论欧里庇德斯《希波吕托斯》第41行。这一表达此种对立的方式在荷马那里并不适用，荷马只用过δεῖ一次。亦见塞思·贝纳尔德特：《柏拉图与其他作者的XRH与DEI》（S. Bernardete，“XRH and DEI in Plato and Others”），其中包含很多有益的观察，尽管我们不应接受他的评述（239），他自己不无正确地把这评述说成是悖论性的，即对古人来说，伦理学“在主体的领域之外”。

〔58〕 奥斯汀第276页注释18。其他研究进路，比较佩奇《荷马的奥德赛》（D. L. Page, *Homeric Odyssey*），第123页以下。亦见希拉·默纳汉《奥德赛中的伪装与确认》（Sheila Murnaghan, *Disguise and Recognition in the Odyssey*）第四章中的精细阐释。

奈罗普行为目的的尝试，都要异常严肃地对待叙事自身所做的事情。叙事所强加的延迟是必需的，这有很多理由，其中一个就是完全的恢复应当在一个突发事件（incident）中得以表达——而这本身就是心理表现的一部分，因为它表明了恢复的含义。[59]

毫无疑问，只凭借那些忽视它们是诗歌这一事实的方法，我们并不能抵达荷马诗歌中潜藏的心理学。但同样地，它们作为诗歌而产生的许多效应依赖于它们所暗含的心理学。首先，它恰好依赖于我所宣称的诗歌人物的统一性（unity）：作为思考的、行动的、血肉毕现的人的统一性；作为生者和死者的统一性。[60] 这样的情况很多，例如，它整个浓缩在对英雄开勃里俄奈斯之死的描写中，在他尸体的四周战斗正在激烈地进行：

49

> 但他躺在飞旋的泥尘里，
> 有力地躺在他的勇力中，全然忘记了骑战之术。

---

〔59〕　“裴奈罗普不是通过尤利西斯的伤疤而是通过他的想象认出了他”，理查德·埃尔曼论莫莉·布鲁姆（Molly Bloom），出自《颓废之用》（Richard Ellmann, “The Use of Decadence”），重印于《长河奔流》（*a long the riverrun*）第 17 页。

〔60〕　苏格拉底面对死亡时，将自己同阿基琉斯相比：Αὐτίκα, φησί, τεθναίην, δίκην ἐπιθεὶς τῷ ἀδικοῦντι, ἵνα μὴ ἔνθαδε μένω καταγέλαστος παρὰ νηυσὶ κορωνίσιν ἄχθος ἀρούρης（译注：“让我立刻死去”，他说，“既然我已经给予不义者正当的惩罚，而不是留在此世，在弯翘的海船旁徒增笑柄，成为大地的负担。”）柏拉图《申辩篇》28C-D（引述《伊》18.98-104）。格列高里·弗拉斯托斯（Gregory Vlastos）注意到一点相似和一个重要区别：“在对幸福的追求中，希腊人想象中最高贵的精神人物乃是失败者……苏格拉底是赢家……在渴求他所践行的幸福时，他不可能失败。”假定这点成立，如果人们再补充对不朽的期望（苏格拉底正准备接纳它，40E 以下，而这或许也可以在 ἔνθαδε［译注：这里、此世］一词中听到），荷马的语词显然是另外一个腔调。有关作为英雄的苏格拉底，参尼科莱·洛罗：《苏格拉底：葬礼演说之解毒剂》（Nicole Loraux, “Socrate, contrepoison de l’oraison funêbre”），载《古典时代》43（1974），引自韦尔南：《个体、死亡、爱欲》，第 42 页。开勃里俄奈斯见《伊》16.775-776。

50

第三章　确认责任

在《奥德赛》的结尾，当奥德修斯和忒勒马科斯和求婚者们激斗时，发生了一件事，令奥德修斯大为警觉：他们所见的求婚者们披盔带甲，手舞长枪，而这些武器在开战前小心地储藏在一间仓库中。一定有人打开了仓库，奥德修斯想知道他是谁。“父亲，这是我的过错，”忒勒马科斯说道，

> 没有别人应受责备
> 是我让那原本可以紧闭的房门
> 开了一角。他们中的一人比我看得清楚。[1]

这里所引出的话题，正隐藏在我们上一章在荷马那里所发现的行动理论之中。尽管评论家们已经指出，荷马并没有将任何词等同于抽象名词“意图”，但在上述描写中却隐藏着我们可以等同为意图的观念：忒勒马科斯让房门开了——这确实是他做过的事情——但他并非有意如此。显然，我们不能仅仅因为我们会用某一特定的概念来描述荷马为我们呈现的一出事件，就因此断定荷马拥有这一概念。然而，当荷马和他笔下人物做出只有通过某一

51

特定概念才能理解的区分，该概念就存在于荷马那里。就忒勒马

〔1〕　《奥》22.154-156：ὦ πάτερ, αὐτὸς ἐγὼ τόδε γ’ἤμβροτον – οὐδέ τις ἄλλος / αἴτιος, ὃς θαλαμοῖο πυκινῶς ἀραρυῖαν / κάλλιπον ἀγκλίνας Τῶν δὲ σκοπὸς ἦεν ἀμείνων.

科斯的话来说，这显然适用于“意图”这一概念。很多段落描写人们在他们尽力做成的事情上，一击而中或失之交臂，或更一般地说描写他们的成功或失败，这些尽管不那么鲜明，也证实着上面的论点。[2]这一类用法足以让我们断言，荷马拥有意图这一概念，虽然他完全没有任何词汇同这一普遍观念相关。

荷马实际上有这样一个词，*hekōn*，它常常指“有意地”（intentionally）或“蓄意地”（deliberately），在《伊利亚特》中它很少有别的意思。例如，当狄俄墨德斯投枪刺向多隆，却没有击中他时，这个词就用来表示他有意不击中多隆，他这么做是蓄意的。[3]关于这个词，有一个事实非常重要，它在《伊利亚特》和《奥德赛》中只以主格单数的形式出现：它的作用如同一个副词，附着在表示动作的动词上。这本身就把它的意义集中在意图上。假如它本来的意思，就像它有时所意指的那样，乃是“与某人的欲望相一致”，那么，上述 [语法] 限制就毫无理由；因为一个人所遭受的或者发生在他身上的事情，是可以和他的欲望相一致的。而实际上，与 *hekōn* 一词相对应的否定表达 *aekōn* 就是如此。这

〔2〕　特别参见 τυγχάνω（译注：通常意为碰巧、获得）与另一动词连用时表示成功做成此事的用法：例如《伊》4.106-8 ὑπὸ στέρνοιο τυχήσας / ... βεβλήκει（译注：他将箭成功地射入 [羊的] 胸膛）；23.466 οὐκ ἐτύχησεν ἑλίξας（译注：他在拐弯的地方没能成功）。

〔3〕　《伊》10.372，Ἦ ῥα, καὶ ἔγχος ἀφῆκεν, ἑκὼν δ᾽ ἡμάρτανε φωτός.（译注：言罢，他甩手出枪，但却有意打偏一点。）在 9 个相关出处中，另有 5 处也很清楚是这个含义：正文中讨论的 4.43；23.434-435，585 驭马以免冲撞；6.523，赫克托尔责备帕里斯在战斗中的懒散，ἀλλὰ ἑκὼν μεθιεῖς τε καὶ οὐκ ἐθέλεις（译注：但你却故意退却，不愿冲击），这显而易见地表明它不仅不情愿，而且是有意如此做；还有 3.66，谈到众神的礼物不能丢弃，ὅσσα κεν αὐτοὶ δῶσιν, ἑκὼν δ᾽ οὐκ ἄν τις ἕλοιτο（译注：而神们自己所给予的，一个人是不能刻意求得的）。这里的要点不是说一个人不愿意得到它们——他当然愿意——，而是说人不能通过**自己动手**而得到。而在 7.197，该词看起来只有修辞作用（阿里斯塔克斯读作 ἑλὼν）。而在 8.81 和 13.234，它可能只是指某人愿意做某事，就此而言它和 ἀέκων 正相反（参见下文及本章注释 4）。

个词几乎总是意味着“勉强地”“违背自己意愿的”，或者是“与某人实际想要的相反”，它常常既指人们的行动，也指发生在他们身上的事情（它常常不以主格的形式出现）。[4] 在这一意义上，它也用于行动。一个人在这一精神状态（spirit）下勉强完成的行动，必须同一个人无意（unintentionally）所做的行动区别开来。实际上，这两件事情是相互排斥的：在上述处境中的（译注：指 *aekōn*）行动者有意或意图做某件事，但他宁愿自己不必做它。因此，在其典型含义上，*hekōn* 并不同 *aekōn* 对立或相反：他们在不同的空间中运作。正是这一点，荷马高度浓缩地加以利用，他让宙斯说：他同意赫拉所想要的，*hekōn aekonti de thumōi* *，阿尔布雷希特·迪勒（Albrecht Dihle）的阐发很准确，宙斯“蓄意地、有意地放任特洛伊被赫拉的愤怒所毁灭，而他的同情心则妨碍着这一举措”。[5]

52

---

〔4〕　这些否定表达式的通常用法也可以通过 ἀέκητι + 属格这一惯用结构加以说明，它意味着“违背某人的意愿”。在荷马史诗中只有一段，其中的 ἀέκων 毫无歧义地意为“无意地”：《伊》16.263-264，它用在搅扰了树篱中的蜂群的过路人身上，他和那些招惹蜂群取乐的淘气男孩们形成对照。

* 译注：此处照威廉斯的解释，大致意为“我有意如此，但心里并不情愿”。

〔5〕　《伊》4.43；迪勒，第 26 页。柯克（Kirk）就此指出，这是“荷马心理学的一个微妙片段”。更应该说，它是某种日常心理学的精彩表达。还必须提到的是，迪勒并不总能如此敏锐地再现他眼前的东西：尽管他的著作博学而精致，他只是其观点被迷茫的哲学假设扭曲的另一个 [代表]。因此，他引述赫西俄德有关伪誓的率直言论（《工作与时日》280 以下）：εἰ γὰρ τίς κ’ ἐθέλῃ τὰ δικαι’ ἀγορεῦσαι / γιγνώσκων ... / ὅς δέ κε μαρτυρίῃσιν ἑκὼν ἐπίορκον ὀμοσσας / ψεύσεται ...（译注：如果有人想要宣扬正义 / 并且了解 [正义]……/ 而有人有意地作伪证 / 发伪誓……）并且评述道，“意图这一含义只是通过 γιγνώσκων 和 ἑκὼν 而引入的。”实际上，这里的 γιγνώσκων（译注：了解）和意图少有关联，有关联的是 ἐθέλῃ（译注：想要）：第一个分句指的是某个想要给出真正的见证并且正要如此去做；而第二句则指某人有意地作伪证。而认为还需要别的什么东西来表达这些思想，这样的想法（他处理的很多其他情况都是这样），只是老套的三元心理学的产物：理性、情绪和意愿（理性的、感性的和意动的）。这不过是柏拉图对灵魂进行划分的徒子徒孙。参见上文第二章，第 43 页。

忒勒马科斯关于他打开房门一事的一番言语，暗含了意图这一观念。它也充分调动了更多观念，它们凝结在一个希腊词之中。忒勒马科斯说，是他而不是任何其他人 *aitios*（译注：有责任），这首先意味着他是所发生的一切的原因，他让求婚者拿到了武器；其次，如果有人要为所发生的事情而遭受负面的评价，那应当是他自己。或许，他也应该以某种方式为自己的错误有所弥补。正是在这些意义上，他应受责备。此外，关于他何以无意地做成此事，还有一个我们熟悉的解释，即他没有看到他在做的事情：他们中的一人看得更加清楚。在荷马那里（正如在别处一样）存在着许多这样的日常错误，无意造成的糟糕结果。

在这一背景之上，我们可以来观察一个更引人注目也更为人熟知的例子。荷马世界的研习者们已经多次讨论过它，然而，我们必须牢记在心的是，此处的情形在很多方面都并非典型。当阿基琉斯告诉阿迦门农他的愤怒已经过去之后，阿迦门农解释了他在争吵开始时的心理状态（state of mind）；[6] 他所用的词句说的正好与忒勒马科斯的相反：并不是我 *aitios*，他说道，

> 可是，宙斯、命运和踏行迷雾的复仇女神
>
> 他们在那天的集会上将酷烈的 *atē*（译注：迷狂）投掷在我的脑海
>
> 就在那天是我自己夺走了阿基琉斯的奖赏。

〔6〕《伊》19.86 以下，这一段通常称为阿迦门农的申辩。多兹在《希腊人与非理性》第一章中讨论过它，他和某些学者一样，将此处提到的宙斯同 1.5 中那段名言（这在古代世界已经得到广泛讨论）Διὸς δ' ἐτελείετο βουλή（译注：宙斯的意图得以实现）联系起来，关于此句，见下文第五章，第 103—104 页。

但是，我能做些什么呢？是神祇实现了这一切。

接下来，他讲述了 *atē* 的种种活动（“妄想”“盲目的疯狂”）以及如何连宙斯都会受它折磨，他还为此讲了一段很长的掌故。

忒勒马科斯因为他无意所做的事情而 *aitios*（译注：有责任）。而阿迦门农则说他没 *aitios*；然而，他在这事上所做的，却是有意地做的。在那一刻，他确实意在从阿基琉斯那里夺走布利赛伊丝，将她据为己有；哪怕在他那极端煞费苦心和言过其辞的自我辩解中，他也从来没有暗示那过错只是**意外**（*accident*），或者说他并不知道自己在做些什么。他所暗示的是，当他有那样的意图时，他处于某种异常的心理状态中，而这一心理状态有一个超自然的解释。当 *atē* 意为心理状态时，它看起来总是由神灵所引起[7]，在这个例子中确实也是如此，引起 *atē* 的，确切地说是有意导致 *atē* 的，几乎包括了所有他能说得出名字的超自然能动力量（agency），这一事实，大大支持阿迦门农声称他自己没 *aitios*。

53

当忒勒马科斯要受责备时，其中牵扯到的一件事是，对之有所补偿很可能是他的分内之事（business）。但是当阿迦门农说他没有责任时，和忒勒马科斯不一样，他并不是要说对之有所补偿不是他的分内之事。恰恰相反：

〔7〕　当它意指某种事态时，它并不是局限在毁灭或灾难上，与这名词相关的动词也不是如此。可怜的厄尔裴诺耳实际上是在酒和 δαίμονος αἶσα κακή（《奥》11.61——译注：神定的邪恶命运）的共同作用下才陷入这一状态，而马人（Centaur，《奥》21.297）则只是借助美酒让自己陷入其中。而在 10.68，ἄασάν μ’ ἕταροί τε κακοὶ πρὸς τοῖσί τε ὕπνος（译注：那帮倒运的朋友和无情的睡眠一起令我晕头），ἄασαν（译注：晕头）并不指心理状态，而是对应于 ἄτη（译注：迷狂）一词的事态含义，意为他们使他陷入灾难。

但是，既然我陷入妄想，宙斯夺走了我的智慧，
我愿意好好补偿，给回丰厚的礼物。[8]

然而，当他的行动发生时，他必须补偿阿基琉斯。在这一意义上，他确实承担了责任。[9] 他实际上说的是，“**既然**（*since*）我陷入妄想”，但是，毫无疑问的是，他并不是要借此表达如果他不曾陷入妄想，而在正常的心理状态下做了同样的事情，他就不必做出补偿了。当他说，“我必须补偿，这是由于宙斯夺走了我的智慧”，他说的是“这是由于我在宙斯夺走我的智慧时的所作所为”。正是由于他的所作所为，他才必须付出代价。那么，当他说他自己没 *aitios*（译注：有责任），究竟是什么意思呢？当然，在这么说时，他在试图为自己开脱：他需要阿基琉斯归来，他不可能再冒犯他，还有他必须努力保留些面子。但是要让这些话有助于他做到这点，在他所说的内容中必然有某种含义，而我们可以去追问这含义究竟是什么。

在忒勒马科斯这个案例中，他是 *aitios*（译注：有责任的），其中包含两个想法：即他通过正常的行动成为所发生之事的原因，而且他可能必须为之做出补偿。就阿迦门农自己来说，他也 54

〔8〕《伊》19.137-138。

〔9〕正如劳埃德 – 琼斯所见，《宙斯的正义》，第 23 页，（提及宙斯“有助于阿迦门农保存脸面，但它并不取消他的责任”）；雷德菲尔德：《伊利亚特中的自然与文化》，第 97 页；阿德金斯：《品德与责任》，第 51—52 页，“诉诸 *ate* 并不能清除对于一个人的行动的责任，”但他接下去说，“在这一意义上，责任并非道德责任，但是无可避免……这些就是价值的竞争图表的隐藏含义。**道德**（*Moral*，原文即为斜体）责任在他们中并无位子。”对阿德金斯的“竞争”价值和“合作”价值区分的决定性批驳，见 A. A. 朗《荷马史诗中的道德与价值》（A. A. Long, “Morals and Values in Homer”），《希腊研究学刊》90（1970）；参见下文第四章，第 100 页以下。关于存在“道德”责任这一明确观念的假设，见下文第 56 页、第 64 页以下。

同意他必须为之补偿。此外，他直接就是所发生事情的原因，这也是他为什么必须付出代价的理由。他没 *aitios* 的一个意思是说，当他造成这一切时，并且当他实际上有意如此去做时，他的心理状态并不正常。他并不是——如果我们已经准备好放进这个不靠谱的短语——他通常的自我。他不是在把他自己同他的行动剥离开来，而是，这么说吧，把行动同他自己剥离开来。〔10〕

这提醒我们研究忒勒马科斯时还需进一步关注两点。第一点是，当忒勒马科斯犯下错误时，他那正常的心理状态究竟是怎样的？他是他通常的自我。要让你自己在无意中（unintentionally）做些事情，你并不需要宙斯、命运和踏雾而行的复仇女神，还有他们所造成的 *atē*（译注：迷狂）。任何人在任何时候都会这么做的。至于第二点，它和第一点有关，并且我们同样熟悉：你的行动是无意的，这一事实自身并不能将该行动同你自己相剥离。忒勒马科斯可以为他无意中做过的事情承担责任，而我们当然也是如此。

在阿迦门农那里，众神通过（至少他自己是这么说的）使他短暂地疯狂而加以干预，但这并不是神圣能动力量（agency）使得行动出错的唯一方式。众神也在更加日常的层面上发挥作用，而且常常导致事情的结局违背行动者的意图。他们可以在因果链的不同点上做到这一点。当一名战士瞄准一个人而击中另一个时，他可以像他平时一样好好地瞄准，而神祇则使长枪在其途中扭转方向。或者神祇可以借助一种更加内在的干预，使他在这种情形下不能好好瞄准。但这种事情，同样是可能发生在任何人身上

〔10〕 将这些表达式用于不正常心态下的行动的一个危险是，我们会遗忘行动者正常时就处于不正常心态这一情形。无须多言，解释此类案例的诸多苦难对于司法实践具有重大意义，但它们并不在本研究的范围内。

的。在这样的情形中提到众神，和在谋划的情形中一样[11]，它的意义在于帮助人们解释那些没有明白解释的事情。另一方面，那令人生畏的 *atē*（译注：迷狂）包含着行动者心理状态的巨大的和神秘的转化。在阿迦门农那里，他宣称他的意图彻底发生了转变。不过，*atē* 所带来的心理转化也可以采取其他形式。行动者的意图可以保留它们原来可能是的样子，但是他对自己正在做的事情的感知（perception）却彻底改变，这让他陷入人们最为熟悉的妄想之中。索福克勒斯的埃阿斯也是如此，我们将会谈到他。

55

那么，正是从荷马史诗的两起事件中我们获得如下四个要点：某人由于他的所作所为，造成一个糟糕的事态；他是否想要这一事态；当他造成该事态时，他是否处于正常的心理状态；如果要为之做出补偿是某个人的分内之事的话，那么，这个人就是他。我们或许可以给这四个要素贴上标签：原因、意图、状态、回应（cause, intention, state and response）。它们是所有责任观念的基本要素。

并不是只有一种，也绝不可能只有一种方式——或许我们可以说，只有一种正确的责任概念——来使这些要素相互调和。完全抛开我们和希腊人在实践上的差异，就算是我们自己，在不同的境遇中也需要不同的责任概念。所有这些责任概念，都是通过用不同的方式解释这四种要素，变化它们中的重点而实现的。这四要素在荷马那里已经有了，而且这也是必然的，因为对它们的需求，对那些以某种模式将它们拢在一处的种种想法的需求，它直接源自某些普世的陈词滥调（universal banalities）。无论在哪里，人类都有所行动，他们的行动都会导致事情发生，有时他们想要

〔11〕 参见本书第二章第32页。

这些事情发生，有时不想。无论在哪里，总有些时候，总会有人对事情的结果或遗憾或悲痛，或者是行动者，或者是承受这一后果的人，或者两方面都是；而当其如此时，可能会有人要求行动者的回应，这需求可能来自他自己，其他人，或者两方面都有。无论在哪里，只要所有这些都可能发生，那么，在行动者的意图中就会存在某种兴趣，哪怕这兴趣只是要去理解所发生的一切；显而易见，一个有意让门打开的忒勒马科斯，和那个因为不知道自己在做些什么而让门打开的忒勒马科斯相比，他至少有一个完全不同的计划，或许还会同奥德修斯产生完全不同的关系。同样，一个行动者在给定时刻的行动如何同他在其他时刻的意图和行动相吻合，或不相吻合，这问题必定有人会提出。在任何社会境遇中，对于其他那些必须和他生活在一起的人们来说，这都是一个问题。

56

这些确实是普世的话题。我们不应该认为的是，它们总是以同一种方式彼此相关，或者说存在着一种它们理应如此相关的理想方式。有很多种方式让它们相关联，特别是使意图、状态和回应相关联。有很多种方式去解释这些要素，举例来说，有许多种方式可以决定什么才能算作一个给定事态的原因，或者说什么足以成为它的一个原因；在一类给定的情形中什么是恰当的回应，谁又能要求这回应；什么样的心理状态会如此奇怪，以至于可以将行动和行动者相剥离。此外，任何一个或所有这四个要素都容易被怀疑论攻击。希腊人所拥有的解释和安排这些话题的某些方式，正如我们将要看到的，不同于任何一种我们现在所拥有的，或者想要拥有的方式。而他们所拥有的其他方式，有些和我们的一样，但是，还有其他一些方式，它们所关注的内容，我们最好应当加以承认。最重要的是，我们不应该认为，我们已经进化出某种连接这些话题的绝对正当和合适的方式——例如那种被称为道德责任概念的方式。我们并没有。

这些要素中的第一个，“原因”，它是首要的：其他问题只有关系到如下事实才会产生，即某个行动者是所发生之事的原因。[12]没有这一点，也就完全不存在责任的概念。出于这个原因，在古代希腊同样为人熟知的代罪羔羊及其相关物[13]，位于这一概念线路的另一边：在任何人的万物图表中，代罪羔羊都是没有责任的，它只是那有责任之人的替代品。类似的区分也适用于现代世界。应当承认，在现代法律中存在有关严格责任（strict liability）的规条，人们因此被认为在刑事上不仅要为他们无意中造成的结果担负法律责任——我们会再谈到这点——，而且在某些情形下，甚至还要为不是由他们所引起的结果负责。因此，人们会为他们的雇员们违背他们的意图而违反法规的行为接受制裁。在现代的严格责任归属中，忽略的不仅仅是意图，甚至还有因果性，看起来它的想法是存在某种在先的、一般的责任假定。例如，对一个操持某种行业的人来说，他或她要为雇员的某些错误担法律责任，这也是这个人所承揽的内容的一部分。这在某种意义上引入了无需因果性的责任。不过，在我们生活的大多数领域，当它受到与责任相关的想法规约时，居于统治地位的规条将回应和原因联系起来：其目的在

57

〔12〕　当然，尤其是在任何复杂社会中，总会有无数的难题围绕这一点产生，例如，当一些行动者在他们自己中间造成某种后果时，如何去定位他们中的责任。同样还有关于集体责任的问题。但是，这些不过是在应用我这里讨论的原初概念时所产生的困难。

〔13〕　有关诸多此类宗教仪式的论述，见瓦尔特·伯克特《古风与古典时期的希腊宗教》（Walter Burkert，*Griechische Religion der archaischen und klassischen Epoche*），约翰·拉凡（John Raffan）将其英译为《希腊宗教》（*Greek Religion*），第82—84页（英译本页码）；帕克：《污染》，第258页以下，他持有如下观点：在实践中（并不让人吃惊的是），代罪羔羊和被视为亵渎原因的冒犯者并不总被区分开来。

于，一个人的行动构成伤害的原因，则他必须做出回应（相应地，即使这一体系已经腐朽，也必须假装事情就是如此）。

当然，这一事实并不能决定，我们是否应当在我们生活的某些给定领域运用责任的结构来规约我们的个人事务。那是另一个问题。而我们要决定这个问题，不可能不先了解回应意味着什么，做出回应的目的是什么，这一点应当牢记在心，特别在我们思考与刑法有关的回应时。

原因和回应的关联对于希腊人来说构建在他们的语言中。动词 *aitiaomai* 意为“责备”或“谴责”。“他是个可怕的人”，帕特洛克洛斯如此说阿基琉斯，“他会责备 *anaitios* 的人，”也就是没有做错什么的人。[14]在因争吵或战争而责备某人时，与原因相关的问题通常——非常自然地——是这样的问题：谁**挑起**（*start*）了事端。求婚者们之所以被杀，是因为他们先做了不知羞耻的事[15]，而在《伊利亚特》中，墨奈劳斯以令人惊悚的言语，提到大家饱受的诸多苦难，“[它们是]由于我的争吵，还有帕里斯所挑起的事端。”[16]

58

〔14〕 《伊》11.654 δεινὸς ἀνήρ· τάχα κεν καὶ ἀναίτιον αἰτιόῳτο. 参见 13.775；《奥》20.135。

〔15〕 《奥》20.394 πρότεροι γὰρ ἀεικέα μηχανόωντο.（译注：是他们首先做了无耻之事。）关于这点，以及有关 ἀρχή（见注释 16——译注：开端，事端）的观点，我要感谢奥利维·塔普林（Oliver Taplin）。

〔16〕 3.100 καὶ Ἀλεξάνδρου ἕνεκ' ἀρχῆς.（译注：并且由于亚历克山德罗斯挑起的事端。）泽罗多托斯（译注：Zenodotus, 活动于公元前 280 年前后，古希腊文学家，荷马学者。亚历山大图书馆第一任馆长）读作 ἄτης（译注：据此读法，则为“并且由于亚历克山德罗斯的罪过”），这里尽管存在不同的读法，但在 6.356 和 24.28 的类似段落中却是正确的。参见柯克对此处问题的讨论。柯克自己尽管没有改动文本，也倾向于认可 ἄτης，但是门罗（Monro）却为 ἀρχῆς 这一读法提供了极有说服力的辩护，他引证希罗多德《历史》8.142，那里所有的抄本都读作 περὶ τῆς ὑμετέρας ἀρχῆς ὁ ἀγὼν ἐγένετο.（译注：但是，是你们挑起了战争）文本编订者们根据 ἀρχῆς（译注：本义“开端”）可能是指“帝国”这一印象而对这一段做了增补，但是请参见 5.97.3，那里提到此处讨论的问题（雅典支持伊奥尼亚革命），αὗται αἱ νῆες ἀρχὴ κακῶν ἐγένετο Ἕλλησί τε καὶ βαρβαροῖσι.（译注：对于雅典人和外邦人来说，这些船都是灾难的开端。）

aition 这个词，从希波克拉底的著作开始，就是用来表示“原因”的标准词汇，而与它相关的 *aitia* 则保持着同两类意义的关联：它意为某种抱怨或指控，但是希罗多德著作写成的时代，它也可以只是指“原因”或“解释”。[17]

同原因观念的这一基本关联，或许可以帮助我们理解我们觉得问题更多的希腊人有关责任的某些观点。《俄狄浦斯王》中的克瑞翁被派去神示所询问为何底比斯会遭受瘟疫，而当他归来告诉俄狄浦斯，这是因为有人杀死拉伊俄斯却未受惩罚，而谋杀者必须被找到。这位国王，这样一个急于解决问题的人，当即就开始搜寻：“可是哪里去找，”他问道，“这旧罪的晦暗的踪迹呢?”（*pou tod'heurethēsetai / ichnos palaias dustekmarton aitias?*）[18] 然而，索福克勒斯的话中隐藏的是一条复杂的信息。*Aitias* 实际上指的是一桩罪行（crime），但却是就其作为原因来说的，而不是作为某种应当控诉的东西。并不存在什么控诉，而它本身就是这城邦种种问题的根源。*Aitia* 意为“原因”，这个词在这里属于诊断和理性探究中使用的语言，这部剧作充斥着这样的语言。俄狄浦斯计划去征服这一难题，就像他自己说的[19]，要借助他在战胜斯芬克斯时所用的同一方法，借助 *gnōmē*，理性心智（rational intelligence）——

---

〔17〕　希罗多德《历史》I.1 δι'ἣν αἰτίην ἐπολεμῆσαν.（译注：出于什么原因发动战争。）而在修昔底德《伯罗奔尼撒战争史》1.23.5-6 对战争的 αἰτίαι（译注：原因或理由）和 ἀληθεστάτη πρόφασις（译注：最真实的动机）所做的著名区分中，αἰτία 包含它的两种含义。当它和 τὰς διαφοράς（译注：争执）勾连在一起时，它所牵扯的是那导致同盟瓦解的争执所带来的种种问题；但这些问题也是战争的直接原因，战争正是 ἐξ ὅτου（译注：由此）而出。见戈姆《修昔底德历史评注》（A. W. Gomme, *A Historical Commentary on Thucydides*）第一卷第 153—154 页，圣克鲁瓦《伯罗奔尼撒战争起源》（G.E.M. de Ste. Croix , *The Origin of the Peloponnesian* War），第 51 页以下。

〔18〕　《俄狄浦斯王》109。

〔19〕　398，此处 γνώμη 和对神谕征兆的信赖形成对立。

在修昔底德笔下，伯里克利谈到波斯人的失败和将要进行的伯罗奔尼撒战争，用的正是 *gnōmē* 这个字眼。[20] *Dustekmarton*（译注：晦暗的或难以推论的）同样是理性词汇表中的术语：它说的是，在这样的情形下，很难做出推论（inference），*tekmairesthai*。[21] 然而，这一词汇表在这里的应用方式令人不安。*Ichnos* 这个术语毫无歧义地同生命体，同狩猎联系在一起：它意指人的脚印或动物的足迹，它谈论的是更加远古的记忆。还有一个问题是，说它是 *dustekmarton* 究竟是什么意思。它的意思可能是它难以发现或者它难以解释。俄狄浦斯的问题暗指前者，即它难以发现；但他也说 *tod'*，"这足印"，这强烈地暗示他已经找到了它，而且他知道它是何种事物。俄狄浦斯对于这一追寻的最初描述，将过往与当下、原因与探寻带得如此之近，令人难安。

59

那将过往的原因同当下的瘟疫联结起来的是 *miasma*，污染，而招致污染的，正如神谕已经指出，乃是谋杀：正是它，而不是后来证实的乱伦。这里的信念是杀戮会给一个家庭或整个城邦带来灾祸，而只有当那有责任的人，那做下此事的人被杀死或放逐，那潜藏其下的超自然力量才会平息。这一套观念在荷马那里尚未完全呈现。就拿眼前讲到的这个故事来说，人们常常会提到，在荷马

---

〔20〕 修昔底德 1.144；对于 γνώμη 和理性探究的作用更一般的研究，见埃德蒙兹《修昔底德中的机遇与心智》。《俄狄浦斯王》中此种语言的重要性常常被谈及，尤其见伯纳德·诺克斯的精彩论文《为何俄狄浦斯被称之为王（Tyrannos）》（Bernard Knox，"Why is Oedipus Called Tyrannos?"）《古典学刊》 50（1954），重印于他的《言与行》（*Word and Action*），他极有说服力地指出，和俄狄浦斯相似的正是伯里克利的雅典。

〔21〕 正如希罗多德所说（2.33），τοῖσι ἐμφανέσι τὰ μὴ γινωσκόμενα.（译注："从可见的［推论］未知的。"）而在《俄狄浦斯王》第 915—916 行，伊俄卡斯忒提到从另一个方向做出的推论 ἀνὴρ ἔννους τὰ καινὰ τοῖς πάλαι τεκμαίρεται（译注：明智的人从旧事推论新事），她说俄狄浦斯的举止不再像这样的人了。事实上，这正是俄狄浦斯要去做的事情。

那里，俄狄浦斯的母亲（那时被唤作厄丕卡丝忒）自缢而去，而俄狄浦斯仍然继续统治忒拜。[22]这一信念以及与之相关的净化（purification），有可能是在7世纪的演进中成为生活中更为重要的特征；据说在公元前600年前的某时，克里特人埃庇米尼德斯（Epimenides of Crete，他在逻辑学家中以酿成说谎者悖论而闻名）以他作为 *kathartēs*（译注：净化者）的能力，为雅典净除库隆所造成的污染。[23]尽管有不赞成的声音，这一概念却经久不衰，到4世纪中叶柏拉图的《律法篇》提出立法方案时，这仍然是关注的问题之一。[24]

无意杀人和有意杀人一样招致 *Miasma*（污染）。污染仅仅被视为杀死一个人的后果，而现代哲学所说的因果关系的外延性表明，只要存在这样的后果，那么杀死一个人这一事件，无论它

---

〔22〕　《奥》11.271 以下：厄丕卡丝忒由于她的无知，μέγα ἔργον ἔρεξεν（译注：做下桩大事），一桩可怕的事；参见埃斯库罗斯《阿迦门农》1546 行提到的克吕泰墨斯特拉的所作所为。关键之处在于，厄丕卡丝忒留给俄狄浦斯诸多哀痛，ὅσσα τε μητρὸς Ἐρινύες ἐκτελέουσιν（译注：母亲的复仇女神们使之实现），280。

〔23〕　亚里士多德《雅典政制》I；普鲁塔克《梭伦》12。这些论点我得益于伯克特第77页以下。多兹在《希腊人与非理性》中提出如下想法：有关血污（blood pollution）的信念乃是在后荷马时代成长起来的。但是，这信念在荷马那里的缺席，很可能只是遵循了某些人们熟知的荷马式沉默的模式。帕克在第16页提到（亦参第66页以下，第130页），之所以会产生这一信念有一个兴起阶段的印象，很大程度是基于对两种文体即史诗和悲剧的比较：需要解释的其实是以家庭中的暴力为其典型题材的悲剧的兴起。有关净化作为“一门有关区分的科学”，对边界的划定，参见帕克第一章（以及他引用的贾格斯先生的话，第18—19页。——译注：贾格斯先生系狄更斯《远大前程》[一译《孤星血泪》]中的人物，伦敦著名律师）。

〔24〕　柏拉图《律法篇》831a, 865 以下。同往常一样，在欧里庇德斯那里总能听到怀疑的声音（参见《伊菲革涅亚在陶洛人里》第380行以下，《发狂的赫剌克勒斯》第1234行），不过多兹的评述（《希腊人与非理性》第二章注释43），即欧里庇德斯“抵制这一点”，显然是太强了。心理困扰的净化与此相关，有关这一主题的理性主义阐释，见希波克拉底《论神圣疾病》I. 42。可以参见劳埃德《魔力、理性与经验》（G. E. R. Lloyd，*Magic, Reason and Experience*），第44—45页，他强调宗教净化与更接近医疗科学的实践之间的连续性。

是不是有意的，都将产生这一后果。[25] *Miasma* 是一种超自然的后果：而它可以用这些全然因果性的术语来了解，这一事实或许可以让我们断言，它是一类特殊的超自然后果，它归属于魔力（magic），而不仅仅是宗教。

60

然而，在俄狄浦斯这一特例中，还包含着另一个超自然的维度。污染是他的所作所为的后果——这也就是他自己说的，他在无知中给自己招来的可怕诅咒[26]——，但是，他所作所为的原因显然也同样牵扯到命运守护神的因素，因为这在他出生前就已经全然命定。正如我们随后所见，正当就要在科罗诺斯死去的俄狄浦斯反思多年前的恐惧，第一次说他不应当受谴责，此时，他提到并且区分了两件不同的事情，一是他并非有意为此，一是这终是命中注定。[27] 这些命运守护神的介入，其中一半（命运、必然性和神圣计划）并非本章关注的问题：我将在第六章中谈到它们。我们这里关注的是 *miasma* 的含义，以及它和人们的意图之间的关联，或关联的缺失。

超自然后果和超自然原因可以分离这一观点，并不仅仅是诗学的或哲学的区分。在雅典的法庭上，尽管不存在神圣预定的问题，更不用说悲剧中的命运，但是，即使是无意的杀人也会招致污染这一观念仍然至关重要。这种对日常困境的分析——以及律师和哲学家们往往会在此类困境上施展的那种让人愉悦的才华——，有一个惊人的例证，出自归在安提丰名下的《四辩集》（*Tetralogies*）。这是一部公元前5世纪的作品。该书由三组论辩

〔25〕 有关事件、行动、因果性和意图之间的关系，奠基性的著作来自唐纳德·戴维森，见《论行动与事件》。

〔26〕 《俄狄浦斯王》第744—745行。

〔27〕 《俄狄浦斯在科洛诺斯》第960行以下。

构成，每组四篇讲演，论及一出杀人案件，其中两篇来自原告，两篇来自被告。人们通常认为这些讲演本做教学之用，并不牵扯实际案件。在这些讲演中，污染作为杀人的后果出现，它要求回应。有些地方甚至还提到它所涉及的超自然活动，特别是在《四辩集之三》的开篇和结尾。但是，对这些才华横溢而且异常精微的论证来说，污染的主要影响是结构性的。论辩所涉及的并不是污染和它的补偿，而是因果性（causality）。[28]不过，有关污染的想法中包含的一个条件设定了要讨论的问题。这一条件即行动的后果必须得到或许我们可以称之为“整个人”（whole person）的回应：必须杀掉或者流放某人。因此，核心的论题乃是一类特殊的因果问题：谁的行动导致死亡？例如，在《四辩集之三》中，一个人在醉酒的状态下激怒另一个人，后者殴打并且使他负伤，而照看受害者的是一个不称职的大夫，他随后死掉了。[29]如果问题只是，“**什么**导致他的死？”那么，可以说上述叙述已经做出了回答。可是，这里争论的是有关“整个人”的社会回应，因此，应该这样问：“**谁**导致了他的死？”而这正如该书中的演讲所示，乃是一个更值得争论的问题。

61

构成《四辩集之二》的主题的那个案例，据说伯里克利和哲学家普罗泰戈拉花了一整天讨论。[30]这里的杀人案件是出意外。

---

〔28〕　帕克在第130页写道，“看起来《四辩集》的作者将污染学说推到理论极致，它在某种程度上超出了污染学说在实践中所造成的不安（unease）的实际程度”。这在一定意义上是正确的，但我认为，帕克要说的是，《四辩集》的关注点包括这不安自身。在我看来没有任何理由去相信这一点。《四辩集》代表的是决疑法，而不是宗教。阿德金斯在《品德与责任》一书第102页以下认为，这些有关因果性的论证全然是由涉及污染的焦虑所推动的。

〔29〕　得知如下结果，现代读者或许不会吃惊：这医生无论如何不需承担惩罚，他免受责罚。《四辩集之三》3.5。

〔30〕　普鲁塔克《伯里克利》36。

一个年轻人在（体育）学校里（gymnasium）练习标枪，在他瞄准目标掷出标枪的时刻，另一个男孩因为办一桩差事跑进了标枪的线路而被击中死亡。没有人否认这是场事故。但是这问题仍然有待回答：谁造成他的死亡？为那投掷标枪的年轻人辩护的演讲者承认他击中了受害者，但是并不承认他造成后者的死亡：

> 他是击中了他，可是，如果你考虑到他的所作所为的真实情况，他并没有杀死任何人。当别的人因为自己的错误而伤害自己的时候，他自己并没有过错，却因此招来了 *aitia*（译注：责任）。〔31〕

人们同意，在大多数其他场合，用标枪击中某人——如果受害人死去——，**这将会**（*would*）算作造成他死亡的原因；演讲者指出，如果标枪以致命的方式击中某人，例如某个安静地站在观众区的人，那就不可能否认，用标枪击中他这一行动造成了他的死亡（2.4）。〔32〕然而，这里的情形是，受害人因为他自己的错误而导致自己的死亡：演讲者争辩道，这并非我们的作为（*ergon*），而是那个没有看到自己跑到什么地方的那个男孩的作为（2.5, 8）。说这个受害者造成他自己的死亡，（演讲者继续道）这并没有任何自相矛盾之处。比如说，它并没有包含另一方所宣称的荒谬结果，

62

〔31〕《四辩集之二》2.3，ἔβαλε μέν 其中 ἔβαλε 一定意为"击中"，参见 2.5 οὐδένα γὰρ ἔβαλε（译注：什么也没击中），以及 3.5，将 βαλόντα（译注：击中）和 τρῶσαι（译注：杀害）并举。这里论证的只是被告击中受害者并不是后者死亡的原因。

〔32〕 在现代法律中，当观众在冰球比赛中被从冰场中击出的冰球击中时，他可以被视为由于参与比赛而将自己置于危险境地，并被禁止获得补偿。默里诉哈林格体育场一案（Murray v. Harringay Arena Ltd. [1951] 2 K.B.）529，引自哈特与奥诺雷所著《法律中的因果》（H.L.A.Hart and A.M. Honoré, *Causation in the Law*），第 199 页。

即受害者一定是朝着他自己投掷标枪。如此宣称，乃是误解了关键的争论点，即并非投掷标枪这一行动杀死了他。

为支持这一点，演讲者争辩道，其他人在练习课的过程中也投掷标枪，但并未击中任何人。可以用来解释他们为什么没有击中任何人的，并非他们没有投掷标枪，而是没有人跑来挡道。因此，一个跑步的人被击中，其解释一定在于这跑步的人，而不是投掷者。原告（受害者的父亲）对此可以给出一个现成的回答：可是其他人同样奔跑却没被击中。实际上，他并没有提出这一论证，而是试图寻获某种中间立场，他争辩道，我们至少不得不承认投掷者和受害者共同导致了死亡；但是，如果这是正确的解释的话，那么他们双方都要承受惩罚，而他儿子既然死了，那就已经承担过了。

这些论辩的产生，都基于魔力信仰（magical belief）这一背景，但它们自身和魔力无关。而且，它们并不拙劣（stupid），哪怕“拙劣”在这里的含义可以和“机敏”相容。当然，我们并不会只用这样的方式来讨论这些事情。《四辩集》确实认定，在一类原因（杀人）和一类回应（“整个人”的回应）之间存在异常严格的关联。这一关联使得有关因果性的论证无可妥协，它要求不容变更的回应，而这回应，若没有对魔力的信仰，它就成了不公正的和不可理解的。[33] 希腊人自己就已经把这一关联看成是不可理喻的。评论家们向我们建议，《四辩集》里的整个讨论基于一种有关责任的原始理解，它与魔力观念本质相关，根本不同于我们自己的理

63

〔33〕　这并不意味着从非魔力的角度来说，希腊人也可以有这样的实践就是不可理解的。柏拉图《律法篇》865E 提到，受害人亲属在受害人生前常出没的地方看到杀人犯会愤怒，这愤怒可能导致仇杀。参见帕克：《污染》，第 118 页。

解。然而，尽管在这一案例中我们不会要求“整个人”的回应，但要说这里所运用的有关责任的理解如此全然不同于我们自己的某些理解，这并非实情。

很大程度上，认为希腊人以一种迥异于我们自己的方式，一种更原始的方式来思考责任，这一想法是只考虑刑法而遗忘民事侵权法所引发的错觉。在某人无意地造成损害的案例中，我们就是以法律的方式争论因果性，而且方式并没有太多差异。两个人追赶一列正在出发的列车。列车员把他们推进车厢。在这过程中，一个人掉了一个外观普通的箱子，结果其中装着烟火。箱子爆炸，将月台另一端的一台秤击倒。秤击中并且弄伤了一位女子，她随后起诉铁路公司。这是个真实案例。当这样的案例发生时，人们要求赔偿，回应是必需的，而在一定的责任体系下，这就成了问题：不是说行动者是否意图造成这一结果——显然他并非如此——，而是确切地来说，究竟什么可以说成是他的行动所引起的。〔34〕某一结果和行

---

〔34〕　帕斯格拉芙诉长岛火车公司（1928）248 N. Y. 339,162 N.E. 99。行动者一定在某种程度上是有过失的（negligent），然而，环绕过失这一微小种子却可以生长出大块的法律责任（liability）结晶体。参见《民事侵权法整编》（*Restatement of the Law of Torts*）430 条，“过失行为人就他人受伤害须负责者……该行为人之过失乃为他人受伤害之法律原因”；而过失行为成为伤害的“法律原因”（legal cause）的一个要求是它构成“导致伤害的实质性因素”（431 条）。而在解释“实质性因素”和相关问题时则带出了什么是必要条件，什么是辅助性原因等问题，而这些对于《四辩集》的作者而言完全是清晰可辨的。有一类案例，有关其中因果关系可以得出不同结论（基于几乎同样的事实，在新泽西原告胜诉，而在宾夕法尼亚原告则败诉），见哈特和奥诺雷，第 95 页。

哈特和奥诺雷认为法学的一个目标在于，对于所发生事件的因果构建应该独立于赔偿的需求。而这一理想能否实现则是有争议的。与之相反的主张的有力陈述，参见帕斯格拉芙一案中的卡多佐法官所言：“原因，但并非近因（proximate cause）。而我们……用‘近’一词所指的是出于便利，出于公共政策，出于正义之粗略含义，法律独断地拒绝在特定的节点之后进一步追溯一系列事件 [的因果关系]。这并非逻辑。这是实用政治。”在帕斯格拉芙一案中，实际上做出对法律公司有利的判决；发生在原告身上的事件被认为（大致说来）只是非常遥远地与上述行动相关。

动者的因果性之间的关联不必采取《四辩集》中所展现的极端形式，但是对于行动者的要求，确实超出了行动者意图的内容。所造成的灾难的程度必然影响到［对它的］回应，而灾难的程度在这样的案例中只是取决于糟糕的运气。根据《四辩集之二》中演练的种种理由，行动者可以完全合法地设想他可以轻易地做成他所做之事，而不导致如此这般的灾难。在这类案例中，回应从来不是仅受意图统辖。除非有某种糟糕的结果，否则没有 *aitia*（责任），没有什么可抱怨的。单单有东西需要讨论这一事实，就已经超出了行动者的意图。 64

进步主义作者们提到某种据说我们享有而希腊人缺乏的道德责任概念，但他们心中究竟想些什么，这并不清楚。他们最为典型的想法看起来是这样：希腊人，至少是古风时期的希腊人，为人们无意中做下的事情，或者为——尽管这一区分常被忽视——他们有意去做但是在一种奇怪的心理状态下做成的事情，而谴责和处罚他们。在他们看来，我们不会这么去做，或至少会把它看作不公平的。可是，如果这意味着希腊人不曾关注意图，而我们却使得一切都取决于意图，或至少认为我们应当如此，这就错上加错了。忒勒马科斯的案例已经提醒我们，即使是古风时期的希腊人也能关注意图；同样，我们并没有，也不可能改变我们对某项行动所引起的伤害的回应，使它仅仅适应相关的意图内容。

当我们转向我们自己的刑事诉讼程序时，我们当然会发现诸多同古代实践的反差，但这些反差并不简单。我们在民事和刑事诉讼之间做出了一些希腊人没有的区分：举个例子，在古代雅典并没有公诉人。在我们的刑事诉讼中，意图扮演重要角色，但它并不能决定一切。关于意图能够决定什么和应该决定什么，存在着复杂的法律讨论，例如牵扯到放任行为（recklessness）、刑事过失，以及在其中人们可以预知但并不意图伤害性的后果（如死亡）的案例。极端地说，正如我先前提到的，存在着和严格责任（strict liability）相关的犯罪，它们既不需要意图，也不需要任何其他应受谴责的心理状态。它们更倾向于关注律师们所说的 *mala prohibita*（译注：法定罪行），而不是 *mala in se*（译注：自然罪行）；它们往往包括有时被称为“侵犯公共福利”（public welfare offences）的犯罪，但在所涉及的行为招致更深重的耻辱（opprobrium）时，法院往往会反对完全回避意图。[35]

65

此处的要旨在于，就法律规定的刑事责任来说，我们处理的方式确实有所不同，但这并不是因为我们对一般而言的责任的观点不同，而是在责任归属时，在为某些行为和伤害要求回应时，我们对国家（state）的作用持有不同观点。现代世界赋予国家以权力去完成古代政制（polity）不可思议的事情，同时又期待在自由的社会中为这些权力的运用设立框架。这些安排的一个目的在于，除非公民通过他有意的作为使自己处于被定罪的危险之中（在我刚才提到的严格责任的情形中，可以说这一点离实现只差了一步），国家的惩罚权力不会降临于他。并不明确的是，这一理想究竟在多大程度上得以实现。而更不明确的是，当国家对那些有意图的行为做出回应时，这些回应究竟应该意味着什么，而现代国家的刑事司法体系认为它自己在做的又是什么。进步主义评论家们在谈到古代世界时，有时给人这样的印象：他们认为现代刑罚

〔35〕 美国法律中的一个经典陈述，参见莫里赛特诉美国政府一案中杰克逊的判决（Morisette v. U.S., 342 US 246 [1951]）。关于上文提到的意图和预知的问题，参见哈特：《惩罚与责任》（H. L. A. Hart, *Punishment and Responsibility*），第 119 页以下；关于过失，见第 145 页以下。

学具有合乎理性的意义。然而，他们是否持有这一奇怪的信念其实无关要害。这里的要点是，有关法律体系的这一部分或其他部分是否运行良好这样的问题，只能依据我们对法律体系的要求和我们对国家权力的认识来加以讨论。

我们对法律责任的理解和任何希腊人曾经拥有的理解都不一样，但是，这是因为我们对法律的理解不同——并不是因为对责任的理解截然不同。并不是说，我们已经成功地用有关某种所谓道德责任的改良观念取代了希腊人的诸多想法，然后尽力使它体现在国家的法律之中。就我们仍在关注责任而言，我们采用的要素和希腊人一样。当我们以不同的方式安排这些要素，在某些关联中——但绝不是所有关联中——，我们比他们更强调意图，这部分是因为我们对于某些特定的行为要求什么样的回应有不同的理解。这尤其是因为，我们已经将诸多回应交付给一个特别的形态——现代国家，而且我们拥有支配这样一个国家能做和应做什么的原则。有助于形成这些原则的一个重要理念（ideal）是，在同国家权力相关时，个体应该尽其可能地控制他或她的生活。这一理念对法律而言有许多言外之意[36]，对生活的其他方面来说也是如此。这一理念在一定程度上塑造了我们有关法律责任的想法，就此而言，支配这些想法的是现代国家中某种关于自由的政治理

66

〔36〕 哈特强调这一理念，他以一种最有助理解的方式坚持认为（《惩罚与责任》第38页以下），将惩罚（宽泛地）限制于自愿行为，其依据可以是对自由的普遍需求，无须依附于“道德可罪性”（moral culpability）。然而，重要的是他的论证关注的是**惩罚**（punishment）。而正如我在正文中提到的，民事法提出了更进一步的论题。在民事法中，增强公民对自己生活的控制这一目标可以采取其他形式，例如无过失保险（no-fault insurance）。这些论题提出一个非常基本的问题，即自由的目标应当理解为是纯粹限制性的，去保护公民免受不可预知的（特别是由国家造成的）侵犯，还是正面地鼓励那些能够更广泛地推进个人自由和控制的政策。

论，而不是对责任这一概念的道德改良。

在前一章中和本章的开头，我们看到希腊人使用了某种意图观念。他们确实这样做过，这可以从以下两个事实推出：他们把人们的行动看作所发生事件的原因之一，他们懂得人们的谋划、人们有关该做什么的想法导致了他们的行动。这两项事实显而易见（尽管此前我认为有必要将第二点从学者们的解释中解救出来，这些学者们孜孜以求高远深奥之事，脚下的大地却视而不见）。正如我们所见，希腊人也考虑到了在异常的心理状态下有意做成的事情。从这些材料中，我们可以构建有关自愿行为的（the voluntary）观念—— 一种本质上含混而且有其局限的观念：如果（大略说来）一件事是正常心理状态下产生的某一行动所意图的方面，那么，这事件就是自愿完成的。就像忒勒马科斯做过的那样，所有对责任的理解，都会在这一意义上，对什么是自愿的和什么不是自愿的做出一定区分；与此同时，没有任何对责任的理解会把回应完全限定在自愿行为上。

67　在这些界线所框定的广阔天地中，不同文化赋予自愿行为不同的权重。或许，在关系到个体的重要后果时，现代社会比古代社会更倚重自愿行为。但是，如果我们考虑责任归属的整个领域，无论是正式的还是非正式的，而不仅仅是只考虑有关刑事法的某些方面的理想化论述，我并不能确信以上这一点是正确的。不管怎样，我也无意否认这一点。我确实要否认的是，我们对自愿行为的强调，在某个更深的层面上是由一个更加基础的观念所支撑，该观念涉及何为“真正”的责任，而诉诸该观念我们就（尤其）可以度量法律体系的实践。当然，依据自愿行为和希腊人所不知晓的方式来区分行动有其要服务的目的。极其重要的是，其中包含有关司法正义的目的。但是，要确认这些目的，只能回过头去澄清我们对法律制度和其他涉及责任归属的机构的要求，从对个人关系较宽泛的考虑转向社会权力。如果我们假定归属权力的公共实践可以归结到某个在先的道德责任观念，或者自愿行为这一想法对于责任而言独一无二地重要，那么我们就是在欺骗自己。

认为自愿行为这一想法本身可以超越一定限度而得到升华，这同样是错误的。这一概念是有用的，它有助于服务司法正义之目的，但它本质上是肤浅的（superficial）。如果我们超越了一定的限度，进一步提出如下问题：什么样的后果严格来说是有意造成的，某一心理状态是否正常，或者在某一特定时刻行动者是否可以控制他自己，我们就会陷入某种寻常可见但却完全合理的怀疑论的沙洲之中。这种怀疑论确实寻常可见，它出自对人类事务的真诚了解。假定自愿观念是一种深刻构想，只有与之相反的关于宇宙的深刻理论（特别是当其意味着决定论为真时）才会对它造成危险，这就错了。这一假定构成意愿自由这一传统形而上学问题的根基。只有对那些有形而上学期待的人来说，这一问题（我在第六章中会再多说一些）才是存在的。正如只有那些期待世界为善的人才有“恶的问题”，也只有那些认为自愿观念可以通过形而上学深化的人才有自由意愿的问题。事实上，尽管自愿观念可以用不同方式扩展或是压缩，它几乎不可能深化。威胁它的乃是要使之深刻的尝试，而试图使其深化的后果是使它全然不可确认。希腊人并没有被卷进这样的尝试。而正是在这种地方，我们与希腊人在深刻之中保持肤浅（being superficial out of profundity）的天赋不期而遇。 68

目前为止，我们关注的回应，来自某些人群的要求，或来自另一群人的法律体系的要求。但是责任还包含另一维度，如果我们不是从公众、或国家、或邻人、或受害方所要求的行动者的回应来展开论题，而是从行动者对自己的要求开始，这一维度就得以彰显。在此，我们必须再次从法律和哲学转回悲剧，从体育学校的意外回到三岔路口的过失。

当俄狄浦斯发现真相时，他的回应乃是自我强加的（self-imposed）："这是我自己亲手做的。"（他说的是他的失明）[37] 而在后续的那出剧中他说，他事后认为，他先前强加给自己的有些过头了。[38] 在科罗诺斯，他还说，他并没有真的**做**（*do*）那些让他为之刺瞎自己双眼的事——而且使用了这样一个显然是浓缩过的表达："我是受了（suffer）这些事情（deeds）的害，而不是做了（act）它们。"[39] "扭曲的语言"，一位进步主义评论家写道，他把这些词句看作是为了使语言适应《四辩集》中出现的种种考虑而做的过度尝试。索福克勒斯是不是在努力让自己适应日益增长的道德意识，我怀疑；而我确信的是，如果他只是想描述俄狄浦斯的所作所为，他有合适的语言这样去做。这些词句所表达的是某种更加艰涩的东西：俄狄浦斯试图加以接受的是，他的 *erga*，他的那些事情，对于他的生活究竟意味着什么。如果一个人可以非常坦率地提问，那么，当他发现不仅在幻想中，而且在生

69

〔37〕《俄狄浦斯王》第 1331 行 αὐτόχειρ（译注：亲手），而在第 266 行他把同一个词用在拉伊俄斯的被害上。

〔38〕《俄狄浦斯在科罗诺斯》第 437 行以下。根据《俄狄浦斯在科罗诺斯》一剧，他的放逐并不是自我施加的，而且是在他失明很久之后。

〔39〕《俄狄浦斯在科罗诺斯》第 266—267 行 τά γ' ἔργα μου / πεπονθότ' ἐστὶ μᾶλλον ἢ δεδρακότα（正文中的译文取自罗伯特·菲茨杰拉德 [Robert Fitzgerald]）。参见第 539 行 οὐκ ἔρεξα（译注：我没有犯罪）。下文引述的评论来自阿德金斯《品德与责任》第 105 页（他将这段文本直接和他有关《四辩集》的讨论连在一起）。

活中他杀死了自己的父亲，娶了自己的母亲，他究竟应该做什么呢？即使是俄狄浦斯本人，就像剧中所描写的他晚年时的情景那样，也并不认为其回应必须是刺瞎双眼和流放。但是，难道不该有回应吗？难道就像它不曾发生过一样？或者，正确的问题应该是：难道就像这样的事情确实发生过，但和他的能动力量（agency）无关？——举例来说，拉伊俄斯死去了，确实是被人杀害，但就像俄狄浦斯一开始相信，而且片刻之后希望的那样，他是被别人所害。整个《俄狄浦斯王》，那令人生畏的谋篇布局、情节进展所指向的发现只是一件事：**他确实做了**（*he did it*）。我们能理解这一发现的可怕，难道只是因为我们仍然分有与魔力相关的血罪信念，或原初责任观念的残渣余孽？当然不是：我们理解它，是因为我们知道，在一个人的生命历程中，有一种权威是由一个人的所作所为所行使，而不仅仅是来自一个人有意的作为。

用我先前所引用的韦尔南关于悲剧的话来说〔40〕——尽管就其对悲剧的意义而言，他只将之应用于诸神存在的世界——行动包含两个方面，谋划的一面和结果的一面，在它们之间存在必然的鸿沟。遗憾的情绪一定乐意由那意图之外的结果主宰。有时，遗憾可以单纯地专注于那使行动出错的外在境况，它会这么想：我尽我所能地行动和谋划，糟糕的是，结果却往另一个方向去了。但是，遗憾并不总是可以保持这样的距离感，它退回到谋划和行动的时刻，你为你曾经那样行动而遗憾。这仍然无需暗示你没有小心地谋划；你可能已经尽你所能地谋划，但你仍然深深地遗憾你的谋划就是那样进行，遗憾那就是你的所作所为。这不只是简 70

〔40〕　本书第一章，第19页。

单地遗憾所发生之事，像一个旁观者那样。这是行动者的遗憾，在行动的本性中就已包含这样的遗憾无从根除，包含了一个人的生活不能拆分为有意的作为和单纯发生在他身上的事情。

我们已经看到，他人可以要求你为自己无意所做的事情负责。那些受到伤害的人要求一个回应；单单发生在他们身上的事情就给了他们权利要求回应，而除了在你身上，难道他们还有什么更合适的地方可以寻找原因吗？在现代世界，对于某些这样的要求，你可以拥有保险，但是保险的构建自身暗示了受害者正在朝你的方向看过来。此外，即便现在，也不是所有这样的要求都可以满足保险的条件。然而，除了你对他人的影响以及你对他人生活的态度，还存在着你对你自己的态度问题。很有可能是某人毁掉了他自己的生活，或者是，假如他不愿让任何东西对他的生活拥有如此这般的绝对决定权，那么，至少就有可能是他使自己的生活处于自暴自弃（dereliction）的状态中，需要极强的进取心和足够多的运气才能使他的生活重新成为某种值得拥有的东西。如果这发生了，那就是发生在他身上的事情，但同时，那也可能是他所造成的。**发生在他身上的，实际上，正是他造成的[后果]。**这正是俄狄浦斯在科罗诺斯的那番话的要点所在。发生在他身上的可怕事情，不是因为他自己的什么过错，而是他做了（did）那些事情。

在俄狄浦斯堕落之后，他的诸多苦难就只是苦难，单纯发生在他身上的事情。有些事情发生在他身上，是由于别人对他的所作所为的反应：例如《俄狄浦斯在科罗诺斯》一开始歌队的恐怖，他们发现，那来到他们圣林的人正是那身受污染之人。假定我们可以把污染观念暂放一边；把那构成这出戏剧结尾的种种想

71

法也放在一边——按照这些想法，俄狄浦斯正因为他的所作所为和承受的苦难，在临终时成为向善的治愈性的力量；把任何这样的想法都放在一边，即认为俄狄浦斯的行动所造成的差异，正是这些行动给了他新的因果力（causal powers），不管结果是吉是凶。所有这些都放在一边，他做过那些事情，这对他来说仍然是事实（truth），而且这是现在时态中的事实：他就是（is）做过（did）那些事情的人。

这一现在时的事实有多重要，取决于很多事情。例如，他的作为究竟造成多大的变化：他过去曾是忒拜耀武扬威的国王，现在不是。又如，他自己现在如何看待这一真理；《俄狄浦斯在科罗诺斯》最为出彩的一个特征，正是这个备受痛苦折磨、无依无助、但仍然愤怒的人如何用他描绘自己生活的图景来影响其他人的方式。当歌队改变了他们最初对俄狄浦斯的拒斥，这不仅仅是他们，仿佛从某个辩护人那里，得到了对他的生活的新的理解：他们得到的是**他**（*his*）对自己生活的理解。

这绝不是这样一种对那段生活的理解，仿佛俄狄浦斯从不曾做过那些事情。哪怕 *miasma*（污染）淡出这一场景，也不可能如此。当歌队不再仅仅把他看作身受污染之人，但又还没有把他看成来自属地神的（chthonic）力量之前，他们和他维持着普通的人际关系，尤其是通过怜悯（pity）构成的关系。他们的怜悯仍然承认他的过往在当下的存在。唤起这怜悯的不仅是他后来承受的苦难，而且是他的所作所为和他自己对他的作为的承认：就像在任何这样的场合都一定会发生的那样，他如何看待自己的作为和别人如何看待这一点，总是结伴而行，相互构建。

对一个有过这番作为的人来说，怜悯是最小限度的、最少报复性的、最不关连魔力的人类的回应；在这之后，只有好奇、遗忘或冷漠。因为自己的作为而受人怜悯，这正是俄狄浦斯现在所接受的，甚至是他所想要的。但是，对有些人来说，这一对于无意做下的事情的最后的和最少惩戒性的承认也是不可容忍的：它本身就摧毁了他们的生活的别种可能性。索福克勒斯笔下的埃阿斯就是如此。

72

埃阿斯这个人的若干行动之所以引发这些问题，不是因为行动时直接的意图[41]，而是（借我先前用过的术语）因为他的状态（state）。阿基琉斯的武器作为奖品给了奥德修斯，埃阿斯因此受了怠慢，他就密谋要去杀死军队的领袖们。为阻止这事，雅典娜使他癫狂。埃阿斯屠杀军队的羊群和牛群（还有两个牧人，尽管索福克勒斯没就此做文章），以为他是在杀奥德修斯和其他人。和《伊利亚特》中的阿迦门农的状态不同，（如文中一再提到的[42]）这一疾病影响的不是他的行为目的（purpose），而是他的感知（perceptions）：有一句话说得很生动，雅典娜“将骗人的看法扔在

〔41〕　并没有人认为谋杀领袖的计划本身是精神失常的征兆。正如报信人传来的卡尔卡斯的话所表明的那样，埃阿斯总是 περισσός, ὠμός, δεινός（译注：过于自负、野蛮、可怕）；又如歌队在他死后所说，他是 στερεόφρων（第 926 行——译注：心性顽固），ὠμόφρων（第 930 行——译注：心性粗野）。他实际的所作所为的突出之处，在于与他正常的 ἦθος（译注：性格）的反差：参见第 182—183 行 οὔποτε γὰρ φρενόθεν γ' ἐπ' ἀριστερά / ...ἔβας.（译注：你的心性不至于糊涂到这个地步。威廉斯此处强调 στερεόφρων, ὠμόφρων 和 φρενόθεν 在词源上的关联，即都与“心”[φρήν] 相关。）另一种解释重点则放在强调，在一定意义上说，埃阿斯正常的 ἦθος（译注：性格）本身就是反常的，见温宁顿 – 英格拉姆《索福克勒斯解读》（R.P. Winnington-Ingram, *Sophocles: An Interpretation*）第二章，亦见戈德西尔，第 181—198 页。认为埃阿斯平时就反常，这一构想基于同荷马的原型的对照，就此而言，韦尔南在对阿基琉斯的极端性格的刻画中提供了有益的修正（《个体、死亡、爱欲》，第 43—45 页）。

〔42〕　第 59、66、207、215、452 行。

他的眼前”。[43]人们初见他时，他不省人事，在被劈杀的牲畜中，倒在血泊里，他招来的最初的人类反应实际上就是怜悯——这是为我们所有人的怜悯，而不仅仅是为他。雅典娜夸口：

> 你看见了吗，奥德修斯，神的力量有多大？
> 谁比这个人更有先见之明
> 或者你还能想起谁更能谋定而行？

奥德修斯答道：

> 我不知道还有谁。但是我怜悯他……
> 我想着他，也在想着我自己；
> 因为我看到我们所有活着的人的真实状态——
> 我们是暗淡的空壳、无足轻重的虚影，如此而已。[44]

埃阿斯随后醒来，并且表明他已经恢复了心智。从失望，更从羞耻中爆发出一段激情四溢的诗句：他使得自己，别的不说，变得十足地可笑（absurd）。[45]他渐渐明白，他只能杀死自己。他知道，他不能改变自己的 *ēthos*，自己的性格。他也知道，在有

---

〔43〕 第 51—52 行，比较第 447—448 行埃阿斯自己的描述 κεἰ μὴ τόδ᾽ ὄμμα καὶ φρένες διάστροφοι /γνώμης ἀπῇξαν τῆς ἐμῆς（译注：如果不是这双眼与这颗心反转 / 离弃了我平日的判断），此处的 γνώμη（译注：判断）起不同的作用，一如他正常时的裁断和计划。

〔44〕 第 118 行以下，约翰·摩尔（John Moore）的译文。这段不同寻常的说辞，展现出一个不再陷于后来的争吵中的奥德修斯，而当墨涅拉俄斯在第 1257 行不屑地提起埃阿斯时，这一点得到了强调：ἀνδρὸς οὐκέτ᾽ ὄντος, ἀλλ᾽ ἤδη σκιᾶς（译注：他已不再是活人，而已成了虚影）：奥德修斯深知，并不是濒临死亡才让一个人变成这样。

〔45〕 γέλωτος（译注：可笑的），第 367 行。

了这番作为之后，在这荒诞不堪的羞辱之后，他再也不能过上那唯一符合他的 *ēthos*（译注：性格）要求的生活。此剧的前半部在为埃阿斯之死做铺垫，在这一部分中，埃阿斯开始单纯地做出反应，随后更为深入地理解了，为什么只要接受了他是什么样的人和这世界是什么样的，他的死亡就是理所当然的。[46] 该剧后半部分那些连篇累牍的、并不体面的争论表明，至少在这一点上他是正确的。因为埃阿斯是这样一个人，在做过这些事情之后，他就不能这样活下去；根据他对世界的期待，以及这世界对一个人—— 一个对世界有如此期待的人——的期待之间的种种关联，他根本就不可能这样活下去。

73

欧里庇德斯暗示——欧里庇德斯总是暗示，他从不指明——连这样一个人也可以有一条出路。在《疯狂的赫剌克勒斯》一剧中，出于非常相似的理由，赫剌克勒斯做下一桩更可怕的事情：在疯狂中，他杀死了自己的孩子。当他恢复神智时，他也决意自杀，却又被人说服改变了决定。有论者令人信服地提出，该剧意

〔46〕　我认为埃阿斯在任何地方都没有背叛自己的决定。关于第 647 行以下的伟大演讲究竟是发自肺腑还是欺人耳目（*Trugrede*）的无聊争论已经得到解决，特别是通过工作，西歇尔的《索福克勒斯的〈埃阿斯〉中的悲剧问题》（M. Sicherl, “The Tragic Issue in Sophocles’ *Ajax*”），载《耶鲁古典研究》25（1977）。正如西歇尔卓有见地地所论，埃阿斯关于自己的死所说的，就像赫拉克利特谈到德尔斐的神谕时说的：οὔτε λέγει οὔτε κρύπτει, ἀλλὰ σημαίνει.（译注：它不言说，不隐藏，只是暗示。）埃阿斯不是在冲其他人说话——实际上，除了结尾处，他并没有提及它们；而且，他也不是在冲着自己说话——正如戈德西尔所指出（第 192 页），这一点本身并不解决任何问题。但是，他是从自己的立场说话。或许，许多评论家所指出的模棱两可之处中，最值得注意的是第 658—659 行：γαίας（译注：土里）应当和 ὀρύξας（译注：埋），而不是和 ἔνθα（译注：那里）放在一起理解，后者指他的身体（译注：此句按威廉斯的读解似应为，“我要埋下这把剑——武器中最为可恨的，/ 埋在地里，让谁在我身边也看不见它。”而不应读作“埋在我身边的地里，让谁也看不见它”。）：这一点可以通过特克墨萨第 899 行的宣告加以确认，κρυφαίῳ φασγάνῳ περιπτυχής（译注：[埃阿斯] 紧紧地裹住一把埋在地里的剑）。

在注解《埃阿斯》。[47]就其本身来说，这论断非常精确，因为忒修斯提出的一个论据专门针对这样的英雄人物：选择自杀是个再平庸不过的反应。[48]当赫剌克勒斯放弃了自杀的举动，退场前往雅典居住时，支撑他的是两件事情：忒修斯的友情相助和自杀将会成为某种形式的怯懦这一想法。[49]而在埃阿斯的处境中，则没有多少机会获得友谊；朋友的背叛是他最大的困扰之一，他的孤独无从克服，例如，他独自在舞台上杀死自己，这在现存的希腊戏剧中是绝无仅有的。不过，有关怯懦的想法却有可能在他的心中占一席之地。

上述自我想象（image of himself）使得埃阿斯断定，自己在做过这些事情之后就无法活下去，而这想象实际上是建立在高度强调你如何被人看待的价值之上。这样的价值，以及它如何支撑或摧毁某种恰当的自律的方式，将是我们下一章关注的问题。但是，我希望已经清楚的是，它不必是可笑表现的某种完全夸大了

---

〔47〕　大卫·弗利《欧里庇德斯论赫剌克勒斯神智健全》（David Furley, “Euripides on the Sanity of Heracles”），载《T.B.L. 韦伯斯特纪念文集》（*Studies in Honor of T.B.L. Webster*）第一卷，J. H. Betts, J. T. Hooker, J.R. Green 编著。他指出雅克利娜·德·罗米伊独立地指出了这一点，《欧里庇德斯的〈赫剌克勒斯〉中对自杀的拒绝》（Jacqueline de Romilly, “Le refus du suicide dans l' Heraclès d' Euripide”），载《古代知识》，1（1980）。与其他悲剧不同，欧里庇德斯剧中人物普遍倾向于改变自己的主意，关于这点，参见伯纳德·诺克斯《希腊悲剧中的三思》（Bernard Knox, “Second Thoughts in Greek Tragedy”），载《希腊、罗马及拜占庭研究》7（1966），重印于《言与行》。

〔48〕　εἴρηκας ἐπιτυχόντος ἀνθρώπου λόγους（译注：这是普通人说的话），《疯狂的赫剌克勒斯》第 1248 行。随后，忒修斯向他许诺厚礼、名誉以及死后的献祭：但是这段演讲（第 1311—1339 行）在结束时却认为，赫剌克勒斯所需要的是一个 φίλος（译注：朋友）。

〔49〕　“友情相助”是对 φιλία（译注：友爱）的（弱化）翻译，正如许多评论家所指出的，这个术语的社会含义比“友谊”（friendship）要宽泛：例如，戈德西尔第四章，玛丽·惠特洛克－布伦德尔《扶友损敌——索福克勒斯与希腊伦理学研究》（Mary Whitlock-Blundell, *Helping Friends and Harming Enemies: A Study in Sophocles and Greek Ethics*）。

74　的意义（sense），或是任何单单取决于表象（appearances）的价值，它使某人以为他或她自己在做过某件特定的事情之后就不能再这样活下去，哪怕他或她是无意中做的，或者这事情出自某种和这个人通常的自我（usual self）大不一样的意图。人们不**必**（*have to*）认为他们在这样的情况下没法活下去；他们不**必**（*have to*）考虑这样的事情，这种伦理思想尽可能远离对义务的关注。不过，如果人们对他们的生活、对他们的生活之于他人的意义的理解使得他们的所作所为摧毁了他们继续前行的唯一理由，这时，人们就可以理智地考虑上述问题。此外，他们也可能会意识到，他们无意的作为，尽管没有摧毁他们的生活，但是彻底地改变了他们自己，而这种改变正是因为他们做了那件事，而不仅仅是因为单纯发生在他们身上的事情。

悲剧中英雄们和女英雄们的“沉默”，本雅明曾经提到过，和它特别有关系的是，他们所拥有的生命在命运之前如此孤立无助。而这沉默再明显不过：他们不必向任何人解释他们的生活，也不必为之与人争吵。赫剌克勒斯，当他明智地听从忒修斯而退隐时，他已经退出了悲剧。试图将那沉默和伟大在现实生活中表达出来，这是个严重的错觉；对于注定平庸的事物来说，悲剧是一种艺术形式。但是，悲剧所传达的一件事是，某人生活的意义以及它同社会的关联可以到如此境地，以至于即使没有别人有权或者有资格为伤害而索赔时，这个人仍然需要确认和表达他对于行动的责任。此外，在本章更早的部分，我试图提醒大家注意到，当别人要求做出回应并且有人索取损失赔偿时，这本身如何超出了有责任的行动者的意图。正如希腊人所理解的那样，我们必须要确认的责任在很多方面超越了我们平常的目标和我们有意图的行为。

第四章　羞耻与自律

埃阿斯已经决意自杀，他给另一个人留话，几乎是在最后一句，他说：

> 现在，我要去我这条路必须去的地方。[1]

他用的词是 poreuteon（必须去）：一种必然性的无人称表达式，索福克勒斯的英雄们常用的语言形式。与此相似，俄狄浦斯说，“我必须统治”，“我必须听到它”。在《特剌喀斯少女》中，赫剌克勒斯的儿子对他说：“你究竟在对我做什么?”“那不得不做的事情”，赫剌克勒斯答道。[2] 这只是这些剧中人物表达坚持、拒斥、蔑视和其他不妥协态度的方式之一，同样地，这些态度在旁人那里也常常唤起必然性的表达式。我们可以在荷马那里发现这些人物的模板，尤其是在阿基琉斯那里：他对使者的拒斥，他对赫克托尔的令人毛骨悚然的回绝。[3]

---

〔1〕　《埃阿斯》第 690 行，约翰 · 摩尔（John Moore）的译文。

〔2〕　ἀρκτέον（译注：必须统治）《俄狄浦斯王》第 628 行；ἀκουστέον（译注：必须听到）第 1170 行；ὁποῖα δραστέ' ἐστίν（译注：这是不得不做的），《特剌喀斯少女》第 1204 行。还有许多其他例证。

〔3〕　《伊》9 卷第 379 行以下。Οὐδ' εἴ μοι δεκάκις τε καὶ εἰκοσάκις τόσα δοίη（译注：不，哪怕他把现有财产的十倍、二十倍给我）；22 卷第 349 行以下。伯纳德 · 诺克斯在《英雄的性情》（*The Heroic Temper*）中详尽地描述了索福克勒斯式英雄们的这一特征。关于荷马对索福克勒斯的影响，特别见诺克斯和帕特 · 伊斯特林《悲剧荷马》（Knox and Pat Easterling, “The Tragic Homer”），载《伦敦大学古典学研究所学刊》31（1984）。

他们所表达的是什么样的必然性？这是个重要的问题，而在回答时很容易走上错误的方向。现代道德和康德派思想的影响鼓励人们首先去追问，这是不是义务的“必须”（must），或道德的绝对命令。[4] 对这个问题的答案是现成的：某些剧中人物所采取的行动路线和他们为之给出的理由足以表明，这不是当下要讨论的问题。可是，真是这样的话，按照康德派的讲法，剩下来的就是：这“必须”只能是康德所谓“假言”命令：只是相对于行动者想做之事的“必须”，正如当一个人说，“我现在必须去”，这仅仅意味着如果他要去做任何他打算去做的事情，他就必须去。埃阿斯或俄狄浦斯能够想到，某个步骤只是在这一意义上是必要的，即它是他恰好要实现的目标所要求的；但是在上述事例中，这并不是他们中任何一个的想法。并不是说他们恰好有某个目标要实现，对它来说这些行动是必要的：他们所经历的英雄式的（heoric）“必须”，并不是依附在任何“如果”之上。事实上，这“必须”看起来是绝对的，当埃阿斯说他必须去，他的意思就是他必须去：句号。

76

如此看来，这“必须”就不代表任何康德所说的命令。但是康德派会继续越过这一论断，坚持认为这里有一个“如果”，只不过被隐瞒了——实际上，瞒过了行动者自己。按照这一观点，这些行动者所表达的必然性**是**相对的，不过，它相对的只是某个

---

〔4〕　阿德金斯那里尽是这样的假定。请比较韦尔德尼乌斯（W. J. Verdenius）有关荷马史诗中的赫克托尔的论述，引自雷德菲尔德：《伊利亚特中的自然与文化》，第 119 页：“对赫克托尔来说，目标的可能性甚至不来自追问。他的声望并不是以一种提醒似的‘你必须’来驱使他战斗，而是直接地、自动地转向行动。”关于赫克托尔这段话，参见下文第 79 页以及本章注释 12。

被视为理所当然的欲望。接下去，这理论会说，这种欲望提供了某种心理压力，而行动者错误地将这压力视为绝对的要求。这种欲望是什么，这可能取决于实际情况。它可以是对众神的畏惧，或者是一种适应公众舆论要求的未经反思的气质（unreflective disposition），或者，在阿基琉斯那里达到极限，它只是同高度自我肯定（self-assertion）相关的规划。但是，无论这欲望是什么，康德派都会接着说，“必须”所隐藏的结构最后都一样。只要还没有到达道德独一无二的绝对要求自身，“我必须做这个”就只能意味着，“如果我要拥有我想要的，或者要避开我害怕的东西，这个行动路线就是必要的”。

在这里，我们发现康德派解释构造的精明之处，看起来，产生道德清晰度的能力舍此无他。这有助于我们理解它在塑造古希腊世界的进步主义理论中的影响。每个人都知道，只是追逐你想要的，避开你害怕的，构不成道德；如果只有这些是你的动机，那么，你不在道德管辖的范围内，而你也没有——说得更宽泛些——没有任何伦理生活。如果康德派的诊断正确的话，那么，希腊人就确实是前道德的（premoral），除了一两个折射出道德光辉从而值得嘉奖的例外，例如苏格拉底，或者按照某些理论，还有安提戈涅。按照皮亚杰式的道德发展说，希腊人实际上是孩子，年幼的孩子。贝尔（Bayle）在他的《历史与批判词典》中的阿基琉斯词条中重印的这首小诗精确地描绘了荷马的英雄：

77

> 如白昼般耀眼的阿基琉斯啊
> 像他战斗中的宝剑一样勇武
> 为了爱人被抢走他哭九年啊

好像小家伙丢了他的拨浪鼓[5]

康德派的解释不可接受。即使在它自己的领地，它也有无可解决的困难，特别是去解释义务的独特要求本身如何发生作用；但这不是我们这里要关心的。[6]我们所关注的，同时康德派也应该关注的是，即使在这希腊育婴室里，人们也能意识到单纯的自我放纵和恐惧并不是他们所期待的全部；例如，他们承认勇敢和正义这样的美德。如果是这样的话，对于伦理思想和经验来说，就存在着康德派的解释构造所隐藏的选项。这些选项的确存在。而康德派的概念关联常常使我们有关它们的理解短路，在考察这些选项时，把这一点记在心里对我们是有好处的。

这在羞耻概念这里再真切不过了。在康德派的对立概念的图示中，羞耻总是在每一行中“差”的那边。这一点充分地表现在它同失去面子和挣到面子的观念之间众所周知的关联上。“面子”代表的是同真实相对立的表象，同内在相对的外在，因此，它的价值是肤浅的：我只是在他人眼中失去面子或挣到面子，因此这些价值是他律的（heteronomous）；挣到的或失去的只是我的面子，

78

〔5〕 英译本 1734—1738 栏。原诗由让－弗朗索瓦·萨拉赞（Jean-François Sarrasin, 1603—1654）所作。这一引用我得自霍华德·克拉克《荷马的读者们》（Howard Clarke, *Homer's Readers*），第 133 页。托马斯·麦卡里接受了阿基琉斯和其他荷马的英雄的心理真的如同婴儿一样这一想法，《孩童般的阿基琉斯——〈伊利亚特〉中的个体发生学（ontogeny）与种群发生学（phylogeny）》（W. Thomas MacCary, *Childlike Achilles: Ontogeny and Phylogeny in the Iliad*），他试图“同时用弗洛伊德的理论谈论自我的个体发生学，用黑格尔的理论谈论西方人的种群发生学”。无需惊讶，他的研究极为倚重斯内尔的工作。

〔6〕 许多使用康德派范畴的人，比如说在讨论希腊人的时候，没能意识到，假如他们要为自己看作理所当然的种种对比找到点依据，他们究竟必须接受多少康德自己的哲学。关于这点，见我的《伦理学与哲学的限度》一书，尤其是第四章。

因此，这些价值是利己主义的（egoistic）。这些对于羞耻该是什么和那些羞耻所主宰的伦理关系该如何作用的理解，都是不正确的。更确切地说，我要证明，如果说这些理解中还有什么值得一提，那也只能在一条无比漫长的航线的末尾才能找到，而那个层面上所涉及的问题更加有趣，更加棘手，远远超出了这些随手否定所提出的问题。这不仅仅适用于羞耻概念在古代希腊后来出现的种种发展或改进。甚至在人们最为自信地应用这种否定观点的荷马那里，也是如此。认为荷马时代的社会乃是耻感文化〔7〕，它（尽管是以变化了的形式）确实延续到后来的古代世界，而且无疑还要更远，这样的想法有些道理。但是，如果我们要做出这样的断言，我们就必须更加清楚羞耻自身中包含着什么。

与羞耻相关联的基本经验是被人看见，不恰当地说，是在错误的状态中，被错误的人看见。〔8〕它直接同赤裸联系在一起，特别是在性关系中。*aidoia* 一词，源自 *aidōs*，“羞耻”〔9〕，是用来

---

〔7〕 胡克在最近的一篇文章中挑战了这一描述（《荷马所处的时代：羞耻文化？》[J.T. Hooker, “Homeric Society: A Shame-culture?”]，载《希腊与罗马》，34 [1987]），这篇文章毫无说服力，因为它完全没有弄清楚它否认的是什么东西。我在后文中将指出（见第 91 页以下），这一描述存在某些误导之处，但是它确实表示出古风时期的世界（以及后来的希腊社会）同我们自己的世界之间某些真实的对立。

〔8〕 对羞耻的基本经验，以及这些经验如何建立起来的更复杂的解释，见尾注一。

〔9〕 有两个希腊词根带有“羞耻”的含义：正文中提到的和名词 αἰδώς（羞耻、荣誉）中的 αἰδ-，和名词 αἰσχύνη（羞耻）中的 αἰσχυν-。一般来说，我并不关心这两类词用法的区别。因为对我的目的来说，这一区别不起太大作用；而且，特别要指出的是，许多变化是历时性的，和时代相关：在大多数相关的场合，以 αἰσχυν- 为词根的词往往会取代 αἰδ- 词根的词。希普（《荷马语言研究》[G.P. Shipp, *Studies in the Language of Homer*] 第二版，第 191 页）指出 αἰσχύνομαι（我感到羞耻）这一中动态在荷马那里只出现 3 次，而且只在《奥德赛》中：“这是取代 αἰδέομαι（我感到羞耻）的开始，在阿提卡的散文作品中得以完成。”试比较后文（第 79 页）将要讨论的《伊》22 卷第 105—106 行和《奥》21 卷第 323—324 行。希普继续指出，希罗多德使用这两个动词，但做出了意义上的区分：αἰδέομαι+ 宾格，意味着“尊重某人的权利及其他”；而 αἰσχύνομαι 则是“为之羞耻”。而在阿提卡方言中 αἰσχύνομαι 涵盖了这两种意思：（转下页）

指生殖器的标准希腊词汇，类似的用语在其他语言中也能找到。它的反应是遮蔽自己或躲起来，而人们自然地采取措施避免会招来羞耻的处境：奥德修斯羞于同瑙西卡的同伴们裸身行走。由此出发，它的应用被扩散到种种让人羞涩或尴尬的场合。当阿弗洛狄忒和阿瑞斯被赫淮斯托斯的网捉奸在床（*in flagrante delicto*）无处可逃时，众神嘲笑两人的丑象，但女神们，*aidōi*，“出于羞涩”，待在家中。同样的词汇，荷马也会用来描述瑙西卡在想到向她父亲提起自己对婚姻的欲望时的尴尬，珀涅罗珀拒绝亲身出现在求婚者面前，忒提斯犹豫要不要去拜访众神。与此非常相似，但离性行为更加遥远的是，奥德修斯为法伊阿基亚人会看见他流泪而感到尴尬或羞耻；人们也可以把名词 *aidōs* 在演说家那里的一个孤例归到这个领域，当时伊索克拉底说道，在过去，如果年轻人们不得不穿过 *agora*（译注：市场），他们这样做的时候会“带着极大的羞耻和尴尬”。避免这些场合中的羞耻作为行为动机而起作用：你预料到了如果有人看见你，你会有什么样的感受。[10]

79

人们对一个人的行动说三道四令人感到羞耻，当对这羞耻的恐惧成了行动的动机，这就又推进了一步。在荷马那里，在战场

（接上页）比较欧里庇德斯的《伊翁》第 934 行 αἰσχύνομαι μέν σ’, ὦ γέρον, λέξω δ’ ὅμως（译注：老人家啊，我尊重你 [此处张竹明译本作“我在你面前感到羞耻”]，但我还是要说），和《疯狂的赫剌克勒斯》1160 αἰσχύνομαι γὰρ τοῖς δεδραμένοις κακοῖς（译注：因为我为造成的祸害感到羞耻）。

〔10〕　奥德修斯裸身，见《奥》6 卷第 221—222 行（以及下文注释 24。译注：此处原文谈到的是“洗澡”而不是“行走”，另外，如陈中梅译本所注，奥德修斯一直裸着身子，此处的羞愧颇为费解）。阿弗洛狄忒和阿瑞斯，见 8 卷第 234 行（译注：应为 324 行）；珀涅罗珀，见 18 卷 184；忒提斯，见《伊》24 卷第 90—91 行；流泪，见《奥》8 卷第 86 行；《伊索克拉底演说集》7.48。（译注：需注意 agora 在古希腊不仅是集市，更是集会之地，往往是一个城邦政治、精神生活、艺术乃至体育竞技的活动中心。）

上常常有人把 *aidōs* 提出来作为开战的理由。所以，埃阿斯激励他的同伴：

> 朋友们，要作真的男人；让羞耻常在你心
>
> 那感觉得到羞耻的人，得救的多，死去的少。

涅斯托尔也求助于“在他人眼中的”羞耻，要战士们记住他们的妻儿，他们的财产和双亲，无论他们活着还是离世。实际上，*aidōs*，“羞耻”一词，成了战斗的口号。〔11〕

这种前瞻性的（prospective）羞耻有可能被看作某种形式的恐惧。面对赫克托尔，希腊人犹豫不决，“拒绝他，他们觉得羞耻；接受他的挑战，他们又感到恐惧”，人们可以把它们看作受两种不同来源的恐惧所推动，一个在他们身后，一个在他们眼前。与羞耻相关的动词可以采用与恐惧相关的语法结构。因此，当赫克托尔懊悔他因为没有听从波吕达马斯而犯下的错误，清醒地察觉到他的鲁莽毁了自己的民众，他害怕如果他不去面对阿基琉斯，某个比他低贱的人就会诋毁他：

> 在特洛伊人和曳长裙的特洛伊妇女面前我感到羞耻
>
> 某个比我低微的人会这样说我：

〔11〕　埃阿斯，见《伊》15卷第561行，涅斯托尔，第661行。战斗口号，例见5卷第787行。此处和其他地方的荷马史料，我都得益于雷德菲尔德：《伊利亚特中的自然与文化》，第115页以下。下文的希腊人面前的赫克托尔，见7卷第93行。这样的段落使得胡克以下论述的含义变得扑朔迷离，他说，我们下一个注释中提到的针对赫克托尔的感受的段落和第六卷的相关段落，是《伊利亚特》中唯一几处“举出在特定的人之前的‘羞耻’作为特定举止的动机”（第122页）。

"赫克托尔相信他自己的力量，却毁了他的民众。"[12]

80 这里有恐惧，但正如我们将会看到的，恐惧并不是全部。

在荷马那里，一个人做下了羞耻心本可阻止他去做的事情，对他的反应是 *nemesis*，这一反应根据具体的语境可以理解成震惊、鄙视、敌视，乃至正义的愤怒（righteous rage）、义愤（indignation）。[13] 我们不应当认为 *nemesis* 以及和它相关的词汇是含混的。它可以被定义为一种反应，而其心理构成要素恰恰取决于这反应所针对的 *aidōs* 具体包含什么样的侵犯。正如雷德菲尔德所言，*aidōs* 和 *nemesis* 是"相互映射的一对"（a reflective pair）。[14] 当阿基琉斯被描绘成 *aidoios nemesētos** 时，这意味着他就像我们所熟悉的那样，很敏感对他的荣誉的侵犯，而其他人 *aidōs*（译注：羞耻）感应该阻止他们进行这样的侵犯：他自己也有很强的 *aidōs* 感，这应该保护他不受人侮辱。*Nemessētos*（其标准形式）通常不是指"易于义愤的"，而是指"值得义愤的"。不过，这很自然，而且是上述情感（feeling）运行的根基：*nemesis* 和 *aidōs* 本身可以出现在同一社会关系的两端。人们可以同时拥有

〔12〕《伊》22 卷第 105 行以下，关于这整段话，雷德菲尔德的评述（针对上文注释 4 中的韦尔德尼乌斯）指出与它有关的最重要的事实是，赫克托尔这段话是针对他自己："在描述自己时，赫克托尔让我们知道，他很清楚其他人不是这样，而他自己也可能不是这样。"（119）在《奥》21 卷第 323—324 行中也有很相似的表达。更多有关 αἰδώς（译注：即正文中的 *aidos*）和恐惧的关联，见下文的注释 24。

〔13〕αἰδώς 涵盖这样的理解范围这一事实，对于决定它的特性十分重要。尤其对如下问题极为关键，即这个术语是否不仅涵盖我们所说的"羞耻"，而且还包括我们所说的"罪责"的某些侧面。参见下文第 90 页及尾注一。

〔14〕《伊利亚特中的自然与文化》，第 115 页。阿基琉斯，见《伊》11 卷第 649 行。

* 译注：这两个形容词通常译作"可敬的""严厉的"，但这只突出了 αἰδώς 和"荣誉""尊敬"的关联，而没有威廉斯下文强调的这一情感的两面性，它既看重荣誉，又为丑事感到耻辱。参见本章注释 9 对该词两种用法的讨论。

对他们自己的荣誉的清醒意识和对他人的荣誉的尊重；当他们自己或别人的荣誉受到侵害时，他们感到义愤或其他形式的愤怒。这些是在面对类似对象时人们共享的情操（sentiments），它们的作用是将同一个情感共同体（community of feeling）的人们团结起来。[15]

当波塞冬不仅求助羞耻，而且求助 *nemesis* 来驱策他的队伍时，他想要动员的正是这些关联着的情绪。但是，在荷马那里，那些称之为 *nemessēta*（译注：应当义愤）的事物，即适合这些反应的对象，并不仅仅是在战斗中逃走。在《伊利亚特》中，这些反应还包括一个普通人在大会上发言，天神对凡人太过友好；而在《奥德赛》中，则包括赶走自己的母亲，给箭头喂毒，奥德修斯衣衫褴褛地出现在他妻子面前，求婚者的举止——求婚者们一再被说成是 *anaideis*，“不知羞耻”。[16]

81

有这样一种想法，它尤其同 A. H. 阿德金斯的著作有关，认为荷马式的耻感文化中的个人极为关注自己的成功，不惜以他人为代价，这从原则上说就错了：*aidōs* 和 *nemesis* 的结构，本质上就是人们之间的互动，它们的功用既是团结也是分裂。[17] 即使羞耻

---

〔15〕 参见《伊利亚特中的自然与文化》第 158 页有关 αἰδώς 之为“社会化情绪”（socializing emotion）的讨论。

〔16〕 波塞冬，《伊》13 卷第 122 行，其他例子见《伊》2 卷第 223 行，24 卷第 463 行；《奥》2 卷第 136 行，1 卷第 263 行，22 卷第 489 行，2 卷第 64 行。《伊利亚特中的自然与文化》第 117 页。关于求婚者，参见朗：《荷马史诗中的道德与价值》，第 139 页，“既然荷马那里唯一的，而且缺乏力度的强制力来自 *aidos*，诗人的用意是要把他们描写得比库克罗普斯人（译注：即圆眼巨人）略好一些，后者可谓 *athemistoi*（译注：无法无天之徒），其举止已经出轨，不再是可容忍的人类行为。”

〔17〕 这一论点和朗的主张有关（《荷马史诗中的道德与价值》，第 122 页以下），他在批评阿德金斯的“竞争”与“合作”美德的二元对立时指出：既然在阿德金斯看来，竞争美德意在成功，而远古的希腊人深知合作对于成功来说必不可少，那么竞争美德也一定包括某些合作美德。

体系要被坐实为基础性的利己主义，那也一定是在比上述想法更为深刻的层面，哪怕说的是它在荷马那里的化身。这几乎同样适用于如下的想法，即羞耻体系是一种不成熟的他律体系，据说，它会把个人对自己应当去做什么的认识完全寄托在他人如何看待自己之上。同样，即使这是真的，那也只是在比通常所设想的要更加深刻的层面上才是真的。认为荷马式的羞耻的对象只是个人在竞争中的成败，这是一个错误，同样，认为荷马式的羞耻只包含对社会偏见的适应，这不过是另外一个错误。不过，在这个案例中，所涉及的错误不止一个，而是两个，它们必须区别开来。一个只是愚蠢的错误，而另一个则比较有趣。

愚蠢的错误是认定羞耻的反应只是基于被人发现，而羞耻所支配的所有决定或思想之后的情感实实在在地、直截了当地就是对于被人看见的恐惧。假定有人请我们相信荷马笔下的阿基琉斯，假如能够确信自己可以逍遥法外，他就会在夜里偷偷溜出去，帮自己弄到那些当使者提出来时他曾经拒绝了的财富：那么，他就让人遗憾地误解了阿基琉斯的性格，或亚历山大·蒲柏所说的阿基琉斯的“品质”（Manners），蒲柏写道，“它清晰易辨，那英雄将有何等决断，事先已是昭然。”[18]如果一切都取决于对被人发现的恐惧，羞耻的动机就完全不能内在化了（internalised）。那样，实际上就没有人还有性格可言。此外，认为存在着耻感文化这样一种规约行为举止的融贯体系，这样的想法就不可理解了。

82

〔18〕　引自克拉克：《荷马的读者们》，第137页。关于究竟是什么使得阿基琉斯反感这些馈赠，韦尔南的阐述让人服膺。《个体、死亡与爱欲》，第48页。（译注：此段蒲柏引文出自他所译的《伊利亚特》17卷第756行（今本第671行）的注解，原诗讲到帕特罗克洛斯的良善，蒲柏译作“the mildest manners（最温厚的品质）”，并在注解中将其与阿基琉斯的品质相对照，认为他正与帕特罗克洛斯相反，在道德上说不上好，只是从诗歌的角度来看比较鲜明而已。）

尽管羞耻及其动机总是以某种方式包含着一种涉及他者目光（gaze）的观念，但重要的是，在它发挥作用的大多数场合，只要有想象中的来自一个想象中的他者的目光（the imagined gaze of an imagined other）就行。[19]当然，这并不适用那种最简单的情形，即对于裸身暴露的羞耻；某个害怕在那种状态下暴露在一个纯粹想象中的旁观者之前的人，他所害怕的是他自己的赤裸，而他的这一恐惧则是病态的。[20]但是，在朝向更加一般化的社会羞耻的进程中，想象中的旁观者可以很早出现。萨特描述了一个透过钥匙孔偷看的人，他突然意识到自己正被人观察。他可能会认为做这事就让人羞耻，而不仅仅是做这事时被人看见。在这一案例中，一个想象中的观察者就足以触发羞耻的反应。忽视想象中的

---

〔19〕　这当然符合希腊人所确认的如下事实，就像多弗所言（《柏拉图与亚里士多德时代的希腊大众道德》，第 228 页），“对赞扬的期盼是美德的主要推动力，而对谴责的恐惧则是针对恶行的主要威慑力。”他所引用的某些段落直接阐明这一观点，例如《狄摩西尼演说集》25.93：大多数人“出于对法庭以及令人羞辱的言辞和谴责所施加的痛苦的恐惧”，才小心不行恶事。但耐人寻味的是，他所引述的有些段落则表达许多全然不同的事情。狄摩西尼在 4.10 和 1.27 只是说，[羞耻]对于自由人或能正确思考的人来说是一个重大的惩罚或强制，而他所使用的词句（ἡ τῶν πραγμάτων αἰσχύνη, τὴν ὑπερ τῶν πραγμάτων αἰσχύνην [译注：对于所作所为的羞耻]）强调的是一种对事件而不是对公众舆论力量的反应。在 8.51 他区分了惧怕不利舆论的自由人和只是由对身体痛苦的恐惧所推动的奴隶；这对这个自由人的其他动机可能是什么并没有做出说明。吕枯耳戈斯（译注：公元前 4 世纪雅典演说家，请勿与公元前 9 世纪斯巴达的同名立法家混淆）在《驳勒奥克拉特斯》46 节指出，赞扬“是善人们为他们所接受的危险而可以期待的唯一回报”，这也并没有说明或者暗示他们所做的一切都是为了回报。而色诺芬《居鲁士的教育》I.5.12 则提出了相反的、或者说非常不同的观点：如果你想要赞扬，你就必得面对危险。

〔20〕　某些宗教团体的成员曾经坚持在裸身（例如洗澡）时遮蔽自己：这大概是因为面对超自然的旁观。例如圣保罗隐晦的评述：女人应当蒙头，διὰ τοὺς ἀγγέλους “为了天使的缘故”（《格林多前书》11.10 译注：此处圣经译文参照思高本，下同）；在德尔图良之后，许多人将它同《创世纪》6.1-4 联系起来（译注：此段经文提到天主的儿子与人的女儿结合生子）。“上帝现在真的无处不在吗?”一个小女孩问她的妈妈，“我觉得这不正派。”见尼采《快乐的知识》第二版前言，第 4 节。

他者的重要性，这正是我所说的愚蠢的错误。*

第二个也是更有趣的错误关系到他者的身份和态度，我们现在讨论的正是他的目光。羞耻所涉及的不应该只是被人看见，而应该是被一个带着一定观点的旁观者看见。实际上，旁观者所采取的观点本身不必是批判性的：人们可以因为被错误的听众以错误的方式仰慕而感到羞耻。同样，人们也不必因为别人负面的观点而感到羞耻，如果这观点来自一个他们鄙视的旁观者。赫克托尔确实害怕某个比他低微的人能够批评他，但是，这正是因为他认为这样的批评是对的，而这样一个低微的人确实可以提出批评这个事实只是使事情变得更糟。这样一个低微的人有些满怀敌意的话要说，这个单纯的事实本身并不必然会让赫克托尔担心。而在这场战争中的希腊人那边，涅斯托尔的意见就有分量，而忒耳西忒斯的则没有。

在某些情形中，羞耻的作用实际上只是和一个特定的社会群体的态度或反应相关。珀涅罗珀告诉众求婚者，她正在编织的是奥德修斯父亲的寿衣，

83

> 以便
> 邻里的阿开亚女人不致对我有意见，
> 让一位功勋卓越的男子死后没有织布裹身。[21]

然而，一个由羞耻观念所推动的人，如何能不仅仅考虑某个由社会指定的参照群体的反应，这即使在荷马那里也是引人注目的。

---

* 译注：萨特有关羞耻的讨论，参见《存在与虚无》法文版（Paris, 1943）第275—277页。

〔21〕　《奥》19卷第146行=24卷第136行；“对我有意见”即 νεμεσήσῃ（译注：即前文讨论的 *nemesis* 这一情感反应的动词形态）。

羞耻的内在化并不简单地只是内在化作为邻人代表的一个他者。忒勒马科斯向集会上的伊萨卡人控诉求婚者们的举止，告诉他们，他们应该对自己感到愤怒，在那些居住在周围的旁人面前感到羞耻。[22] 这里，他并不是把同样的事情说了两遍。瑙西卡害怕人们在看到她和英俊的陌生人在一起会说三道四，害怕会闹出丑闻；但是她补充道：

> 而且，我自己也会看低一个如此行事的姑娘。[23]

我先前提到羞耻的团结和互动效果。当一个行动者面对那些会被其举动激怒的人们，他会被前瞻性的羞耻推动；反过来，出于同样的理由，那些人也会回避这样的举动。瑙西卡清楚地意识到，她同其他人分有他们会对她产生的反应。她的例子清楚地揭示了某种同样适用于战场上的东西，尽管由于在战斗中对个人武功的强调，这一点在那里并不如此明显：必须存在某物作为这些相互勾连的态度所涉及的对象。并不仅仅是通过某种形式结构，因为你知道我会对你生气，所以我就知道你会对我生气。这些交互态度有其内容：某些行为举止受人仰慕，有些可以接受，有些受人鄙夷。被内在化的正是这些态度，而不仅仅是对敌对反应的

---

〔22〕　νεμεσσήθητε καὶ αὐτοί, / ἄλλους τ’ αἰδέσθητε περικτίονας ἀνθρώπους ,《奥》2 卷第 64—65 行。（译注：“你们应该对自己愤慨 / 在居住在周围的其他人前感到羞耻。”值得注意的是，陈中梅译本正如威廉斯此处所批评的，将这里的愤怒和羞耻混同起来，译为“你们应该羞责自己”。）

〔23〕　ὣς ἐρέουσιν, ἐμοὶ δέ κ’ ὀνείδεα ταῦτα γένοιτο. / καὶ δ’ ἄλλῃ νεμεσῶ, ἥ τις τοιαῦτά γε ῥέζοι《奥》6 卷第 285—286 行（译注：他们会这样说，这也会变成对我的辱骂 / 而且，我自己也会看低一个如此行事的姑娘）。拉铁摩尔用“不赞同”（disprove）来翻译 νεμεσῶ（译注：正文中译为“看低”）完全恰当，但是在当前讨论的语境中，这就回避了某些正题。

84　前瞻。[24]如果不是这样的话，那就又不会有任何羞耻**文化**，也不会有任何共有的伦理态度了。

然而，它向我们揭示的，不只是我刚才称之为内在化的他者：它实际上解释了为什么他者不必是某个特定的人，或者只是某种社会上确认的群体的代表。他者可以通过伦理的方式加以确认。他（我应当特别强调这里的代词并没有任何性别暗示）被构想为我会尊重其反应的一个人；同样地，他也可以被理解成这样一个人，当同样的反应以恰当的方式指向他时，他也会尊重这些反应。

---

〔24〕　希腊人很容易将恐惧同 αἰδώς 联系起来，但是这应当根据正文中所强调的观点来加以理解：行动者可能害怕公众的舆论或某一个体的反应，与之同时，他对于别人期待于他的行为举止又拥有内在化的情感；他的恐惧可能实际上暗示了这样的情感。不仅存在着从单纯的恐惧到更复杂的社会情感的层次之分，也存在着恐惧自身的对象不同层次的相对区分：来自某个让人仰慕的人物或群体的责打、辱骂、反对、拒斥。在荷马那里，这一点甚至通过指向个人的情感而得以阐明。《伊》24 卷 435 τὸν μὲν ἐγὼ δείδοικα καὶ αἰδέομαι περὶ κῆρι（译注：我打心底害怕他，敬畏他），这里说的“他”是阿基琉斯。《奥》17 卷第 188 行用类似的表达来描述对主人的愤怒的恐惧。比较以下两段文字会很有趣，一段是我们先前提到的《奥》6 卷第 221—222 行，在那里奥德修斯只是说 αἰδέομαι γὰρ / γυμνοῦσθαι κούρησιν ἐυπλοκάμοισι μετελθών（译注：“我会害羞 / 在长发秀美的姑娘们眼前裸身”，参见注释 10），另一段是他向阿尔基努斯解释同一件事（7 卷 305—306）ἀλλ’ ἐγὼ οὐκ ἔθελον δείσας αἰσχυνόμενός τε, / μή πως καὶ σοὶ θυμὸς ἐπισκύσσαιτο ἰδόντι（译注：但我出于害怕和羞愧，不肯听从 / 担心若是让你看见，也许会心生怒气）。这并不是他在第一段文字中所表达的动机，但是，同样地，这也不是一个完全不同类别的动机。

有时在 αἰδώς 或 αἰσχύνη 关系到公众和政治时，Δέος（译注：畏惧、担心）会同它联系在一起。例如索福克勒斯《埃阿斯》第 1073—1080 行。埃德蒙兹饶有兴味地讨论了这段和其他类似的段落，见《修昔底德中的机会与理智》，第 59 页以下以及附录。他在解决修昔底德的《伯罗奔尼撒战争史》2.42.2 中众说纷纭的一段晦涩文字时，认为 δέους（畏惧之事）所代表的是堕落了的公民勇气和公众精神，他恰如其分地引证普鲁塔克的《克里奥米尼斯》9 章，τὴν ἀνδρείαν δέ μοι δοκοῦσιν οὐκ ἀφοβίαν ἀλλὰ φόβον ψογου καὶ δέος ἀδοξίας οἱ παλαιοὶ νομίθειν.（译注：依我来看，古人认为勇敢并非无所畏惧，而是害怕受人谴责，担心身败名裂。）这段文本的观点也可以这样来表达：只有当一个人对那些构成 δόξα（译注：意见、舆论、名声）的事物有了某种态度，他才有可能害怕 ἀδοξία（译注：身败名裂。此词字面上即为 δόξα 的否定）。

然而，如果他者是通过伦理的方式加以确认的，在这些心理过程中，他还起任何实质的作用吗？如果他只是由我所处身之地的要素构造出来的，那么他在我的心中还占有独立的部分吗？如果他被想象成只会依据我所认为的正当之事而做出反应，那么，他当然也就被抵消掉了：他完全不是**他者**（*other*）。

采取上述还原步骤，并且假定只有两个选项：要么伦理思想中的他者必须是一个可以确认的个体或邻人的代表；要么他就不过是我孤独的道德之声的回音室，这样做是错误的。这两个选项忽略了现实伦理生活的许多实质内容。内在化的他者确实是抽象化的、普遍化的和理想化的，但是他潜在地仍然是某人（somebody）而不是乌有（nobody），是某人而不是我。他可以成为现实的社会期待的焦点，这关系到如果我以某种而不是另一种方式行事，我的生活将会怎样，以及我的行动和反应将会怎样改变我和我周遭世界的关联。

我们上一章中在埃阿斯那里所发现的情况就是这样。他之所以不能继续活下去，我们现在已经明白，正是因为羞耻作用中的这样一种交互结构。这里所借助的，正是他对世界的期待和世界对一个人——一个对它有如此期待的人——的期待之间的种种关联。那“世界”通过一个内在化的他者在他内心中得以再现，而且这不是任何一个他者；他会对某些人的轻视无动于衷，正如他无视其他人的安慰。不过，在他内心中的他者再现的是一个真实的世界，一个如果他要活下去就不得不安身其中的世界。当然，在这个特例中，他和世界之间相互纠缠的期待尤其和他作为英雄战士的身份相关，这也是为什么在他这里，他那近乎荒诞的既不成功又非常可笑的努力会有如此重要的意义。

85

在埃阿斯的例证中，我们看到这他者是谁，或者说他至少应该像什么样子。埃阿斯正在考虑该有何举动：

> 我能有什么面目去见我的父亲？
> 他怎么受得了见我
> 假使我赤裸裸地出现在他面前，荣誉全无
> 而人们对他自己的赞誉已经登峰造极？
> 这实在是无法忍受的事情。[25]

他的语言不仅充满羞耻所包含的最为基本的意象——观看和赤裸，而且它还直接地表达出他和他父亲无法容忍之事的交互关系。不过，和先前一样，支配他的决定的，并不仅仅是有关他父亲的痛苦的想法，也不是这恰恰是他父亲的痛苦这一事实。埃阿斯认同他父亲的荣誉所代表的美德标准。所以，他的结论是：

> 高贵的人应该（should）要么优雅地生，要么优雅地死。[26]

他找不到一种任何他所尊重的人都会尊重的方式活下去——这意味着他没法有自尊地活下去。当他说 poreuteon，即他必须走时，这正是他要说的内容。

或许有人会认为在索福克勒斯那里有一位英雄人物，她和埃阿斯形成鲜明的对照，她的意识再清楚不过地指向某种超越了单

---

〔25〕《埃阿斯》第 462 行以下。

〔26〕第 479—480 行。“应该”即 χρή，它通常表达这些构想的内在化：参见第二章，注释 57。

纯的社会评判、甚至越出了自我肯定（self-assertion）的要求，她就是安提戈涅；在乔治·斯坦纳（George Steiner）饶有兴味地记录下的安提戈涅那让人劳神而又多姿多彩的身后历史（Nachleben）中，人们常常如此看待她。[27]确实，众所周知，她曾经吁求“众神制定的坚不可破的不成文律条”来对抗克瑞翁的“命令”（instructions），而她的遗言则诉求虔敬的价值。尽管我不想过多地谈论安提戈涅，但我认为，无论如何，我们都应该追问她究竟在多大程度上以什么样的方式超越了自我肯定。

86

我们还没有展示她的决断过程；她不过是另一个逐步做出决断的人，一开始，与其说仅仅是在承认某件事必须要做，不如说是一种令人刺耳的对自我的肯定：

> 他们说，这些就是高贵的克瑞翁的命令
> 针对着你和我——是的，针对**我**[28]

当她后来不屑一顾地拒斥伊斯墨涅的安慰时，以上词句给人的印象进一步得到印证。究其根底，这似乎不仅仅是一个她已经准备好为之而死的计划，而是一个赴死计划（project of dying）。她爱上了她哥哥的死。[29]

因为这部剧作之后发生的种种，尤其是因为黑格尔的缘故，我们往往把它看作一部政治道德剧。安提戈涅的挑衅发生的场合

---

〔27〕　《安提戈涅》（译注：此处指 George Steiner 的同题作品，详见参考书目）。

〔28〕　《安提戈涅》第 31 行。

〔29〕　人们常常标出这一性意象，它反复出现，从第 73 行的 φίλη μετ' αὐτοῦ κείσομαι, φίλου μέτα（译注：我愿躺下，亲爱的人在亲爱的人身边），直到后来（例如第 891 行）的与婚姻相关的种种意象。

和它的主题引导我们这样去想。可是，假如我们仔细考察，我们可能会满腹疑惑地发现，这种想法中可以投射在安提戈涅的自我刻画中的部分，比我们先前期待的要少。实际上，我甚至怀疑安提戈涅——索福克勒斯的安提戈涅，如果说有这样一个人物的话——很像索福克勒斯的厄勒克特拉，一个总是显得困扰重重的角色，这相似不仅仅限于人们已经看到的她们俩同各自姐妹之间的关系。* 当然，安提戈涅是以高贵的方式得到她想要的东西，而对厄勒克特拉来说，终结时的黑暗要比开初更加浓厚，因为她的仇恨已经变成鲜血。不过，克利翁的固执不止引出安提戈涅高贵的回应。它所触发的还有蓄势待发、极度的自我肯定，而安提戈涅的死亡能够传达它所要传达（以及更重要的是，它已经开始传达的）的意义，这一事实在某种程度上可以说是安提戈涅的幸运。

87

索福克勒斯的剧作《菲洛克忒忒斯》最为显眼地纠缠着羞耻的作用，对羞耻的期待，以及避免羞耻的努力。当奥德修斯试图说服涅俄普陀勒摩斯帮助自己欺骗菲洛克忒忒斯时，他就像是在设法说出专门设计的台词，以此来解除某种前瞻性的羞耻的效用，也就是说，要将这行动从涅俄普陀勒摩斯生活的其他部分中清除出去。他说道：

> 我深知，孩子，你的天性
> 不适于说这些事情或使用这低下的诡计
> 但是，既然把胜利握在手中让人愉悦

* 译注：和安提戈涅一样，厄勒克特拉拒绝听从她妹妹的劝告，执意完成自己的计划。

那就果敢一点吧！[30]

——这是在求诸勇敢，一种众所周知的用来对付正派人的说服伎俩，现在仍然流行——*dikaioi d'authis ekphanoumetha*：这话的意思不是“下次，我们就会显得像正直的人”，而是“下次，人们就会发现我们是正直的人”。[31]接下来，奥德修斯非常精确地说出他想要什么：

现在只要一天里的一小段，不要再感到羞耻
把你交给我吧：剩下的时间里
你可以管自己叫作众人中最正派的一位。

涅俄普陀勒摩斯这时并没有答应，他的话相当老套：

我主，
我宁愿高尚地失败，也不愿卑劣地获胜。

而当奥德修斯最终用这成功带来的名声说服了他时，涅俄普陀勒

---

〔30〕《菲洛克忒忒斯》第 79 行以下，注意 φύσει... πεφυκότα（译注：天性……生性）中的重复，它通过强调性格这一主题为随后将其搁置铺平了道路；而 ἀλλ' ἡδὺ γάρ（译注：但是，……让人愉悦）在两个词之后，就从提出一个相反意见转向将其作为一个理由提出来。有关涅俄普陀勒摩斯本性 γενναῖος（译注：高贵）的论述，参见玛莎·努斯鲍姆《索福克勒斯的〈菲洛克忒忒斯〉中的后果与性格》（Martha Nussbaum, “Consequences and Character in Sophocles' Philoctetes”），载《哲学与文学》I（1976—1977）。从了解羞耻的作用来说，这整部剧都值得研究。

〔31〕例如在《伊》13 卷第 278 行，ὅ τε δειλὸς ἀνὴρ ὅς τ' ἄλκιμος ἐξεφαάνθη（译注：人们就会发现谁是懦夫，谁是勇士）。

摩斯说道：

> 好吧，我会去做，把羞耻搁在一边。[32]

88

我翻译成“搁在一边”（put aside）的这个词最自然的翻译是“除去”或是“赶走”；但它的意思也可以是“忽视”或“跳过”某个东西，而这东西仍然在那里等着人们的注意。但我并不认为它可以像某些学者所提议的那样，意味着“我会容忍羞耻”。[33]这是他做不到的：如果羞耻出现在他面前，他没法容忍它。这一点，他后来在改变主意的时候就渐渐明白了。尽管涅俄普陀勒摩斯本人是个英雄战士，但是他这个人衡量自己价值的标准，非常明显地涉及竞争成功之外的价值观。当然，他也容易受到成功的吸引，而这正好说明他为什么暂时能被奥德修斯诱惑。他从这些经验中所学到的，足以让他自信地去努力教导菲洛克忒忒斯，以便能挽救他，使他脱离奴役和孤寂，回到众人共享的世界。菲洛克忒忒斯问他，在所有这一切之后，他是否为替阿特柔斯之子效劳感到羞耻，涅俄普陀勒摩斯答道：

> 一个人在对人有所帮助的时候怎会感到羞耻呢？[34]

---

〔32〕 涅俄普陀勒摩斯的话见第94—95行，及第120行：ἴτω ποήσω, πᾶσαν αἰσχύνην ἄφείς（译注：译文见正文）。注意涅俄普陀勒摩斯在第110行提出的问题：“当你在欺骗他们时你怎么还能看着他们呢?”关于 ἀφεῖναι 可以指“忽视”，参见《俄狄浦斯在科罗诺斯》第1537行 τὰ θεῖ ἀφείς（译注：神还没有注意到）。

〔33〕 格列高里·弗拉斯托斯《苏格拉底道德理论中的幸福与美德》（Gregory Vlastos, “Happiness and Virtue in Socrates’ Moral Theogy”），《剑桥古典语文学会学报》1984，第188页。

〔34〕 《菲洛克忒忒斯》第1383行。

而他现在帮助的正是菲洛克忒忒斯。

在上述讨论中，我用两种方式来使用英语中的“羞耻”（shame）一词。它既用来翻译某些希腊词，尤其是 *aidōs*；它也保持它通常的现代含义。我能够同时以这两种方式使用它而不致分崩离析，这一现象意味深长。我们所揭示的希腊人对这些反应的理解，即它们同时超越了自我肯定式的利己主义和对公众舆论的流俗关注（conventional concern），这同样完全适用我们在我们自己的世界中所确认的羞耻。如果不是这样的话，以上翻译就不可能传达出这么多我们通过对自己所谓“羞耻”的了解而熟知的东西。

然而，我们另有“罪责”（guilt）一词，希腊人那里并没有直接的对应。对我们来说，这决定了一个不同的概念，或许还有一种别样的经验。有些人认为，我们和希腊人的这一差异在伦理上极为重要。我们必须追问事实是否如此。首先我们应当考虑的是，羞耻和罪责在我们对事物的理解中是如何相互关联的。我们有两个不同的词汇，这一事实本身并不暗示在羞耻和罪责之间存在任何重大的心理差异。很可能，这只是我们在同一个心理领域设立了一个额外的语词标记（verbal marker），以便突出某些本来属于羞耻的应用——有可能，这应用关系到一个人自己的行动和疏忽。 89

这是有可能的，但我并不认为事实就是如此。羞耻和罪责之间的差异要比这来得更加深刻，在它们之间存在着某些实在的心理差异。羞耻最原始的经验同观看与被看联系在一起。然而，有意思的是，有人指出罪责植根于倾听自己内心中的判断力之声；[35]

〔35〕　关于这一点和其他差异，参见赫伯特·莫里斯非常简短但极有建设性的讨论，《罪责与羞耻》（Herbert Morris, “Guilt and Shame”），见他的著作《论罪责与无辜》（*On Guilt and Innocence*）。来自精神分析视角的一个极富启发性的讨论，得出了某些和我自己（转下页）

这正是与该词相关的道德情操（moral sentiment）。在这两种反应的经验中也存在更进一步的差异。加布里埃尔·泰勒（Gabriele Taylor）很有见地地指出，“羞耻是自我保护的情感”[36]，在羞耻经验中，一个人的整个存在似乎被缩减或贬低了。在我的羞耻经验中，他者看到我的全部，看穿我的全部，哪怕羞耻出现在我的表面——例如在我的表情中；羞耻的表现，无论是泛泛地来说，还是在尴尬（embarassment）这一具体形式中，都不仅仅是想要藏起来，想要把我的脸面藏起来，而是想要消失，想要离开此地。它甚至不是人们所说的想要钻到地缝里去的愿望，而是期盼着让我所占据的空间瞬间变得空空荡荡。[37] 在罪责那里，情形则不同。我更受这样的想法支配：即使我消失了，罪责也将跟着我。

羞耻和罪责的这些经验差别，可以看作是它们之间更广泛的一系列反差中的一部分。[38] 在一个行动者那里唤起罪责的某个行动或疏忽，大致来说，通常会在其他人那里引发愤怒、憎恶或义愤。而行动者可以用来转移这反应的则是补赎（reparation）；他也可能害怕惩罚，也有可能把惩罚施加在自己身上。而另一方面，

90

（接上页）相近的结论，并且进一步指出了罪责某些不可剔除的功能，见理查德·沃尔海姆《生活之线》（Richard Wollheim, *The Thread of Life*），第七章，尤其见第 220—221 页。

〔36〕《自尊、羞耻与罪责》（Gabriele Taylor, *Pride, Shame and Guilt*），第 81 页。

〔37〕羞耻中典型的是，一个人没法面对另一个人的目光，例如埃阿斯和特拉蒙的例子（见上文第 85 页），参见阿伽同（译注：Agathon, 雅典悲剧诗人，柏拉图的《宴饮篇》和《普罗泰戈拉篇》中曾提到过他）残篇 22，Nauck 校本，ἀδικεῖν νομίζων ὄψιν αἰδοῦμαι φίλων（译注：当我认为自己在做不正当的事情，我在亲爱的人的目光中感到羞耻）；多弗：《柏拉图与亚里士多德时代的希腊大众道德》，第 236 页。

〔38〕对下文内容的泛泛论述，参见约翰·罗尔斯《正义论》67 节，第 70—75 节；以及阿兰·吉伯德《明智的选择，恰当的情感》第七章。这两种处理有实质性的差异，但并不涉及我们现在所关注的方面。吉伯德指出了羞耻和罪责的区分可能以何种方式关系到合作的人类行为学（ethology），但是他没有坚持这一点。

那唤起羞耻的则通常会在其他人那里引发轻蔑、嘲笑或回避。这同样可以是某个行动或疏忽，但是它并不必然如此：它可以是某种失败或缺陷。它会降低行动者的自尊，使他在自己眼中变得渺小。他的反应，正如我们刚才所见，乃是想要藏起来或消失的愿望，这一点把作为尴尬的最小限度的羞耻和作为社会或个人价值贬低的羞耻联系在一起。从更正面的角度说，羞耻表达为重构或改进自身的尝试。

本章的讨论和本书的其他部分一样，指向一种历史解释，从中我们能够在伦理认识上有所获益，而我只是在心理素材可能有助于我们清晰地进行这一讨论时，才将它们包括进来。如果我们要让自己对这些历史和伦理问题的理解能够走得更远，对羞耻和罪责间种种关系的更深入的探索是必需的。作为这样一项探究的开始，我在附录中就上述问题补充了一些更进一步的思索（尾注一）。

当前的要点是：如果上述羞耻与罪责的区分大致正确，那么，看起来 *aidōs*（或其他希腊词）就不能只指“羞耻”，而且也必须涵盖罪责这样的东西。我们先前在本章中提到 *nemesis* ——在荷马的世界中与羞耻中的侵害相对的恰当反应——可以囊括愤怒、义愤、憎恶，一如轻蔑、回避。正如我们上一章中所见，荷马那里补赎的概念作用显著，而且，假如让自己承担责任这样的观念想要有任何内容的话，对补赎的需求、对那有补偿和疗治之效的姿态的需求，这在任何社会中都必然得到承认。与这一承认相伴的是这样的想法：受害者应得赔偿，或者说有权得到它，而这同样构成我们本章所考察的种种想法中的一部分。在希腊世界同样存在着宽恕的空间。人们常常以为，宽恕对罪责要比对羞耻更加

91 有效：如果被不公正对待的人宽恕了我，那么，可能这案子在内心法官那里就撤销了，但是这宽恕没有多少能力来修补我的自我意识。然而，宽恕在希腊世界如同在我们的世界一样为人熟知，而且，根据若干不同类别的理由，它被看作是恰当的值得推举的反应。[39]

如果说这些东西——义愤、补赎、宽恕——通常同我们所说的“罪责”而不是我们所说的“羞耻”联系在一起，那么，难道我们要说连荷马的社会也像熟知羞耻那样了解罪责吗？难道我们要因此得出结论说，荷马的社会说到底并不是一个耻感社会，而我们的世界和那个社会的反差仅仅是建立在对一个词的错误理解之上吗？

我并不这样认为。对耻感文化的理解过于简单化，这千真万确，而我们在寻求对羞耻自身的恰当看法的历程中也已经看到这一点。但是，强调羞耻在希腊社会中的重要性并不绝对是个错误。尽管在希腊社会中，某些反应的结构方式接近我们对罪责的反应，但是，只要它们并没有单独地作为罪责而被承认，那么它们就不完全是罪责；就好像羞耻没有罪责作对比，它就不再是同样的羞耻。人们的伦理情感很大程度上取决于人们对这些情感的看法。[40]关于希腊社会尤其是荷马时代的希腊社会的真相并不是它们未能认识到我们将之同罪责联系起来的反应，而是他们并没有从这些反应中提取出某种特殊的事物，也就是它们单独地作为

〔39〕 见多弗：《柏拉图与亚里士多德时代的希腊大众道德》，第 195 页以下（195 页包括对该书先前讨论的引证），第 200 页以下。

〔40〕 吉伯德在他有关自我归因（self-ascription）的讨论中提出这一点。有意思的是，他也提到某些来自其他社会的别的类型的伦理经验，它们大致占据着罪责和羞耻的领域。不过，从我们的角度看，相比荷马的希腊人的经验，它们太过异国情调。

罪责而被承认时所变成的那样。

如果我们追问在这一方面希腊人和我们自己之间的差别确切地说有多大，我们就会提到我在第一章中提到的困难，即把我们思考的东西，同我们认为自己在思考的东西区别开来。羞耻和罪责的显著对比可以表达的一点是这样一个想法，区分“道德的”和“不道德的”品质很重要。根据这一区分，羞耻本身是中立的：机巧或诡计的失败，同慷慨或忠诚的缺失一样，会让我们和希腊人一样深感难堪或耻辱。罪责则不同，它同道德思想紧密地联系在一起，坚守罪责特殊的重要性，就是坚守这些思想。据说，我们在道德的与非道德的之间做出了大量区分，并且强调道德的重要性。但是，这在多大程度上，以什么样的方式对我们的生活来说实实在在地是真的，而不是道德至上论者对我们的生活的解释呢？我们理解这区分是什么吗，或者它实际上有多深入呢？[41]或许并没有一个单一的问题，通过它，可以把对希腊人的理解和对我们自己经验的反思结合在一起，让人更容易理解。如果我们简单地理所当然地认为区分就是深刻的、重要的和一目了然的，那就会使上述理解和反思陷于瘫痪。

92

一旦我们不再将上面说的视为理所当然，我们就会看到希腊人理解伦理情感方式上的某些优越之处。希腊人的想法能够对我们有所帮助的一种方式是，它将（某种类似）罪责（的东西）置于一种更加宽泛的有关（某种比）羞耻（更多的东西）的理解之下，这让我们对罪责和羞耻的关联本身有了更明白的理解。对于同一个行动，我们可以既感到有罪又感到羞耻。在某个怯懦的时刻，

[41]　对于道德的和非道德的气质如何能够有效地加以区分这一问题，休谟的《道德原理研究》令人钦佩的附录四仍然是必不可少的文本。

我们出卖了某人；我们感到有罪是因为我们出卖了他们，感到羞耻则是因为我们以让人鄙夷的方式未能达到我们曾经对自己怀有的期望。〔42〕一如既往，行动介于气质、感受和决断所构成的内在世界和由伤害和错误组成的外在世界之间。**我做过些什么**（*What I have done*）一方面指向在他人身上发生了什么，另一方面则指向我是什么样的存在（what I am）。

罪责首先关注第一个方面，而这不必是有关自愿行为的罪责。我们在上一章中考察了这样一个极其常见的事实，通过我们的能动性（agency）而发生在他人身上的事情，它自己有支配我们情感的威权，哪怕这事情是我们无意造成的。我在那里所描述的“行动者的遗憾”（agent-regret），就其心理和结构而言，都可以是罪责的一种显现。或许可以说，这是“非理性的”（irrational）罪责，但是这样说，除非是用作安慰之词，否则没有传达任何有用的信息；例如，它并不（最好也不要）意味着我们如果没有这样的情感，就会成为更受人仰慕的人。比这所谓的“非理性的”罪责要更合适的解释是单纯在违反一个准则或决心时所感受到的罪责，这里并不涉及任何对他人的不公或补赎的问题。但是，在剥夺了这些含义之后，罪责以可疑的方式缩减为对惩罚的欲望。那样的话，或许更好的方式是，用那本来就该居于首位的羞耻去取代罪责。

93

羞耻关注我是什么样的存在。能够引发羞耻的东西很多——上述例子中所涉及的行动，还有想法、欲望、他人的反应。即使在羞耻确实与行动相关时，对于行动者来说，羞耻的根源何在，究竟是意图、行动还是某个结果，这还是个有待揭晓的问题，而

〔42〕 罗尔斯借助他自己的道德情感理论的术语，对这一类案例有很好的论述，见第445页。

且是难以揭晓的问题。某个人可能会为他寄出去的一封信感到羞耻，因为它不过是针对某个微不足道的怠慢的狭隘而且愚蠢的回应（在他写信时他就知道是这样）；如果最后这封信没有投递出去，这羞耻会有所减轻，但程度也有限。正是由于羞耻可以因这样的方式而模糊不清，我们努力使它更加清晰明了，努力理解某个特定的行动或想法如何相关于我们自己，相关于我们是什么样的存在，相关于我们可以现实地期待自己成为什么样的存在，这样的努力将会结出硕果。如果我们理解了我们的羞耻，或许我们也可以更好地理解我们的罪责。羞耻的结构包含着对罪责施加控制和从罪责中受益的可能性，因为它给出了某种伦理身份概念，罪责可以通过和这概念的关系来获得意义。羞耻可以理解罪责，罪责却不能理解自身。

我刚才提到的一个论点可以很好地说明这一点，罪责，就其对受害者的关注而言，并不必然也并不明显地会被限制在自愿的行动上。即使我的行为是无意的，我仍然可以正确地觉得（feel），受害者有权要求我回应，而他们的愤怒和苦痛都在期待我的回应。然而，现代的道德思想却坚持认为罪责至高无上，它的重要性在于将我们转向受害者，而它被合理地限定在自愿的行动上。可是，要同时坚持所有这些方面，则会使罪责处于高度紧张的状态。[43] 实际上，如果我们想要理解，为什么区分我们自愿造成的伤害和不自愿地造成的伤害对我们来说可能是重要的，那么，只有去追问这些伤害的根源是何种过失或不足（failing or inadequacy），以及这些过失在我们自己和他人生活的语境中意味

94

〔43〕　在以上三点之外再添加自律这一理念（本章后面会讨论到），也就会增添另一种前后不融贯之处。关于这点，见尾注一，第 219 页。

着什么，我们才有希望成功。这正是羞耻的领地；只有进入这领地，我们才可以洞察以罪责为核心的道德所专注的一个主要侧面。

对于现代道德意识来说，罪责看起来是比羞耻要更加透明的道德情感。看起来或许是这样，但这只是因为，当它呈现自身时，罪责要比羞耻更孤立于一个人自我形象（self-image）的其他要素，孤立于一个人的其他欲望和需要，只是因为它甚至忽略了一个人伦理意识的大部分内容。罪责可以将一个人导向那些被不公正对待或受了损害的人们，而且他们仅仅以发生在自己身上的事情为名而要求补赎。但是，它本身并不能帮助一个人理解他同那些所发生之事之间的关系，或者重建那做过这些事情的自我和这自我不得不生活于其间的世界。只有羞耻能做到这一点，因为它体现着一个人是什么样的存在和一个人如何与他人相关的种种构想。

如果说罪责在许多人看来在道德上是自足的，这很可能是因为，他们对于道德生活有一个清楚而错误的图景，它认为真正的道德自我是没有个性的（characterless）。在这一图景中，理性，或者也可能是宗教的教化（这一图景从基督教得益良多）为我提供了有关道德律的知识，而我需要的只是去服从它的意愿。这样，羞耻最为典型的结构就随之崩解了：就其对道德的影响而言，我是什么样的存在已经给定了，剩下来的问题只是在诱惑和分心之事中区分什么是我应该做的（这一错误图景同我们前面章节中所考察的种种错觉紧密相关，例如有关心灵道德化的基本结构的想法，对某种内在地公正的责任概念的寻求）。希腊人并不将道德罪责孤立成某种有特权的概念，而是把那些接近我们所说的“罪责”的社会和心理结构，置于更宽泛的羞耻概念之下，希腊人以此又一次展现出现实主义、真实性和出于善意的忽略。

95

把道德自我看作没有个性的，这样的理解在一个人的道德生活中只给他人留下有限的正面角色。他人的反应不应该影响一个人的道德结论，除非是通过协助理性或教化。如果他人会对我产生的看法在我的道德决定中起实质性作用，那么，道德就会被视为滑落到他律之中，而在本章一开篇，我们承认这是针对羞耻的运行机制一个常见的指控。这里确实需要做出一些重要的区分，但是，这一有关道德的理解却几乎无助于我们做出这些区分。与此相反，我们所需要的主要区分将在羞耻自身的作用中找到。

公元前5世纪晚期，希腊人自己区分了单纯跟随公众舆论的羞耻和表达内在的个人信念的羞耻。在欧里庇德斯的《希波吕托斯》中，这样一个区分不仅表达了出来，而且通过一种复杂而精密的方式极大地影响了行动的结构。〔44〕菲德拉下定决心为自己确保一个毫不含糊、确凿无疑的好名声，这毁了她自己和她周围的人。希波吕托斯为自己不曾犯过的错事而受人指控，当他的纯洁不为人理解和接受，他如此绝望，以至于在他尝试为自己辩护的戏剧

〔44〕　这一直接表达在第373行以下。这一段落呈现出许多难解之处，评注者们已经质疑：如果有区分的话，它在不同种类的 αἰδώς 之间做出的是何种区分。在尾注二，第225页中，我讨论了这些晦涩之处，并且论证了正文中提到的解读。关于菲德拉与羞耻和名声的关系的简要描述，见歌队在他们未卜先知她的自杀的描述中的词句，第772—775行：δαίμονα στυγνὸν καταιδεσθεῖσα τάν τ' εὔ / δοξον ἀνθαιρουμένα φήμαν ἀπαλλάς/σουσά τ' ἀλγεινὸν φρενῶν ἔρωτα.（译注：按照下文的解释，“这可恨的命运让她感到羞耻，/ 她选了众口称颂的好名声，将那 / 痛苦的爱欲逐出心外。”）καταιδεῖσθαι + 宾格（译注：此处译作“为……感到羞耻”）通常的意思是“在……之前倍感敬畏”或“充满敬畏之心”（参见《俄瑞斯忒斯》第682行），而且《希腊语词典》也是在这一义项下引证这一段。这就要求人们认为 δαίμονα στυγνὸν（译注：可恨的命运守护神）意为某个神祇，而这本身是不可能的（参见巴雷特对此的论述），而且也无力解释 ἀνθαιρουμένα（译注：选择）一词的力量所在：菲德拉用名声来**替代**某物（或者试图这么去做），替代生活，这是她曾经有过的生活，并且一定会在她的激情引领下继续下去的生活。这就是她的 δαίμονα（译注：命运），而 καταιδεσθεῖσα 则意味着她为之感到羞耻。

高潮时刻，他的愿望是成为他自己的观众。[45]他祈求自家的屋宅来为自己的清白作证；忒修斯冷酷地回答，说他召唤不能言语的证人，真是聪明得紧。接下来，希波吕托斯说：

96

> 啊，我多希望我能站在自己面前，
> 为我所承受的痛苦而悲伤。

忒修斯答：

> 你总是更偏向于尊重
> 你自己，而不是得体地对待你的双亲*

希波吕托斯的愿望不仅本身非同寻常，而且，正如忒修斯的回答所承认的那样，它使关注的焦点从一种内在性（inwardness）转向另一种。希波吕托斯一直在苦苦挣扎的是，他的父亲不愿意相信他是清白的，并没有犯下一出他和所有其他人都视为不可饶恕的罪行。在他的希望中，他并没有召唤自己作为证人来为自己辩护：作为证人，他会和墙壁一样无用，不过理由正好相反——他全是空话，一点也不实在（no substance）。他想要成为一个证人，不是要为希波吕托斯辩护，而是为他作见证，为他唯一的同情者作见证，这就使人们不再注意他对于自己知道些什么——菲德拉不实的指控——而转向他高尚的性格，他作为一个纯洁的和看重

---

〔45〕《希波吕托斯》1074行以下。

* 译注：此处英文本将 than 误植为 then。

荣誉的人的完整性（integrity）。传达他的愿望的是毫无掩饰的自恋意象，它将忒修斯引向那毁灭性的指控：希波吕托斯的美德总是涉己的（self-regarding）。*Sebein*，意为“崇拜或敬畏”，忒修斯用这个词来指希波吕托斯对自己的态度：希波吕托斯将自己的灵魂视为圣地，而将照顾他人的必要职责放在一旁。

这同菲德拉的错误构成鲜明对比，但这对比并不简单。菲德拉迷恋自己，希波吕托斯也是如此。在她那里，这迷恋采取了合乎习俗的羞耻的形式，对她自己的名声的关心压倒一切。这关心是自我指向的（self-directed），但是它在一定程度上尊重他人的存在。如果，如菲德拉自己所言，这种羞耻能够毁屋灭宅，那是因为它指向的只是他人的所言所想。与此相反，希波吕托斯的自我关心则将他人全然排除在外，他把自己视作未染污秽的圣地，这就全然脱离了人类，脱离了他们的舆论和他们的需求。

97

《希波吕托斯》一剧创造了这样一个空间，其中 *aidōs* 的“内在指向”（inner-directed）和“他者指向”（other-directed）的方面在若干不同的对比中并排放置。希波吕托斯对自己的看法，在他和忒修斯的对峙中，代表着有关他所作所为的真实情况，这和其他人错误的想法形成对立：就此而言，“内在”之于“外在”如同真实之于表象。然而，忒修斯对希波吕托斯的批评，对他的自我保护和纯洁性的私德（private virtue）的批评，则将“内在”确认为对自我的效忠，它和对他人的恰当关心形成对比。在菲德拉那里，公与私的关系也错位了，不过是以另一种方式；她关心他人，但是势不可挡地采取了恐惧的形式——对私人之事公众化和有关她的事情会如实败露的恐惧。查尔斯·西格尔（Charles Segal）正确地指出，这出戏剧对比了“内在与外在，私人与公众领域，

‘羞耻’与‘名誉’”。[46] 这三重对立所标示的并非同一对比，实际上，它们中每一个都可以用来说明，这里起作用的绝不止一个对比。

希腊思想本身包含这些素材，强有力的素材，足以揭示羞耻中的矛盾犹豫和可能的背叛。它所关系到的问题，不是某些完全不同于羞耻的道德动机，而是如何清晰地阐明羞耻自身。即使在我们来到《希波吕托斯》中不同寻常的解释之前，希腊人对羞耻的理解，我曾经断言，已是相当充分、复杂，足以驳斥那众所周知的批评：羞耻构建的伦理生活无可救药地具有他律性，露骨地依赖公众舆论。然而，我在本章伊始处也提到，如果说这些批评

98

〔46〕《欧里庇德斯的〈希波吕托斯〉中的羞耻与纯洁》（Segal, “Shame and Purity in Euripides' Hippolytus”），载《赫耳墨斯》98（1970），第287页。西格尔追随温宁顿－英格拉姆（《希波吕托斯：因果性研究》[R.P. Winnington-Ingram, “Hippolytus: A Study in Causation”]，载《欧里庇德斯：古典对谈录》第六卷，第185页），将希波吕托斯的处境和柏拉图笔下被误解的正义者（正文中随后谈到）平行比照。我们难以确定这一比照有多接近，因为我们并未被确切告知柏拉图的正义者是如何被误解的（引证埃斯库罗斯没有用处，参见注释47）。但是，苏格拉底一案的回响，以及这一例证的普遍特征确实表明，这个人对于正义有不同于习俗的理解：他“表现得”不正义，是因为其他人错误地将他实际具有的性格读解成不合正义的，而不是因为他们按照他和他们都愿意接受的标准错误地认为他的活动是不正义的。如果这解释正确的话，那么，柏拉图的例证中表象和现实的对比就并不完全吻合于《希波吕托斯》中所采用的任何一个对比。

（西格尔也引用过的）人们归之于德谟克利特的一个想法无疑接近《希波吕托斯》所关心的问题：残篇244 DK，πολὺ μᾶλλον τῶν ἄλλων σεαυτὸν αισχύνεσθαι（译注：更该因为自己而不是因为他人感到羞耻）；残篇264 ἑωυτὸν μάλιστα αἰδεῖσθαι（译注：人最应该尊重的是自己，或人最应为自己感到羞耻）。至少后一残篇清楚地表明其主要关注是，一个人不应该因为别人不会知道就去选择做坏事。因此，这也不是什么新奇的思想，不过表达方式可能是原创的。

德谟克利特的其他三个残篇（62，68，89DK）指出，当你品评一个人的性格时，他的欲望和他的行为同样重要。而格斯里对这些残篇的转述则略带道德至上论者的诠释：“在品评一个人的价值时，意图并不次于行为。”（《希腊哲学史》[W.K.C. Guthrie, *A History of Greek Philosophy*] 第2卷，第491页）。这一想法明确地（以完全非康德派的方式）体现在残篇89中：ἐχθρὸς οὐχ ὁ ἀδικέων, ἀλλὰ ὁ βουλόμενος（译注：可恨的不是行不当之事的人，而是想要这么去做的人）。

还有可取之处的话，那也只有在一个更深的层面上才能获得，还没解决的问题是，在更深的层面上找得到任何可取之处吗？如果找得到的话，它应当是在如下事实中：我所说的内在化的他者仍然具有某种独立的身份（identity）：它不是一个人自己的伦理思想的显示屏，而是真正的社会期待的所在。如果有关社会他律性的指控是在这样一个更有趣的层面上成立的话，那么，它的主张必然是，甚至连这抽象的、改良的、寄宿于人的内心生活中的邻人，所代表的仍然是某种真正自律的折中状态。

上述指控最广为人知的形式，来自现代特有的道德思想，尤其是康德派的；不过，在希腊世界也可以找到它的一个版本。这是由柏拉图提出来的。《理想国》循着一条漫长而政治化的路线来追究一个问题，这是格劳孔（Glaucon）在第二卷中以思想实验的形式提出的问题，它从古格斯（Gyges）的隐身指环这样一个想法入手。让我们假定正义的人和不正义的人都脱离了所有相关的社会表现，从所有相应地激励或阻碍这些气质的正常的习俗力量中抽离出来：

> 因此，那最完满的不正义的人应得到最完满的不正义，我们不要有任何克扣，而应让他为自己赢得完满的正义的名声，尽管他做的是最不正义的事……在我们的论证中，让我们在他边上摆上那个正义的人，一个简单而高尚的人，用埃斯库罗斯的话说，一个不愿意显得是而要真正是正义的人。我们必须要排除他显得正义那样的可能性。因为如果他显得是正义的人，那么荣誉与奖赏就会随之而来，那就弄不清楚他成为正义的人究竟是为了正义的缘故，还是为了荣誉和奖

赏的缘故。[47]

柏拉图《理想国》的意旨在于展示这个隔离孤悬、受人误解的正义之士可以获得比其他人更有价值的生活。在柏拉图看来，情形之所以如此，是因为正义者的灵魂将会处于最佳状态，而情形之所以如此，又是因为他知道何为正义。可是，要使这一动机唯我论（motivational solipsism）实验生效，所需的条件还要更多。实验的对象一定得知道他知道 [何为正义]：实际上，他必得处于柏拉图对他的护卫者（Guardians）所要求的那种状态。柏拉图最终告诉我们，城邦中较低的阶层并不拥有行正义之事的自立（self-supporting）动机；唯有护卫者才能拥有，他们已经达至自明（self-revealing）的知识状态。假如其他阶层在不屈从于护卫者的实际权力时能够在伦理生活中幸存下来——这是《理想国》中一个极其晦涩难明的问题[48]——他们**将会**（*would*）需要一个内在化的他者：内在的护卫者（an inner Guardian）。护卫者阶层则不需要它，因为他们内在化了其他的东西，他们心中装载着从自己的理智构造中得来的正义范式（更确切地说，是通过理智构造而在他们心中复生的范式）。

99

〔47〕　《理想国》361A-C。（译注：中译文参照威廉斯的英译，改写自笔者校注的顾寿观译本，岳麓书社，2010 年。）此处的埃斯库罗斯引文似乎是《七将攻忒拜》第 592 行，说的是安菲阿剌俄斯，οὐ γὰρ δοκεῖν ἄριστος, ἀλλ’ εἶναι θέλει.（译注：因为他不愿貌似勇者，而愿真的是勇者。）参见 361B8　οὐ δοκεῖν ἀλλ’ εἶναι ἀγαθὸν ἐθέλοντα.（译注：一个不愿意显得是而要真正是善好的人。）柏拉图确切地想要标示何种对比（见本章注释 46），这并不清楚。不过，它必定不同于有关安菲阿剌俄斯的观点，在一定程度上从 ἄριστος（译注：勇敢）到 ἀγαθός（译注：善好。正文的引文中译作“正义”)的转化促成了这一不同。在安菲阿剌俄斯那里，εἶναι（译注：是、成为）与 δοκεῖν（译注：显得、貌似）的对比，即真实与纯粹表象（或名声）的对比，乃是履行与承诺的对比，实际作为与单纯的夸口炫耀的对照。

〔48〕　见我的《〈理想国〉中的城邦灵魂类比》一文。

这一思想实验的构建包含大量假设。而当它呈现在我们面前时，我们仅被告知这个人是（*is*）正义的，他为一个倒错的或邪恶的世界所误解。据说我们能在这个虚构的情景之外理解这一点。我们获得有关这位正义者本人的种种信念，而且这些信念被视为真实可靠、不可动摇的。但是，假设我们拒绝袖手旁观，也拒绝假定此人的正义。假设我们改变了这一唯我论实验的条件，从行动者自己的角度来加以安排，而不是从我们的或柏拉图的角度；假设我们实际上把它弄成伦理笛卡尔主义（ethical Cartesianism）的操演。那么，我们就应该从如下方面来描述这一情景：这个人以为自己是正义的，但是其他所有人却把他看作是不正义的。如果他被给定的只是这样的有关自己的描述，他的动机最终会有多坚定，就不那么清楚了。此外，我们认为他们最终应该有多坚定，这也不那么清楚了。因为只是给定这样的描述，就没有什么可以表明，他究竟是真正义的孤独坚守者还是受了蛊惑的疯子。

100

当我们想到有人处于一种用格劳孔描述他的思想实验的方式加以描述的境地时，我们就会颂扬他们是道德上自律的人，革新者，或者还可能是，用伯特兰·罗素最喜欢的一句话说，不会跟随众人毁灭的人。* 当我们这样去做，并且试图跨越时间或思想实验的透镜向他们挥手致意时，我们暗自假定他们在伦理上和我们有本质的相通之处。柏拉图和康德尽管方式完全不同，但都认为这相通之处在于理性的能力，这也解释了为什么在他们两位那里，尽管以不同的方式，道德自我实际上都是没有个性的。然而，假如我们现在可以足够合理地认为，理性的能力本身并不足

---

* 译注：罗素在其著作中常引《出埃及记》23：2“你不可随众作恶”作为自己的座右铭。

以区分善恶；假如我们可以更加合理地认为即使理性足以做到区分善恶，把它的作用说成是无可置疑、无需解释，这也并不十分妥当，那么，我们就应该期待这些人的自律存在某种限度，在他们心中有一个内在化的他者去承载真正的社会价值。没有它，有关自律的自我立法的种种信念，就可能难以同达到麻木不仁程度的道德利己主义（egoism）区别开来。

利己主义一词引出这一论争从一开始就隐含的内容。当人们抱怨希腊人的伦理观，或者说至少在古风时期的希腊人那里，是利己主义的，与此同时，因为它因循守旧地依靠他人的意见，它也是他律的，这时，这两条抱怨就会出现持续的、强劲的相互为敌的冲动。哪一个才应该是问题所在：这些人对他人的反应究竟是想得太多，还是想得太少？那唯一能够使这两条抱怨看起来并行不悖的只是这样一个简单的想法：古风时期希腊人的伦理是竞争性的。[49]正是在竞争中，你拥有想要获胜的利己的目标，但你也毫无异议地接受别人制定的规则。在竞争伦理学之下，就像人们所构想的那样，我们援引他人的观点，不过是为了支持习俗所提倡的自我肯定。然而，正如我们所见，这些想法即使用来描述荷马战场上人们的行为举止，也是不恰当的。只要对上述两条抱怨的解释不同于竞争的简单模型所提供的解释，那么，显而易见的是，它们无法并行不悖。这清楚地体现在柏拉图的思想实验中：这实验试图完全排除他律性，但是它的设计所服务的目的，用进步主义者的话说，仍然是利己主义的（尽管它的利己在于自我关注 [self-concern] 而不是自我肯定）。这些不同批评之间的分歧

101

〔49〕　这些交互勾连的假设在阿德金斯那里尤为清楚，见《品德与责任》。

有助于解释进步主义作者们在谈到柏拉图时显著的不安：在通往真正的道德的路途上，柏拉图究竟走了多远？按一种尺度，他已走完全程；换一种尺度，他几乎还未动身。

我们开篇谈到的必然性，埃阿斯所确认的必然性，其根基在于埃阿斯自己的身份，他意识到自己是一个可以在某些社会环境中生活，但在其他环境中则不可以的人，而介于他自己和世界之间的则是他的羞耻感。作为一个受英雄规章（heroic code）所支配的战士，他在个人成就这一狭小的底座上维持身份的平衡。当然，《伊利亚特》中的阿基琉斯与赫克托尔也是这么做的，不过，我们在那些不像他们那样伟大和富有悲剧性的人物那里也可以把握这一特征；例如涅斯托尔回忆他年轻时的功业，伤感地说道："如果我过去还值得一提的话，那也是在众人之中。"[50] 其他荣誉规章也存在类似的想法。卡尔德隆（Calderón）* 笔下的英雄们喜欢说 Soy que soy，"我就是我这样的人"（I am what I am），莎士比

[50]　《伊》11 卷第 762 行。这短语在荷马那里还出现过四次。编辑们已经探讨过 εἰ（译注：如果）的确切效力，而它通常的作用是表明，过去曾有的某一现实，现在已经很难把它带到人们面前。这里引的这段话的读法通常会将 τώς（译注：即 ὣς，这样，如此）和第二个 *ἔον*（译注："是" 这一动词的现在分词）放在一起："如果我过去是这样的话，当时我就是这样"（译注：此段原文为 ὣς ἔον, εἴ ποτ᾽ ἔον γε, μετ᾽ ἀνδράσιν）。但是我认为，很显然 ἔον 应该独立地来读。这也是它在其他地方的含义。在《伊》3 卷第 180 行，海伦并不是说，"阿迦门农就是我的内兄，如果他是我的内兄的话，"而是说"……如果有这样一个人的话"；而在《伊》24 卷第 426 行，ἐμὸς πάϊς, εἴ ποτ᾽ ἔην γε 意味着 "如果我曾经有过一个孩子的话"；将这些段落相互比较对我们大有益处，还可以比较这里引的这段话和《奥》15 卷第 267—268 行 πατὴρ δέ μοί ἐστιν Ὀδυσσεύς, / εἴ ποτ᾽ ἔην（译注：我的父亲现在还是奥德修斯 / 如果他曾经是的话），以及《奥》19 卷第 315 行 οἶος Ὀδυσσεὺς ἔσκε μετ᾽ ἀνδράσιν, ει᾽/ ποτ᾽ ἔην γε.（译注：就好像奥德修斯在众人中那样，如果他从前是那样的话。）

*　译注：应指西班牙剧作者彼德罗 · 卡尔德隆 · 拉 · 巴尔卡（1600—1681），著有《隐居的夫人》《忠贞不渝的王子》《人生如梦》等作品。

亚的佩罗列斯通过剔除和否认的方式，精彩地阐明了同样的想法：

> 我还是应该知足，如果我的心高贵
> 这一回就要崩裂了。我再也不是营长了，
> 但是我要吃得、喝得、睡得舒舒服服
> 就像营长那样。我就是这样的东西，
> 它让我活下去……
> 生锈吧，剑！冷下去吧，红涨的脸！佩罗列斯，
> 稳稳当当地在羞耻中活着吧！[51]

102

然而，并不只是荣誉规章特殊的、危险的要求才包含着有关一个人的身份的意识。没有这些特殊的价值和期待，羞耻的结构仍然可以不变。羞耻在古代世界中的伦理作用曾经用在某些我们不再分有的价值上，而我们也承认罪责的独立存在。但是，羞耻仍然继续为我们起作用，就像它以实质性的方式为希腊人起作用一样。通过情感而意识到一个人是谁和他希望成为什么样的存在，羞耻就这样介于行为、性格和后果之间，也介于伦理的要求和生活的其他方面之间。无论它起作用的对象是什么，它都要求一个内在化的他者，然而，一方面，这他者并不是仅仅被指派为具有独立身份的社会群体的一个代表；另一方面，行动者会尊重这他者的各种反应。与此同时，内在化的他者这一形象并没有完全萎缩成这些共同价值的挂钩，而是包含着对真正的社会现实的

---

〔51〕《皆大欢喜》4.3.330-334, 337-338。（译注：朱生豪译为《终成眷属》，此处译文参照梁实秋译本，略有改动。）

暗示——尤其是暗示了，如果一个人用一种而不是另一种方式行事，他同他人在一起的生活会是什么样的。甚至对古风时期的希腊人来说，这已经在实质上成为他们的伦理心理学，而且，尽管现代人将罪责孤立出来，它仍然构成我们自己的伦理心理学的一个实质部分。

103

第五章　必然的身份

此刻，我们位于两种必然性之间。在我们面前，荷马的、悲剧的，尤其是索福克勒斯的人物，据说经验到一种必然性（a necessity）要去按一定的方式行事，他们深信自己必须要去做某些事情，而在前一章中，我提出，我们应该通过羞耻的运行机制来理解这一点。这必然性的根源在行动者之中，亦即某个行动者会尊重其观点的内在化的他者。实际上，行动者可以认同这一他者形象，而这里的尊重在这一意义上就是自我尊重；但是，与此同时，这形象仍然是真正的他者，体现着真实的社会期待。极端来说，这必然性的意义在于这样一个想法，它认为一个人做了某些事情之后，他就没法活下去和直视他人的目光：这想法可以或多或少是象征性的，但也可以非常死板地从字面来理解，就像在埃阿斯那里一样。这些必然性是内在的，其根基在于行动者的 *ēthos*（译注：性格），规划和个体本性，也在于行动者以何种方式构想他的生活与他人生活之间的关系。

与上述必然性相对，有人或许会说，在世界的另一端是神圣的必然性。在希腊世界中，它并不被看作某种单一的世界历史的（world-historical）或救赎性的计划，如同犹太人和基督徒那里一样。当荷马在《伊利亚特》的开头说怒气一现，众人遭屠，“宙斯的安排就这样实现了”[1]，这安排不是为了全世界，甚至也不

104

〔1〕《伊》1 卷第 5 行；参见第三章注释 5。

是为了整个特洛伊战争，而无论如何（正如荷马常常提醒我们的那样）[2]特洛伊战争并非全世界。对于希腊人来说，神圣必然性甚至不构成对某个个体的安排，除非是在非常特殊的情况下。然而，世界确实包含着各种力量，它们使得某些结局对于该个体成为必然：它们是必然的结局因为它们完全无法避免。从种种事件的发展朝向一个特定的结局这一意义上说，神圣的必然性是有目的性的。有时，尽管并非总是如此，从其由一个具有行为动机的超自然能动力量设计这一点来说，神圣的必然性也有其目的。外在的神圣必然性和与之相随的一些想法，将是下一章所关注的问题。

通常，行动者并不能预先完全意识到超自然的必然性。他们或许会觉察到其中牵扯某种必然性，但并不确定是什么样的必然性；对他们来说，这些结局在当时看起来可能更像是运气。正是在这一意义上，在《埃阿斯》（第 803 行）中，特克墨萨试图阻止埃阿斯在白天杀死自己——神谕曾说如果他活过那天他就能活下去——，她可以请求她的朋友们“挡住必然的机遇”，*anangkaias tuchēs*。

这一短语借助这样的词语组合，令人不安地将大多可资利用的有关超自然必然性的想法结合起来。然而，特克墨萨在剧中早

〔2〕 荷马在其他地方尤其会经常提到众英雄们来自何方，例如《伊》18 卷第 101—102 行，9 卷第 393—394 行；提到过去的时光和和平时代，例如 18 卷中写到的盾面上的景象和比喻所刻画的种种活动；提到未来的时代，例如 12 卷第 13—34 行中讲述了波塞多和阿波罗在战争之后如何清除希腊人的壁垒的印记，在 7 卷第 67—91 行中写到赫克托尔的挑战，这将他自己的业绩同未来联系起来，他说一个日后出生的人会从他的船上看到一个英雄的坟冢，那被赫克托尔多年前所杀的英雄之墓，τὸ δ’ ἐμὸν κλέος οὔ ποτ’ ὀλεῖται.（译注：日后会有人这样说，而我的名声将不朽。）

些时候（第 485 行以下）已经用过同样的短语，实际上也是在这样的意义上，不过同时具有更加日常的含义。她先前曾对埃阿斯说：对人类来说没有比“必然的机遇”更大的恶了，她引了自己的例子：她曾有一个自由而富有的父亲，现在却成了个奴隶。“这或许是众神所决定的，但首先是由你自己的手决定的”：从对众神不确定的猜测转向对埃阿斯的非常确定的断言，这变化带来有关 *anangkaia tuchē*（必然机遇）的想法的转变。她的坏运气或许已经在星辰中写定，但毫无疑问的是，是外力（force）将坏运气强加给她，而外力的威胁或在场又使之得以延续。尽管在特克墨萨自己的例子中，她对埃阿斯的态度曾将这想法放在一边。此种必然性当然不向受害者隐藏。实际上，最常见的情况是，这必然性之所以发挥作用，是因为它以当下威胁的形式清楚地出现在受害者面前；即使当这威胁成了现实，而行动者在身体上受人强制时，他的意识可能就再也无关紧要了——发生的事情只是碰巧发生在他身上。*Bia*，外力，和 *Kratos*，身体强制（physical constraint）*，——同在赫西俄德那里一样，它们在《被缚的普罗米修斯》开篇成了一对人格化的神，——大家都知道它们承载着某类特殊的 *anangkē*，必然性。（泡撒尼阿斯提到过上达科林斯卫城的路上有外力神和必然神的神祠。）〔3〕修昔底德使用该词时，采用了带有不祥含义的复数，他说雅典人对待那些未能交纳贡品的臣属城邦非常苛刻，由

105

---

* 译注：*kratos*，在希腊语中通常指力气、威力、强力、武力，在荷马那里尤其指“身体的力量”（参见《希腊语词典》），罗念生的《普罗米修斯》译本中将其人格化的形象译为“威力神”。此处，威廉斯的读解似乎强调这一力量对于行动者身体的强制作用。

〔3〕 赫西俄德《神谱》第 385 行以下，韦斯特（West）此处的注解提到泡撒尼阿斯（译注：公元 2 世纪希腊地理学家和历史学家）的《希腊志》2 卷 4 章 6 节。Προςάγοντες τὰς ἀνάγκας（译注：强加必然之事），修昔底德《伯罗奔尼撒战争史》1 卷 99 章 1 节。

于将 *tas anangkas*（译注：*anangkē* 的复数，此处指命定的或必然的灾祸或苦差）强加给那些不情愿的民众，雅典人给自己树下了仇敌。

强制（coercion）既可以是坏运气的原因，也可以是其结果，而古代世界随处可见的一个坏运气的范式，正是因为军事征服而被人奴役，就像赫卡柏在《伊利亚特》中所提到的，曾经发生在她的几个儿子身上的那样：

> 就在那时，那捷足的阿基琉斯抓住了他们
> 要把他们当作奴隶出售，跨过那永无宁息的咸水，
> 卖到萨摩斯、英布罗斯和烟雾弥漫的利姆诺斯。[4]

当赫克托尔预感到特洛伊的陷落时，这正是他最为之遗憾的事情："这些都不会让我操心"，他对安德罗马克说：

> 都不会像我想到你时那么操心，当身披铜甲的
> 阿开奥斯人把你带走，在你的泪水中夺取你自由的光阴；
> 在阿尔戈斯，你将不得不在别人的指使下劳作……
> 你毫不情愿，可是强大的意愿将是压迫你的必然命运

〔4〕　《伊》24 卷第 750—753 行。不过，占领一个城市的标准做法其实是杀掉男人，奴役女人；关于这一点和这一段，见雷德菲尔德，第 120 页。这也出现在历史之中，例如伯罗奔尼撒战争：如公元前 421 年的赛瓮尼，见《伯罗奔尼撒战争史》5 卷 32 章 1 节；还有公元前 416 年的弥洛斯的例子，它因为修昔底德第 5 卷的对话而闻名。在《奥德赛》中，一个男人可能会在异邦人中成为奴隶。14 卷 272，第 297 行。

（necessity）。[5]

106　在本章中，我首先将要关注，这一类极为根本的灾难在观念世界造成的某些后果，更宽泛地说，奴隶制的后果；再宽泛一些说，我要关注希腊人所承认的如下事实：在他们的世界中，人的整个生活，别人对待他的所有方式，他的伦理身份，可能都取决于机遇。

我这里尤其关注的是，我在本研究伊始时提到的对历史现象的哲学理解。关于古代奴隶制，已知的很多，未知的也很多；不幸的是，很多已知的东西，对我来说是未知。我关于它不得不说的话，与其说是为了增添我们对它作为社会制度的理解，不如说是试着帮助我们理解某些希腊人对它的某些评论。我希望这也会帮助我们更好地理解，我们为何把它和希腊人其他一些做法当作不义之事加以抵制。这尤其会提出一个我们先前遇到过，并且还会再次出现的基本问题：我们对奴隶制度的抵制，对其他我们视为不义的古代做法的抵制，这在多大程度上取决于古代世界没法利用的现代思想？

就像摩西·芬利（Moses Finley）强调的那样[6]，希腊和罗马奴隶制是一个新的发明，其模式在历史上并不多见。实际上存在一系列不同的制度，它们通过现代理论得以区分，并且在一定程度上在古代也是相互区别的。斯巴达的黑劳士（helots），尽管很多人把他们看作奴隶，并不是动产奴隶（chattel slaves），而是

---

〔5〕　《伊》6卷第450行以下。

〔6〕　例如《古代奴隶制与现代意识形态》（*Ancient Slavery and Modern Ideology*），第67页。关于这一主题，我大大受益于芬利的这部著作和其他作品。

所有附属臣民，或许可以归为“国家农奴”；他们以随时准备反叛而声名远播。[7]

不过，雅典的奴隶却是名副其实的动产奴隶，个人财产的一部分——用亚里士多德的话说，“活的财产”。亚里士多德向来有能力在不可能的地方发现日常语言哲学的有趣之处，他指出尽管一个奴隶主当然可以说另一个人是他的奴隶，同样的一个奴隶也可以说另一个人是他的主人，但是，只有奴隶主才能说另一个人是**他的**（*his*）。[8] 奴隶就自身来说不拥有任何法律权利，尤其是婚姻或家庭法领域的权利。有些奴隶得到许可作为夫妻住在一起，但是这样的结合，以及奴隶和他们的子女的关系常常被破坏，这一做法似乎到了公元 4 世纪才受到挑战。[9] 当然，奴隶们

107

〔7〕　柏拉图在《律法篇》776B 以下将他们同奴隶类比；在修昔底德（5 卷 23 章 3 节）提到的公元前 421 年斯巴达和雅典的合约中将他们称为 ἡ δουλεία（译注：奴隶阶层）。关于涉及麦西尼亚人特定条件下的条款，见泡撒尼阿斯《希腊志》4 卷 14 章。（译注：此处引用可能有误，泡氏在该书中提到某些麦西尼亚人沦落到黑劳士的境地，或与黑劳士混同，但并不在此章中，而在 4 卷 16 章和 25 章。）圣克鲁瓦《奴隶制与其他形式的非自由劳动》（G. E. M. de Ste Croix, “Slavery and Other Forms of Unfree Labour,” 收入莱昂尼・阿彻 [Leonie Archer] 编辑的同名著作）断言他们是“国家农奴”。埃弗尔司们（译注：*ephors*，斯巴达民选的监察官，每年五人，与国王共享权力。）每年就职时都不得不向黑劳士宣战，以致他们变成城邦的公敌，必要时可以屠杀而不招致污染（普鲁塔克《吕库古传》28 章 7 节）。圣克鲁瓦指出（第 24 页）一个政府正式地向自己的劳动力宣战，这一不同寻常的做法很可能绝无仅有。关于他们相比他人随时准备反叛，见《伯罗奔尼撒战争史》4 卷 80 章 3 节，亚里士多德《政治学》1269a38-39。

〔8〕　亚里士多德《政治学》1253b32，1254a9。

〔9〕　Quem patrem, qui servos est?（译注：一个奴隶算什么父亲？）普劳图斯《俘虏》第 574 行，引自芬利《古代奴隶制与现代意识形态》，第 75 页。这绝不是说所有地方的做法都一样。克里特岛的格尔蒂法典（Gortynian code）允许自由的妇女同不自由的男子结婚（但是，反过来可能就不行）；威利茨在讨论公元前 5 世纪早期阿尔戈斯的状况时引用了这个例子，《阿尔戈斯奴役制度的中断》（R.F. Willetts, “The Servile Interregnum at Argos”），载《赫尔墨斯》87（1959）。

在性的方面任由他们的主人利用。[10]

对于这一制度的意识形态来说，重要的是奴隶大多是蛮族，不说希腊语的人，通常来自北方和东北。（公元前 5 世纪和前 4 世纪早期，雅典拥有由西徐亚 [Scythian] 奴隶构成的警力，他们住在帐篷中，是许多段子的笑料。）[11] 奴隶的供给必须更新，但这并不必然牵扯到正规战争。亚里士多德说，俘获他人成为奴隶所需要的技巧是"一种狩猎技艺"；做一个奴隶商人，在人们看来既危险又不受欢迎。[12]

和其他地方一样，在古代世界，动产奴隶的一个悖论是，在不同的生活侧面，我们会发现自由人和奴隶之间的社会距离也会发生变化。在希腊，自由人和奴隶肩并肩地工作。色诺芬说，"那些有能力的人还买奴隶来做他们的工友。"正如芬利（Finley）所论[13]，并不存在这样的奴隶雇工，除非是家务活，还有一种常见的情况就是采矿。唯一完全使用自由雇工的是法律界、政界和兵役（但不包括海军）。我们从资料中得知，共计 86 个工人参加了公元

〔10〕 罗马的情况，参见贺拉斯《闲谈集》1 卷 2 篇第 116—119 行；老塞涅卡（《论辩集》4 卷前言 10 节）在评述被动鸡奸时指出，在自由人中这算 impudicitia（译注：无耻行径），对于奴隶是必然义务，对于被解放的奴隶则是 officium（译注：服务项目）。

〔11〕 例如阿里斯托芬《地母节妇女》第 930—1125 行，《吕西斯特拉特》第 435—452 行。其他材料见托马斯·维德曼《希腊与罗马奴隶制》（Thomas Wiedemann, *Greek and Roman Slavery*）。

〔12〕 阿里斯托芬《财神》第 520 行以下。"一类狩猎或战争的技艺"，亚里士多德《政治学》1255b37。

〔13〕 色诺芬《回忆苏格拉底》2 卷 3 章 3 节，芬利《古代奴隶制与现代意识形态》，第 81 页；关于厄瑞克忒翁神庙，见第 101 页。似乎雕刻师、画师、建筑师并不是奴隶：关于建筑师，见詹姆斯·库尔顿《工作中的古希腊建筑师》（James Coulton, *Ancient Greek Architects at Work*）第一章（这一点我得益于安德鲁·斯图亚特 [Andrew Stewart] 先生）。

前5世纪末期厄瑞克忒翁神庙的建造：公民24人，外侨（metics）*42人，奴隶20人，都是熟练工匠，他们每天的薪酬全都一样。

108

与此同时，奴隶仍然同自由人隔离开来，尤其是通过围绕他生活的暴力。（和其他地方一样）奴隶被称为“小家伙”，*pais*，有一个笑话说*pais*一词源自*paieín*（打、揍）。[14] 至少公共奴隶会被刻上烙印，正如色诺芬所见，这使得他们要比金钱难偷得多。[15] 狄摩西尼指出，自由人和奴隶的巨大差异在于，奴隶就他或她的身体来说，是要受人驱使的。出自奴隶的证据，只有当它是从酷刑下压榨出来时，在法庭上才是可以接受的。在吕西阿斯的演讲中，一个男子不愿让他的奴隶姘妇遭受酷刑被引来作为反对他的证据。[16]

现代经验表明人们可以并肩工作，即使他们所享有的一系列权利天差地别，而且他们的社会身份要求不同的对待方式。使得古代奴隶制不同寻常的是，一个人能够迅速地从一种身份转向另一种。有些人生来就是奴隶，但你也可以因为被俘而从自由人变成奴隶，这一点正如我们所见，是人所周知的灾祸，糟糕的运气。但是，通过解放你同样也可以不再做奴隶。在罗马，奴隶解放后获得公民权，但是希腊人那里并非如此：在雅典，解放了的

---

* 译注：metic通常指经许可居住在城邦中的外籍人士，他们参与城邦的商业、手工业和教育，但不享有完全的政治权利，详见下文。

〔14〕 阿里斯托芬《马蜂》第1297—1298行、第1307行。

〔15〕 σεσημασμένα τῷ δημοσίῳ σημάντρῳ（译注：给公共奴隶刻上烙印），《雅典的收入》4章21节。色诺芬提议开始一种崭新的城邦占有奴隶的方式，但他所提到的一定是某种人们熟知的做法。阿里斯托芬《鸟》760与此一致，将烙印只用在被抓回来的逃跑奴隶身上。

〔16〕 狄摩西尼《演说集》22篇3章，安提丰《四辩集之一》2.7；亚里士多德《修辞学》1376b31以下；吕西阿斯《演说集》第4篇10—17节。

奴隶是外侨（metic），定居于此的外邦人，这一地位所拥有的权利少于公民，但已经和奴隶有天壤之别。奴隶解放至少从公元前4世纪起就相当常见，它包含着极不寻常的转变：正如一位学者所言，解放了的奴隶从权利的客体转变为主体，这是人们可以想象的最彻底的蜕变。〔17〕

在古代晚期，有关奴隶制的律法变得繁复，有时，当它试图弱化其专断（arbitrary）特征时，这看起来不过是为这整个体系，律师们的体系，增添了另一种专断。按照罗马法，如果一个女子怀孕时是自由人，但是生育时却成了奴隶，那么这孩子的自由就得到承认，《学说汇纂》（the *Digest*）不无得意地加以评论，"母亲的厄运不应伤害子宫中的孩子。"〔18〕从一开始，人们就承认奴隶制的专断性。当然也有人由此进一步得出奴隶制难以捍卫的结论。他们的观点没有多少保留下来，不过有这样几行著名的诗句写道：

109

> 即使某人是奴隶，他也拥有同样的肉体，因为没有人
> 天生就是奴隶：是机遇奴役了他的身体。

阿尔希达马斯（Alcidamas，高尔吉亚的学生，伊索克剌忒斯的同代人）的麦西尼亚演讲据说也有类似想法：

> 神让众人自由地开始生命之旅；自然从没有让任何人成

〔17〕 E. 利维，引自芬利《古代奴隶制与现代意识形态》，第97页。

〔18〕 《学说汇纂》I.5.5（引述马尔西安 [Marcianus]）。（译注：Digest为公元6世纪东罗马皇帝查士丁尼命令完成的法学家学说的汇编，共50卷。马尔西安，公元3世纪的罗马法学家。）

为过奴隶。[19]

一位19世纪的亚里士多德著作评注者指出：

> 从奴役到自由以及从自由到奴役的转变轻而易举，人们的地位依赖偶然事件、不可抗力和人们的意愿……以下观点因此应时而生：奴隶制的根基是习俗，不是自然。[20]

说某物出于习俗，这并不必然意味着它是不合正义的；即使在公元前5世纪后期，自然与习俗的对立在政治学和伦理学问题的讨论中起着尤为重要的作用，也不会必然得出这样的结论。然而，奴隶制不仅出于习俗，而且它的影响具有专断特征，假定它让奴隶们极为不快（这一点没有人会去否认，至少在斯多亚派晚期高调地接纳［奴隶制］之前不会），由此不难得出亚里士多德用他那最为精简考究的文风总结的如下结论：

> 可是，另一些人却认为占有奴隶[despozein，“做他们的主人”]违反自然（因为一个人是奴隶，另一个人是主人，这

110

〔19〕　柯克（Kock）将第一个残篇（残篇95）归于公元前4世纪的喜剧作者菲勒蒙，但在这点上，他依从迈内克（Meineke），延续了拉特格斯（Rutgers）1618年誊抄一部罗马文集时所犯的错误，即所谓的《米南德与菲利斯迪翁之比较》。参见卡塞尔与奥斯汀《希腊喜剧诗集》（R. Kassel and C. Austin, *Poetae comici Graeci*）第七卷第317页。这些诗句的作者和日期都无从考证。

阿尔希达马斯，出自亚里士多德《修辞学》1卷13章3节之古本旁注：ἐλευθέρους ἀφῆκε πάντας θεός, οὐδένα δοῦλον ἡ φύσις πεποίηκεν。以上译文试图把握 ἀφῆκε 的两层含义，“派遣”和“使……自由”。

〔20〕　纽曼《亚里士多德的〈政治学〉》（W. L. Newman, *The Politics of Aristotle*）第一卷，第139—142页。

是由习俗而定，就自然而言，并不存在差别），因此，这也是不合正义的，因为它是由外力所强加的 [biaion gar]。[21]

无人不知，亚里士多德《政治学》第一卷试图回应上述指责，并且证明奴隶制在一定意义上是合乎自然的。他的尝试并没有得到现代评论家们的认可，他们大为震惊，亚里士多德在这辩护过程中所说的不同内容，彼此间无法完全融贯，也没法和他别处的言论相调和。[22] 这些不融贯处中，有些显然是意识形态的产物，是试图在伦理学上化圆为方的结果。比方说他把奴隶对主人的屈从比作身体对灵魂的服从。（这一类比甚至不适用于情感和理性的关系，因为后者预留来解释女人和男人的关系。）但与此同时，他又不得不允许奴隶拥有足够的理智来理解别人对他们说的话。就像他不止一处提到，在很多方面奴隶们更像家畜，不过这些家畜（以一种相当怪异的方式）能够解释命令、通过理解而服从，并且展示或优或劣的性格。不过，在理想状态中，主人和奴隶应当成为朋友；亚里士多德在别的地方谈到这一可能性时不那么确凿无疑，只是说当一个奴隶“**作为**人而不是奴隶”的时候[23]，人

---

〔21〕　《政治学》1253b20-23。（译注：以上译文参考了吴寿彭译本，有较大改动。）

〔22〕　福腾博的《亚里士多德论奴隶和妇女》（W. Fortenbaugh, “Aristotle on Slaves and Women”）试图证明至少按照亚里士多德自己的前提，他的论证是成功的，见《亚里士多德研究论文集》（*Articles on Aristotle*）第二卷，J. Barnes, M. Schofield, R. Sorabji 编著（伦敦，1977）；尼古拉斯·史密斯对此提出犀利的批评，《亚里士多德的自然奴隶制理论》（Nicholas D. Smith, “Aristotle's Theory of Natural Slavery”），载《菲尼克斯》37（1983）。亦见马尔康姆·斯科菲尔德《亚里士多德奴隶制理论的意识形态与哲学》（Malcolm Schofield, “Ideology and Philosophy in Aristotle's Theory of Slavery”），载《亚里士多德的〈政治学〉：第十一届亚里士多德大会》，帕齐希（G. Patzig）编著。

〔23〕　《政治学》1255b13；《尼各马可伦理学》1161b5。

可以和他做朋友，而这不过是以一种更胜往常的方式，运用他最不让人满意的哲学策略来逃避问题。这些不融贯和紧张之处耐人寻味。不过，现代评注家利用它们的方式也有耐人寻味的地方。评论家们显然对哲学家的结论感到尴尬，而当他们发现哲学家的论证中有迹象表明他本人也可能会为此尴尬，他们就解脱了；至少，他们乐于从中得到鼓励，可以将这些立场从他的整个著作中孤立出来。和柏拉图明目张胆地攻击自由和民主的主张不一样，亚里士多德可以看成是在表达更加慷慨和富有雅量的人文精神，人们有强烈的积极性去为这样的世界观寻找一个核心，以便把他那些不那么合意的主张推到一边。亚里士多德的方法也为此提供了动力。没有人打算像柏拉图那样写作，或成为他那样的人。但是，亚里士多德则不同，哪怕人们对他天赋的高低只有模模糊糊的认识，他看起来还是为哲学家们确认他们学科的可能性提供了让人安心的保障，而他所凭仗的是一种无所不在的深思熟虑，要模仿它，那再容易不过了。

111

实际上，亚里士多德有关奴隶制的论证在他的著作中完全不是出轨之举。当然，它完全不同于别人对这一制度的处理，但是，它不走寻常路的方式深刻地表达了亚里士多德自己的世界观。这论证前后不一致，它之所以如此，并不简单地只是因为奴隶制本身，而是出于亚里士多德的要求，他对奴隶制该如何加以理解的要求。我将比较详细地考察他的论证，它和我的议题相关的地方不止一处。我希望，它会帮助我们理解希腊人对奴隶制的看法，以及，如果可能的话，我们自己的正义观。它也会阐明如下真理：如果说还有什么比接受奴隶制更坏的东西，那就是去捍卫它。

在前面的章节中，我试图证明希腊人的世界观，尤其是古风时期的和公元前 5 世纪的希腊人，要比我们通常所设想的更接近我们自己的世界观。此外，我们不应该认定，哲学的进步，柏拉图和亚里士多德的理论构造，总是能使我们更接近一种我们心目中对所讨论问题的确切把握。这里只是此种观点的另一个例证，不过非常不同于我们先前遇到的例子罢了。希腊人拥有动产奴隶制度，他们的生活方式，正如它实际运行的那样，假设了这一前提。（他们是否像需要抽象的经济必需品那样需要奴隶制，这是另外一个问题：这里的论点仅仅是，如果假定了实际的事态，他们就不可能通达这样一种生活方式，它既能保存对他们有价值的东西，同时又能够不借助奴隶制做到这一点。）几乎所有的人都把奴隶制看作理所当然。但是，这并不意味着他们没有办法来表达它的错误。就像我们看到的，有一些人用宽泛而抽象的术语这样去做了。还有奴隶们自己不那么理论化的抱怨，这在戏剧中很常见，当然在日常生活里也有。要说出奴隶生活的恶劣之处并不难，所有地方的奴隶都说过。同样地，希腊世界的自由人也能看到，一个人变成奴隶，这是何等难以理喻的灾祸。可是，一旦他们拥有了整个体制，要去想象一个没有奴隶制的世界，他们发现这要困难得多。出于同样的理由，他们不会太过严肃地对待奴隶的抱怨。他们找不到任何东西来替代这体制，而一旦假定了这体制，如果奴隶们不去抱怨，不从他们的角度去抱怨，这反而会让人吃惊。然而，希腊人通常并不会认可的想法是：如果体制管理得当、理解得当，那么，没有人，包括奴隶在内，有理由去抱怨。可是，这样的想法正是亚里士多德给出的结论。

晚近有作者指出，有关奴隶制是否合乎自然的论争并不涉及“是否应该有奴隶，而是为什么应该有奴隶”。[24]这从某个方面说是对的，但它使问题简化了。亚里士多德，毫无疑问还有几乎所有其他讨论过这问题的人，都认为，如果有人问是否应该有奴隶，这问题很快就有答案：他们是必要的。他认为他们在技术上来说是必要的：他明确地承认，但只是在前－科幻（pre-science fiction）的层面上，假如有自我驱动的工具可以完成这些技术工作，“或者是听了我们的命令，或者是它自己察觉到这需求，”那样就不再需要奴隶了。亚里士多德自己对于奴隶有多必要这一点，态度并不一致；对于家庭来说，他们当然是必要的，可是对于农业来说，尽管奴隶是最好的，但他自己后来在《政治学》中也承认其他安排也是可能的。[25]不过，一般来说，他认为他们是必要的；而这已经表达出他会说奴隶制是合乎自然的一层含义。奴隶制对于*polis*（译注：城邦）中的生活是必要的，而*polis*是交往的自然形式：它通过恰当的劳动分工成为人类在这样的共同体中生活的自然条件。

113

如果我们承认这些前提，亚里士多德已经表明为什么应该有奴隶；实际上，他甚至已经在一定意义上表明应该有奴隶这一点合乎自然。不过，从他自己独有的意义来说，他甚至还没有开始论证这一结论，而接下来他不得不走的一步，非常清楚地显明了他意欲何为。眼下，亚里士多德依据自己的假设表明，总有人不得不在别人的权力之下。这并不能决定谁应该在谁的权力之下。我们所得到的只是，某些人应该成为别人的主人，这是必然的、

〔24〕　马尔根：《亚里士多德的政治理论》（R.G. Mulgan, *Aristotle's Political Theory*），第43—44页。

〔25〕　《政治学》1254b结尾（译注：误，应为1253b33以下），1330a25。

合乎自然的；到目前为止，哪些人是哪些人的主人，这仍然可以是专断的。然而，如果这是专断的，那就如他所言，它就可以证实有关奴隶制不合正义的指控。

更糟的是——或者说，至少从亚里士多德通常的观点来看更糟的是——人们会想到，在这个地方留下一个空白，这可能会在有关何谓自然的论述中产生矛盾。亚里士多德思想中极为关键的是这样一个对比：一面是合乎自然的，另一面则是 *biaion*，也就是自外施加的强制或外力所产生的结果。在亚里士多德的物理学中，由此产生元素自然运动的理论：依据其自然本性，气和火向上运动，水和土向下，除非它们受到强制而做其他运动。对于亚里士多德的科学来说，事物的“自然倾向”从根本上关系到它们是哪一类的事物。人类也可以有自然倾向，而与这样的倾向相反的则是 *biaion*，包含着外力或强制的作用。

很大程度上，同样的事情反过来说也是对的：在一个健康的、未被腐蚀的成年个体那里，行为举止如果一般性地需要通过强制压抑（constraint）才能产生，它就是不自然的。然而，如果奴隶制是以专断的方式而强加的，它就需要这样的强制性的外力才能实现：没有任何可以过自由人的生活的人愿意成为奴隶。这证明了，对于那不得不过奴隶生活的人来说，他的生活是不合乎自然的。因此，如果我们不能再往前推进的话，那么，自上而下的论证，或许我们可以这样叫它，表明应该有奴隶这一点合乎自然，现在却遭遇了自下而上的相反论证：没有人自然地就是奴隶。当问到奴隶制能否看作“自然的”制度时，很重要的是要知道，这里实际有两个问题。如果指向这一结论的论证只能达到我们目前所到的这一步，那么，将奴隶制视为自然安排的

114

理论（粗略地说）最终就会成为现代数学所说的形式系统不相容（omega-inconsistent）*：有人应该成为奴隶，这是合乎自然的、必然的，但是对每个人来说，他或她应该成为奴隶则是不合乎自然的。

亚里士多德因此必须再推进一步，由此得出他独有的结论。他不仅论证了有人（某人或别的人）应该成为奴隶，这合乎自然，而且论证了确实存在这样的人，对他们来说合乎自然的是，他们应该成为奴隶，而不是其他别的人。实际上，亚里士多德必须证明的，并且他也小心地指出来的〔26〕，只是存在着两两匹配的人群，他们之间是主人和奴隶的关系。然而，既然奴隶的工作是通过他作为工具或畜力（workhorse）而加以确定的，而且，成为奴隶的条件是绝对的〔27〕，那么，就必须在奴隶和非奴隶之间找到鲜明的差异。亚里士多德诉诸身体的差异：奴隶的身姿天生就是卑躬屈膝，而自由人的身姿笔直挺拔。这一古风时期贵族统治的要素，可以追溯到，比如说，忒俄格尼斯（Theognis）：

> 奴隶的头从不笔直，总是弯曲，他的背也是歪斜的。海葱里从不长玫瑰或风信子：奴隶女人也生不出自由的孩子。

---

* 译注：哥德尔引入的数理逻辑概念，一个形式系统相容的理论不仅仅在句法上是相容的，也就是说不包含相互矛盾的命题，而且它也要避免直观上相互矛盾的结论。

〔26〕 请注意 1254a15-17 中的推导次序以及第 5 章开始紧随的问题。黑格尔在为奴隶制是关系概念这一明显事实附加深度内容时，他在这一点上以及其他许多方面都是在追随亚里士多德。

〔27〕 1259b34 以下，亚里士多德不得不提出一个特别的观点：在命令和服从之间没有程度的区别。由于这不仅仅是一个有关语言的论点，因此，它就是认定我们所需的制度一定是奴隶制这一主张的产物。

不过，对亚里士多德来说，重要的是人们所假定的主人之于奴隶在心灵上的优越性。在让这种优越性契合必要的身体差异，契合对观察到的事实的合理解释时，亚里士多德遇到了困难，这并不让人吃惊。他承认角色分配失当的现象确实大量存在：

115

> 自然力图将自由人的体格同奴隶的体格区别开来，后者在体力上适合必要的劳役，而前者身材笔直，不适合那样的工作……可是，相反的情形常常发生，有些人有自由人的体格，另外一些人却有其灵魂。[28]

这段的最后一句简直是个灾难：它不得不承纳他必须说出来的谬误，也要承纳他不必说出来的谬误（例如，有些自由人的角色应当变动以成为奴隶），而且这论断已经不堪压力而崩塌，连它在句法上究竟该如何解读，都在学者中掀起极大争议。这些想法，连同希腊人关于蛮族的奴隶本性的偏见，成了面相学和其他现代臭名昭著的意识形态神话的远祖。[29]

认为奴隶制是合乎自然的，或者可以说，“**一以贯之**”（*all the way down*），而且自上而下的论证表明，奴隶制对于人类生活在其

〔28〕　忒俄格尼斯《诗集》535;《政治学》1254b27。

〔29〕　亚里士多德认为蛮族没有观察到奴隶和妇女的差异，并且将妇女当成奴隶对待，因为她们每个人都像奴隶一样，这一论证见 1252a34 以下。关于蛮族奴隶本性的老生常谈，见欧里庇德斯《海伦》第 246 行，（亚里士多德引用的诗句出自《伊菲革涅亚在奥利斯》第 1400 行）关于 βάρβαρος 一词的多重内涵，以及什么样的人算作蛮族，参见海伦 · 培根《希腊悲剧中的蛮族 》（Helen H. Bacon, *Barbarians in Greek Tragedy*）。亚里士多德著作中的面相学材料，见劳埃德《科学、民间故事与意识形态》（G.E.R. Lloyd, *Science, Folklore and Ideology*），第 22—25 页。关于现代对人种的身体特质的“科学”研究，见斯蒂芬 · 杰伊 · 古尔德《人的错误度量》（Stephen Jay Gould, *The Mismeasure of Man*）。

中可以最完善发展的那类共同体来说是必需的，与此相匹配的是自下而上的论证：存在着这样的人，他们的角色不违背自然，也不包含任何真正的强制：所有这些想法在古代世界都没有多少前途可言。只是在很久以后，才会有人重新召唤它们，把它们同现代奴隶制露骨的种族主义意识形态结合在一起，尽管它们那时所起的作用要次于圣经（用芬利的话说，“博学的粉饰”）。[30]

古代世界后来似乎不再把奴隶制看作一个政治哲学问题，它青睐更有启发性的尝试，去证明奴隶制对奴隶并不真的有害；尤其是证明真正的自由是精神的自由，而奴隶也可以，甚至能够更好地获得这种自由。塞涅卡为这一态度提供了最为清晰，当然也是更加可憎的阐释：

> 认为奴役在一个人那里一以贯之，这是错误的。他更高贵的部分是不受奴役的。他的身体属于主人，屈从于他，可是灵魂却是自主的，它如此自由，没有任何囚笼可以将它拘禁。……命运交给他的主人任其买卖的，只是他的身体；他内里的部分绝不会作为财产交付。

116

这一主张，还有许多与之亲近的基督教主张显然迥异于亚里士多德的看法[31]，因为它们求助于某种二元论，或类似的人性图景，人们最为本质的特征和利益通过它，得以超越经验的社会世界及

〔30〕《古代奴隶制与现代意识形态》第18页。

〔31〕塞涅卡《论恩惠》3卷20章。认为基督教促成了古代奴隶制的废除——或者说它确实明确反对奴隶制——这一说法约翰·米勒（John Millar）于1771年提出质疑，而奥弗贝克（Overbeck）在1875年则予以毁灭性的打击；见芬利《古代奴隶制与现代意识形态》第14页。

其不幸。亚里士多德并没有这样的图景。然而，这些和他的主张，都分有同一目标，即要去维持如下信念：生活不能从根本上或者在结构上就是不合正义的。塞涅卡和亲近他的人可以任由社会世界不合正义，因为根据他们的这个或那个幻想，他们可以认为人们可以摆脱这世界。亚里士多德深知人们无法摆脱它，而他就不得不幻想，无论这世界在实践中看起来会有多么不完满，至少它不是在结构上就不合正义——这个世界不能如此不义，以至于某些人最好的发展必然包含对他人的强制，违背其自然本性的强制。

这两种错觉，早期希腊人一个也没有。他们并不是特别倾向于把奴隶制看作不合正义，但这并不是因为他们认为它是一种合乎正义的制度。假如他们曾经把它想成是正义的制度，那么，他们一定也会认为那些抱怨奴隶制的奴隶——例如被俘为奴的自由人——实际上是弄错了。现在司法惩戒就是如此：把它视为正义制度的人认为，那些理应接受惩戒的人根本没有理由去抱怨。然而，早期希腊人对奴隶制并不这样想。与此相反，被俘为奴堪称灾难的范式，而任何有理性的人都可以抱怨灾难；同样，他们确实把这种抱怨看作理性的人所做的抱怨和反抗。在大多数人眼中，奴隶制是不合正义的，但也是必要的。正因为它是必要的，它作为制度也并不被看作是不合正义的：说它是不合正义的，这就暗含着在理想状态中它就不该继续存在，但是，很少有人，假如有的话，能够明白这如何可能。如果说作为一项制度，它既不被看作是正义的，也不被看作是不正义的，那么关于它的正义就没多少可说的了。而且，人们常常注意到，在现存的希腊文献中，关于奴隶制的正义的讨论实在少之又少。

117

希腊世界承认奴隶制依赖强制（coercion）这一简单真理。亚里士多德试图证明这制度是正当的，要在字面的意义上赋予其正义，而不仅仅接受它是必要的，这使得他不得不否认上述简单真理。强制，*biaion*，违背自然本性，而假如管理得当的奴隶制可以合乎自然的话，那么从最深层的意义上说，它就不会是强制性的。期望管理得当的奴隶制完全不包含暴力，这是乐观主义的想法；这里的论点其实是，即使暴力不得不指向一个合乎自然的奴隶，那么从最深层的意义上说，它不必是强制性的，因为奴隶制只要分配得当，就是[人们]必然的身份（necessary identity）。当然，亚里士多德的论证仅仅是设定了这一任务，他并没有提供必要的理智磋商与合理规避，以便在现实生活中可以从以上视角来理解奴隶制，使得它不再是人们一直以来所想象的那样，不再对于它的受害者来说，只是偶发的、无比残酷的灾难。我先前已经指出，古代世界并没有执意去寻找这些素材，而这并不让人吃惊。

在奴隶这件事上，亚里士多德至少认为他的立场需要论证。与此相对，女性屈从男性在《政治学》的关节点上就只得到这样一句："奴隶完全没有谋划的官能，而女人则有，但是它缺乏权威（authority）。"〔32〕这论证和有关奴隶的论证形式基本相同：人们需要划分不同的角色，而自然准备好了演职名单。不过，这里自上而下和自下而上的论证方向实际上合在了一处，因为亚里士多德看起来认为需要准备的东西不多，而且观察到的事实显然已经准备好了。这不过是人们通常认可的观点。就奴隶制来说，认为人 118

〔32〕　1260a12-13。"缺乏权威"是对 ἄκυρον 的标准翻译：它的缺陷是，这句子即使表面看去似乎也不像是提供了一个解释。这个词还可以承载更中性的含义：无效；参见《论动物的生殖》772b28，它意为"性无能"。

们根据自然本性就填补了所需的角色，这是亚里士多德独特的、牵强的结论，可是就对女性的态度来说，这是人们的习俗之见，老生常谈。依据自然本性，存在着某个需要填充的职位，也存在相应的人，他们依据自然本性就可以填充这职位。在试图证明做奴隶是一种必然身份时，亚里士多德在一定程度上暗示，如果奴隶制管理得当，奴隶们就会变成女人们实际所是的那样。

就亚里士多德分配给女性的角色来说，就他有关女人的种种言论而言，他所依从的偏见不仅仅为希腊人所熟悉，而且几乎就不必在此详加罗列。并不是所有雅典人，更不是所有希腊人，都接受伯里克利葬礼演说的著名段落中对女人角色的狭隘描述，认为女人的荣耀在于不被男人谈论，无论是褒是贬。实际上，已有学者断言，那时女人的生活要比通常所设想的更加自由。实际上，[性别]隔离的效果，正如肯尼斯·多弗（Kenneth Dover）所论，根据社会阶层的不同而不同。不过，无论细节如何，很清楚的是，受人尊重的女性生活很大程度上限定在家庭之内。〔33〕

雅典妇女不是公民，而是“阿提卡的妇女”。与此同时，在阿提卡的妇女和并非如此的妇女之间存在相应的差异，因为伯里

---

〔33〕 葬礼演说的评述见修昔底德《伯罗奔尼撒战争史》2卷45章2节。对妇女处境的不同观点，见戈姆《公元前5世纪与前4世纪雅典的女性地位》（A.W. Gomme, “The Position of Women in Athens in the Fifth and Fourth Centuries”），载《古典语文学》20（1925）；以及约翰·古尔德《律法、习俗与神话：古典雅典女性社会地位面面观》（John J. Gould, “Law, custom and Myth: Aspects of the Social Position of Women in Classical Athens”），《希腊研究学刊》，100（1980）。原始材料可在莱夫科维茨和范特所著《希腊与罗马的女性生活》（M.R. Lefkowitz and M. Fant, *Women's Life in Greece and Rome*）一书中找到。多弗的《柏拉图与亚里士多德时代的希腊大众道德》第95页以下提供了很有益的总结和文本出处。海伦·福利《希腊人对女性的态度》（Helene P. Foley, “Attitudes to Women in Greece”）一文的概括和书目非常有用，载《古代地中海文明》（edited by M. Grant and R. Kitzinger）。伊娃·科伊尔斯的《阳具统治》强调雅典男性对女人的恐惧（Eva C. Keuls, *The Reign of the Phallus*）。

克利的法规要求男性公民 *ex amphoin aston*——它不能完全翻译成“[父母]双方都是公民”。[34] 妇女的职责在家庭之中，而 *oikos*（译注：家庭）与 *polis*（译注：城邦），私与公的对比，极深地卷入到有关男性和女性关系的表述中；而上述对比本身也不断变化，其结果正如萨利·汉弗莱斯（Sally Humphreys）所见，*oikos* 本身成了一个意识形态用语。[35]

119

多弗曾经提醒我们，几乎所有现存的古典希腊文字都出自男人手笔。[36] 尽管如此，对妇女待遇的抱怨，实际上是对她们所受不公待遇的抱怨，并非完全不为人所知。在《奥德赛》中，卡吕普索就已经抱怨在同凡人的性关系上针对男神和女神的双重标准：“你嫉妒，”她对那位男神说，“你憎恨同男人同床的女神，尽管你和凡人女子做这事。”[37] 索福克勒斯剧作残篇中的一位女子抱怨她们如何无足轻重，被人卖到婚姻中，随丈夫的意愿四处飘零。[38] 最为人熟知的——几乎也可以说成是系统化的——异议来

〔34〕　参见尼科莱·洛罗《雅典娜的子女》(Nicole Loraux, *Les enfants d'Athéna*)；《雅典公民权》(John K. Davies, “Athenian Citizenship”)，载《古典学刊》73（1977），引自戈德西尔，第 58 页，他强调了公民权问题所产生的焦虑程度。（译注：此处指伯里克利公元前 451 年颁布的法令，要求成为公民的人不仅父亲是公民，而且母亲也应是公民之女。）

〔35〕　见汉弗莱斯《家庭、妇女与死亡》(S.C. Humphreys, *The Family, Women and Death*）第一章。汉弗莱斯还就此讨论了悲剧中有关妇女的表述，这当然是这一体裁极为醒目的一个特征（现存剧目中，只有《菲洛克忒忒斯》一剧没有女性角色）。关于这点，参见尼科莱·洛罗 富有启发性的讨论《杀戮妇女的悲剧方式》。

〔36〕　《柏拉图与亚里士多德时代的希腊大众道德》，第 95 页。

〔37〕　《奥》5 卷第 117 行以下；“憎恨”翻译 ἀγάασθαι，它也用来表达众神对奥德修斯和珀涅罗珀在一起同享青春的态度，《奥》23 卷第 211 行。

〔38〕　瑙克（Nauck）辑佚残篇 524（《忒柔斯》）。海伦·福利在《仪式化的反讽：欧里庇德斯戏剧中的诗歌与牺牲》(Helene Foley, *Ritual Irony: Poetry and Sacrifice in Euripides*）评述到，这段描写使得婚姻完全近乎奴役。

自欧里庇德斯的《美狄亚》。她当然是个特殊的案例[39]，不过，阿里斯托芬可以用更一般的方式让欧里庇德斯说，在他的剧作里

---

〔39〕 晚近的研究揭示出美狄亚推至极致的独一无二的性格，以及她的性格中的“男性”和“女性”要素的冲突：伯纳德·诺克斯《欧里庇德斯的〈美狄亚〉》（Bernard Knox, “The *Medea* of Euripides”），《耶鲁古典研究》25（1977），重印于《言与行》；安·诺里斯·米凯利尼：《欧里庇德斯与悲剧传统》（Ann Norris Michelini, *Euripides, and the Tragic Tradition*），第87页；海伦·福利（Helene P. Foley）《美狄亚分裂的自我》，载《古典时期》8（1989）。美狄亚著名的最终演讲引发许多讨论，它关系到 ἀκρασία（译注：不自制）的问题和柏拉图对灵魂的划分。有关斯多亚派观点的有趣讨论，见克里斯托夫·吉尔：《克吕西普理解美狄亚吗？》（Christopher Gill, “Did Chrysippus Understand Medea?”），载《明智》28（1983）。

对某些学者来说，美狄亚最终的演讲不属于这出剧。他们的这个提议，以惊人的实例说明了文本校订在不受有关其功用的意识控制时的狂妄自大。伯格（Bergk）把整个《美狄亚》第1056—1080行视为伪作删去，迪格尔（Diggle）在最新的牛津版文本中追随他的这一做法，并且提到里夫的一篇文章《欧里庇德斯的〈美狄亚〉1021—1080行》（M. Reeve, “Euripides Medea 1021-1080”），载《古典学季刊》新番22（1972）。这段文本确实为戏剧解释造成困难。但其中最严重的困难实际上是可以解决的，如果1079行 θυμὸς δὲ κρείσσων τῶν ἐμῶν βουλευμάτων 不被理解成“我的愤怒胜过了我的思考”——βουλεύματα 在此之前一直指美狄亚的谋杀计划——而是“我的愤怒主宰了我的计划”：参见汉斯·迪勒（Hans Diller）的《ΘΥΜΟΣ ΔΕ ΚΡΕΙΣΣΩΝ ΤΩΝ ΕΜΟΝ ΒΟΥΛΥΜΑΤΩΝ（译注：即以上希腊引文的大写）》，载《赫尔墨斯》94（1966）。这得到了斯坦顿《美狄亚独白的结尾：欧里庇德斯的〈美狄亚〉1078—1080行》（G.R. Stanton, “The End of Medea’s Monologe: Euripides Medea 1078—1080”）一文的支持，载《莱茵博物馆》新番130（1987），特别回应H. 劳埃德－琼斯的《欧里庇德斯的〈美狄亚〉1056—1080行一文》（H. Lloyd-Jones, “Euripides Medea 1056—1080”），载《维尔茨堡古典学年鉴》新番6（1980）。然而，当下要关注的不是这个或其他具体的文本解读提案。我们的论点是——这也是极为重要的一点——，即使解读上存在无法解决的困难，将这一事实用括号标出来，说整个这一段（在古代世界这段就广为人知，而且它在纯语言的层面并没有带来多少困难）不是全剧的一部分，这怎么说也是极不恰当的。弗伦克尔睿智地指出：“当对语言和文风的细致考察并没有提供证据表明文本有所毁损，而其意义仍然晦暗不明，那么，或许就有理由不往这段文本插刀子对付它，而是坦承我们理解的界限。”（《埃斯库罗斯的〈阿迦门农〉》第一卷，第ix页。）

此外，在这个例子中，还需要反思什么构成解读的困难，反思评论家们如此自由地任用的“连贯性”（coherence）概念是否适合欧里庇德斯和这段文本。里夫第58页在提到一个声讨这段文本的校订者时，不同寻常同时又富有启发性地指出，“如果美狄亚是在来来回回地摇摆，那么，穆勒有充分的理由坚持认为，观众应该确切地知道在每个特定时刻她脑子里想些什么。”克里斯托夫·吉尔的处理细腻敏感，它将这段讲演（尤其是从它作为独白的角度）和塞涅卡的《美狄亚》第893—977行相比较，见《自我分裂的两段独白》（“Two Monologues of Self-Division”），Michael Whitby 和 Mary Whitby 主编的《旅人：献给约翰·布兰布莱的古典论文选》（*Homo Viator: Classical Essays for John Bramble,* edited by M. and M. Whitby and P. Hardie）。

妇女有话可说。

有趣的是，有些人把欧里庇德斯看作女性主义者，而另一些人则认为他是女性之敌（misogynist）：或许我们应该考虑那种令人沮丧的可能性：他两者都是。[40]

有一段著名的评论，传记作者赫尔米普斯依照传统把它归给泰勒斯（也就是说，某个没法确定的贤士），而其他人则归于苏格拉底：有三件事情他要感谢运气——他生而为人而不是野兽，男人而不是女人，希腊人而不是蛮族。（当埃斯库罗斯的阿迦门农拒绝走上地毯时，他援引的正是这三条的部分逆转，他首先把自己同女人区别开来，然后是蛮族，最后是神。）[41]

然而，这是什么样的运气呢？感激的对象确切地说又是什么呢？泰勒斯——让我们就这么称呼他吧——当他说他知道自己不是女人时，无疑知道他说的意思，或多或少。用力压榨这样一种人所熟知的想法，看起来可能是一种哲学式的荒谬。可是，运气、正义、身份这些观念在其中错综纠缠，需要一定程度的压力才能将它们萃取出来。无论如何，有一点是清楚的：不管泰勒斯说的是什么意思，他不是在说避免了一种真实的可能性。他怎么也不能假设——好像他成功地逃脱了某个危险那样——他自己，就是这个泰勒斯，曾经可能是个女人。

120

古代的生殖理论并不能提供证据支持一个男人曾经可能是个女人这样的想法。这些理论自身是意识形态化的，尽管并不是以

〔40〕　阿里斯托芬《蛙》第949—950行。现在可以参见安东·鲍威尔编《欧里庇德斯，女人与性》（Anton Powell, ed., *Euripides Women and Sexuality*，伦敦，1990）。

〔41〕　赫尔米普斯（Hermippus），见第欧根尼·拉尔修的《哲人言行录》1卷33章。埃斯库罗斯《阿迦门农》第918行以下。

一种完全直截了当的方式。出现在亚里士多德那里，随后为盖伦发展的这种理论，表面上看表达了男性中心论的主张。和它所压倒的希波克拉底的理论相比，它不认为女性能扮演任何主动的或独特的角色。它将母本刻画为接受者而不是贡献者，质料而不是形式；它还将雌性子代看作残缺的（spoiled）或不完美的雄性，没有得到充足热量的胚胎，这使她不能恰当地干燥，或者尤其是，不能使生殖器官突出。但是，彼得·布朗指出，令人吃惊的是，这些想法并不是拙劣地用来确保某种对无可争议的雄性特出性的信念。雌雄双形（sexual bimorphism）只是程度差异和出自偶然的结果，而不是其不可通约性（incommensurability）的明确信号；托马斯·拉克尔已经证明，传统解剖学研究的重心明显指向假定的雄性和雌性生殖系统的同源特征（homologies）。（解剖学著作中最早的详尽的女性骨骼到了18世纪末才出现。）[42] 单纯从生物学的立场看，我们可以认为亚里士多德或盖伦的医学比现代理论更接近如下想法：一个人曾经可能出生为另一个性别——例如他父亲的精子稍微变凉了些。但是，这还不够接近。即使，交合生男而不是生女只是偶然事件，这仅仅是有关程度的偶然事件，而不关系到一个构成要素的同一性（identity），就像我们现在所理解的那样，这事件发生在**那个人**（*that person*）身上，这仍然不是偶然。

121

〔42〕　布朗，第9页以下；托马斯·拉克尔《性高潮、生育与生殖生物学中的政治学》（Thomas Laqueur, "Orgasm, Generation, and the Politics of Reproductive Biology"），载《表象》14（1986）；现在可以参见拉克尔的《制造性别》（*Making Sex*）。有关生殖过程中女性作用的不同理论，以及其他关于希腊医学对女性态度的材料，见劳埃德《科学、民间传说与意识形态》，第58—111页。有论者指出，亚里士多德有关女性繁衍的理论以极其怪异的方式和他的普遍目的论联系在一起：生殖体系中的一个本质要素依赖于某种大约百分之五十的时间都会出错的东西。可能和这一异常现象相关的是，这一点具有伦理上的关联：见下文第六章，第161页。

亚里士多德就是这样，他从来没有任何时刻会用这种偶然性来思考性别的问题；就像他认为如果一个东西是狮子，它就必然是狮子那样，如果某人是男性，他就必然是男性。

没有人愿意接受这一想法，这也可以在一个完全不同的方向上找到证据。在希腊神话中有一个人物，忒瑞西阿斯，对他来说，属于某个性别并不排斥成为另一个性别的可能性。他的神话有不止一个版本。[43]和这里相关的一个是，他年轻时曾经看见两条蛇交配。他杀死了其中一条，自己变成了女人。阿波罗告诉他，如果他看到同样的场景并且杀掉另一条，他就会变回来；一段时间后，他再次遭遇同样的场景，并且确实变回了男人。赫拉和宙斯为了究竟是男人还是女人从性行为中得到更多的快乐而争吵，他们询问独一无二有资格回答的忒瑞西阿斯，他说如果有十份的话，女人得其九，男人得其一，这和宙斯说的一致。愤怒的赫拉弄瞎了忒瑞西阿斯。但不过，宙斯赐予他预言的才能，和相当于七代人的生命。

这是个古老的神话，可以追溯到赫西俄德的《墨兰波狄亚》。[44]在神话中，忒瑞西阿斯的预言能力和他的性经历紧密地结合在一起；此外，在欧里庇德斯的《酒神的伴侣》中，忒瑞西阿斯扮演了尽管不是那么体面但极其重要的角色，那里强调了狄

〔43〕　我得益于吕克·布里松的《忒瑞西阿斯神话》（Luc Brisson, *Le mythe de Tirèsias*）。

〔44〕　《赫西俄德残篇》275，默克尔巴赫和韦斯特（Merkelbach and West），第136页以下。参见叙吉努斯《传说集》（Fabulae）75篇，奥维德《变形记》3卷第316—339行。布里松提到，在动物王国中可以和忒瑞西阿斯相类比的是鬣狗，据信它一年是雄性，下一年是雌性（伊良[Aelian]《论动物的本性》1卷25章）；人们常说的故事里，它有两种性器官，亚里士多德斥为无稽之谈，见《论动物的生殖》，757a2-14。

奥尼索斯以及对他的崇拜中的双性特征。[45]然而，无论是这部剧中，或者是在有他出现的其他剧作中，还是在任何现存的悲剧中，都没有地方提到他在神话中的经历。我们无疑应当假定悲剧作者知道这神话，它在古代晚期留传下来。或许我们可以猜测，尽管神话拥有心理力量，它却缺乏公共影响力。拥有两种性经历的想法只属于个人幻想的世界；而悲剧领域，也是社会互动的领域，它如此有力地通过男人和女人的种种区分构建起来，以至于忒瑞西阿斯独特的神话，就我们所知，与它毫无干系。

122

一个自由的希腊男性突出自己的三件事，通常取的形式不是动物、女人、蛮族，而是蛮族、女人，奴隶，若干世纪以来，这一表达形式一直强盛不衰。[46]也正是借助这一形式，它才更具有社会相关性。如果泰勒斯曾经感谢运气使他不是个奴隶，那他就会感谢幸运女神以一种非常不同的方式干预他的人生，和使他免于成为女人的干预相比，这更容易理解。实际上，感谢她没有让自己生为奴隶，这只是所传递出的信息的一部分。他还可以进一步感谢女神在他出生后也没有让他成为奴隶。就他不是奴隶这点来说，这不仅仅是意义未加限定的运气，而是非常明确地，同时也完全可以理解地就是他的运气，这才使得事情最终比它可能是

〔45〕　τὸν θηλύμορφον ξένον（译注：带女相的异乡人）《酒神的伴侣》第353行，参见第453行以下。保罗·罗斯富有兴味地探讨了忒瑞西阿斯在剧中的外表形象，《欧里庇德斯〈酒神的伴侣〉中作为先知和知识分子的忒瑞西阿斯》（Paul Roth, "Teiresias as *Mantis* and Intellectual in Euripides' *Bacchae*"），载《美国古典语文学会学报》114（1984）。关于忒瑞西阿斯其他地方的角色，见丽贝卡·布什内尔《预言悲剧：索福克勒斯的忒拜剧中的标记与声音》（Rebecca W. Bushnell, *Prophesying Tragedy: Sign and voice in sophocles' Theban Plays*），第56页。

〔46〕　公元2世纪时的用法，见布朗《身体与社会》，第9页，他给出了强调上述三分重要性的引文。

的情况要好。然而，他不是女人，这并不是**他的**（*his*）运气，而且没有人会严肃地认为这是他的运气。做女人确实是一种必然的身份；做一个奴隶或自由人则不是，尽管亚里士多德不顾一切地努力证明相反的论点。就像我前面说的，这也解释了，为什么他的尝试可以看作是使奴隶的条件与女人的条件同化的尝试。

然而，现在和过去一样，许多出于习俗的实践是从另一个方向来使其同化。在表达对更好的事态的渴望时，我们承认做女人是一种必然的身份，但是仍然依据自然性别（sex）与社会性别（gender）这样的区分把生物学的身份同社会身份区别开来。[47]我们的目标是没有人应该做奴隶，可是，绝没有任何一个人，哪怕是最极端的人，他的目标会是没有人应该做女人：什么是做一个女人，这是一个社会建构的问题。应该存在鲜明不变的角色分配，而且女人和男人就是被设计来填充这样的角色，这一双重观念成功地发现有数量可观的政治哲学理论愿意接纳它，包括某些据说致力于抽象平等的理想的理论。将某种真正必然的自然性别身份（sexual identity）构建为自然给定的社会身份，这不是亚里士多德的独创，也不属于他的古希腊前辈。

123

不过，确实有一个广为人知的例外，柏拉图，他在《理想国》中论证，女人们不应该仅仅因为她们是女人，就得排除在他的理想城邦中的角色之外，尤其是护卫者的角色。柏拉图的观点看起来是，女人事实上确实没有数学或统治的天赋；但是，他坚持认

〔47〕　自然性别和社会性别的区分本身可能会招致一种极端观点的批评，认为它鼓励一种对于自然和习俗的过于简易的区分，以及假定身体仅仅属于前者。参见卡罗尔·佩特曼《性与权力》（Carole Pateman, “Sex and Power”），载《伦理学》100（1990），特别见第401—402页。

为，这里的问题关心的是天赋而不是自然性别。[48]对亚里士多德来说，这样的论证可能从来也不会提出来。但是其理由不难理解。在《理想国》中，柏拉图的论证同他有关护卫者中家庭应当废除的提议紧密结合在一起。而对亚里士多德来说，家庭是一种人们无法构想其废除的自然制度，他顺理成章地认为女人的传统角色本质上包含在这一自然制度中。

大多数希腊人可以理所当然地认为，女人的这一角色是合乎自然的，除了少数柏拉图这样的乌托邦派，或欧里庇德斯这样的知识分子中的异议分子。悲剧和喜剧都用不同的方式表明，妇女会以不同方式的行事，这并非完全不可想象，但是，这些段落只是揭示，而且可能也有助于强化通常的假设，也就是说，传统的安排当中并没有什么专断或强制之处。而在奴隶制那里则有所不同，尽管它在极大程度上构建了古代世界人们之间的种种关系，但是古人自己仍然承认它的专断和暴力。

除了亚里士多德之外（他与其说是为现存的安排辩护，不如说是为它的某种模糊的改进辩护），希腊人理解奴役意味着什么，

124

并且将成为奴隶视为坏运气的范式：*anangkaia tuchē*，处于一种外力所强加和维持的状态中的坏运气。“坏运气”并不是一个他们通常会用在做女人这件事上的观念。这部分地是因为，这并不是一个和运气有关的问题，除非是在某种愿望（wish）的层面，类似于泰勒斯的感激这样的想法所表达的愿望。而且，大多数时候，尤

---

〔48〕 最近几年关于柏拉图的女性主义的广度和深度有大量争论，格列高里·弗拉斯托斯《柏拉图是女性主义者吗?》（Gregory Vlastos, “Was Plato a Feminist?”）的讨论颇有助益，载《泰晤士文学增刊》，1989年3月17—23日。否定性的观点，见茱莉亚·安娜斯《柏拉图的〈理想国〉与女性主义》（Julia Annas, “Plato's *Republic* and Feminism”），载《哲学》51（1976）。

其是在男人看来，这也不是那么糟糕。例如，它不那么公然地具有强制性。

我们对这些问题的态度不同于希腊人（尽管我承认，在女人的问题上，相比奴隶的问题，包含于其中的“我们”范围要窄。）但是，确切地来说是如何不同呢？尤其是在拒斥希腊人的想法和实践时，在多大程度上我们需要哪些希腊人无法利用的伦理观念呢？在奴隶制这个例子中，或许我们运用了希腊人并不拥有的伦理观念来反对它。不过，为了拒斥奴隶制，我们并不一定要这样做。我已经指出，为什么受另一个人的权力支配是不值得羡慕的坏运气，这一点对希腊人来说绝不是秘密。此外，他们也意识到这运气的作用会有多么专断。这些想法可以为断定奴隶制不合正义提供素材——*biaion gar*，用我先前引过的亚里士多德的一针见血的话来说，“因为它是外力所强加的”。但是，奴隶制被认为是必然的——也就是说，对于维持自由的希腊人所享有的那种政治、社会、文化生活是必要的。大多数人并不认为，因为奴隶制是必要的，它因此就是合乎正义的；亚里士多德非常清楚地看到这一点并不充分，需要进一步的论证，需要他无可救药地竭力去发现的论证。这一必然性的效应其实是：生活在奴隶制的基础上展开，它没有留下任何空间，让人可以有效地提出有关其正义与否的问题。

而一旦提出这样的问题，从那些希腊人自己基本上可以达到的思考来看，就很难不把它看作是不正义的，而且是不义的范式。（只有当有关它正义与否的问题已经提出很长时间之后，在现代世界中企图使奴隶制**合法化** [*justify*]，这才真正需要新的素材，来自圣经的和成体系的种族主义一类的素材。）我们现在没

125

有任何困难去理解奴隶制不合正义：我们的经济安排和有关公民社会的构想都是直接同奴隶制不相容的。这或许会激发某种文化上沾沾自喜的反应，或者至少是满意地认为在某些方面有了进步。[49]但是我已经指出，希腊人对待奴隶制的态度的主要特征，不是有关其正义性的某种道德上原始的信念，而是如下事实：那些被看作社会和经济必然性的需求，使有关正义和不正义的考虑陷入僵局。这一现象在现代生活中并未被消灭，而是转移到了其他方面。

我们有些社会实践，在同它们发生关联时，我们的处境同希腊人之于奴隶制的处境非常相像。我们承认社会处理人时所采用的专断而野蛮的方式，那些通常由暴露于运气之下的条件所决定的方式。我们有相应的思想资源来将这些人的处境和允许这些事情的体制看作不正义的，但是我们并不确信是否会这样去看，这部分是因为我们已经看到假想中的替代体制的堕落与崩溃，部分是因为对于亚里士多德竭力为之设计固定的解决方案的问题，我们并没有固定的看法：对于某些人来说有价值的生活的存在，在多大程度上需要将痛苦强加给他人？

至于说到女性，古代的和现代的偏见之间的关系与此不同。但是有一件事，甚至在更广的范围内，现代的偏见和古代的如出一辙。基于传统宗教想法的偏见在当代世界仍然泛滥，而即使抛开这一事实，认为社会性别角色（gender roles）由自然设定这样的想法仍然活在它的“现代”的、科学的形态中。具体来说，社会

〔49〕 相对主义并不必然压制这种类型的自满，而可能只是将它隐藏起来。“对我们来说不合正义”，这话听起来仍然有进步的含义。

生物学对这一主题愚钝而不加反思的贡献，这所体现的不过是亚里士多德式的人类学借助其他方式的延续。当然，它展现的并不是亚里士多德的**生物学**，这一事实恰恰掩盖了上述真相。正是因为社会生物学以自然选择理论为根据，它才能自信满满，以为自己对目的论免疫，对依据理智构造的类比来解读宇宙的亚里士多德精神免疫。然而，亚里士多德的假设之所以能支配这一类型的思想，并不是因为它的生物解释模式，而是基于更普遍地假设，在社会性别角色和按照生物学方式理解的（无论它是怎样得到理解的）自然之间存在相对简单的匹配。变换对自然的描绘，并不必然排除如下假定：自然能以相当清晰明确的方式，告诉我们应该有什么样的社会角色，以及它们应该如何分配。

126

我们已经从若干关联中看到，认为社会角色、人的心灵结构和自然之间存在和谐匹配，这样的想法绝不属于所有希腊人，而它最完满、最让人心安理得的形式则几乎是亚里士多德的独创，随后的事实证明其影响难以度量。其他希腊人对于人的生活和宇宙之间关系的想象，则包含更多的混乱和不安，而这不仅仅是因为他们是智者或怀疑论者。我们在下一章中将会看到，品达这样的早期作者传达出事物的不透明感和神秘莫测感，尽管这可能会满足社会消极情绪，古风时期的世界的 *amēchania*（译注：无依无助感）——多兹所说的“天神在他的天堂里，所有的错误都在人间”[50]令人难忘地捕获了这一情绪——，但是，它确实没有谈到任何有关人类与自然间的和谐的令人鼓舞的想法。

---

〔50〕《希腊人与非理性》第32页。

许多有关古代和现代世界的比较都假定，在古代世界中，社会角色被理解成植根于自然之中。实际上，这种观念的丧失常常被看成是现代社会的特殊标志，将它同先前的社会形态区分开来。人们无论乐于还是不乐于接受现代性，都同样地做出以上假定。对那些批评现代世界的人来说，丧失这一观念导致异化，让人感觉到人类已经连根拔起，他们和世界之间的和谐关系被人劫走。另一方面，那些颂扬现代启蒙的威力的人，则认为任何社会角色都可以提出来任人评判，自然并没有向我们强行规定前面所说的必然性，在承认这一点时，他们发现了一种解放性的力量。事实上，有关社会正义的现代自由主义思想的一个核心特征，可以通过这样一句话来表达：它完全否认必然的社会身份的存在。

127

有若干理由可以解释为什么人们如此轻易地假定，现代自由社会和它的前身之间的重大差异，在于他们接受还是拒绝必然社会身份这一观念。要讨论这一问题，所需的知识体系中大部分无疑是现代的发明，包括有意识地表达出来的社会角色观念；此外，有关传统社会中权威本性的某些一般理论影响了我们的讨论。最为重要的是，亚里士多德化的基督教，至少给欧洲和美国人的思想留下了巨大阴影。但是，如果我们看向古代希腊人，特别是亚里士多德身后，我们会发现，认为拥有还是缺乏必然身份的观念造成了希腊人和我们对社会的观点差异，这在很大程度上是不正确的。首先，希腊人和我们的一个最为根本和惊人的社会反差，在于对奴隶制的态度，然而就此而言，上述主张就是不正确的。古代世界的奴隶制度确实包含一个非常醒目的、重要的社会角色。绝大多数人毫无疑问愿意认为它是“合乎自然的”，但仅仅是就社会生活的最佳发展需要它这一意义来说的。很少有人会认为，在和自然最为紧密相关，以及和那些关系到角色分配方式的解释最为紧密相关的意义上，它仍然是合乎自然的。也就是说，很少有人会严肃地把它看作一种必然身份，一个操着社会语言的自然分配给个人的角色。 128

现代自由主义思想拒绝一切必然的社会身份，但是并非它的世界观中的这一要素，将它对奴隶制的态度同大多数希腊人区别开来。就奴隶制而言，同他们对待妇女的态度相反，两个概念主宰着希腊人的思想：经济或文化的必然性，以及个人的坏运气。显然，我们并不会像希腊人那样运用这些概念以至于我们接受奴隶制。但是，我们确实非常广泛地将这些概念应用到我们的社会经验中，在现代世界中，它们仍然在奋力发挥作用。就这些方面来说，现代的自由主义观念和大多数希腊人的世界观的真正差异在于，自由主义要求——更现实点说，它希望——必然性和运气这些概念不应该**取代**（*take the place of*）有关正义的思考。如果个人在社会中的位子要由经济和文化的外力以及个人的运气决定时，具体来说，如果这些要素要决定他或她在多大程度上处于他人的权力（有效的，如果不是公然强制性的）支配下，那么，自由主义的希望就只是，所有这些应当在制度的框架范围内发生，而这些制度确保了以上程序及其结果的正义。即使我们不能，或许也不应该，清除纯粹必然性和运气的所有效应，至少我们希望它们能够放置在这样一个框架内，它会提出正义的问题，并且可以在它的回答中确保这些必然性不会成为极端强制性的，而这里的运气也不会比通常的运气更糟。

现代自由主义已经和古代世界保持了一定的距离，这不仅体现在完全拒斥必然身份观念上，而且也体现在它对上述问题的设定上。它交给自己的使命，是去构建社会正义框架来控制必然性和运气，既要弱化它们对个人的作用，同时又要证明那些不能弱化的东西不是不正义的。如此设定问题，这是现代的突出成就。129 然而，只有当我们能够断言不仅存在这样的使命，而且我们有希望去践行这样的使命，那时，我们才会理解自己同古代世界的距离实际有多远。

第六章　可能性、自由与权力

上一章讨论了一个人将权力应用于另一人所构成的必然性，某些人强加于他人的必然性。此前，我讨论了实践推论的内在必然性，当行动者推论出他必须以某种方式行事时所遭遇的必然性。古风时期的希腊人，和一定程度上公元前 5 世纪乃至之后的希腊人，都相信在以上两点之上，矗立着我已经提到的超自然必然性。在本章的大部分中，我将关注这种必然性，不过，它会把我们引回人类有关权力的必然性。

应该承认，“超自然”这一术语并不非常让人满意。它可能会错误地暗示古希腊人拥有我们的自然构想，而且相信在自然之外，还存在其他能动力量（agencies）。[1] 即使我们拒绝这一暗示，并且转而断定，希腊人信仰居于我们的（但或许不在他们自己的）自然构想之外的事物，但是，仍然留给我们的一个严重问题是：什么东西可以说成是存在于我们的自然**构想**（*conception*）之外的，而不是我们完全不相信其存在之物（如燃素），或我们不相信其正确性的解释。并非所有不是自然一部分的东西都是超

〔1〕　希腊人有关自然的构想，尤见劳埃德《智慧的革命》（G.E.R. Lloyd, *The Revolutions of Wisdom*），特别是第一章。

自然的。[2]

131　亚里士多德有关天体环绕地球的理论尽管已被抛弃，仍被认为是我们有关自然的构想的一部分：毕竟，日心说将它（或者更应该说它的更趋复杂的后裔——托勒密理论）取代，这是我们的科学史的一部分。然而，亚里士多德的宇宙论仍然沿着自己的路线，没有改变任何步骤，直达其结论：恒星天由不动的推动者（unmoved-mover）推动，后者是纯粹的自我指向的思想（thought），通过被爱（being loved）而产生运动[3]，而这对我们来说，绝不构成任何“自然主义”的解释。而当“超自然”解释的对照物来自医学或心理学时，还会出现更难以解决的困难。当一个希腊人说某事是神引起的，或者当熟悉医学和心理学理论阐释的现代人，实实在在地将某些事情的发生归于魔力（magic）时，这有多少意义——或者说有多少**额外的**（*more*）意义？[4]这些问题属于人类学或人类学哲学，我并不自以为可以解答它们。同样地，我也不会使用“超自然”这一术语来进行分类，仿佛它就其本身而言就应该是有意义的。我只是把它用作一类必然性（这是我要具体讨

〔2〕　伽利略错误的潮汐惯性论给我们提供了一个富有教育意义的例证。他认为这理论的一个优点是它不需要任何来自日月的远距离作用，后者在他看来是某种实际上是超自然的“感应”（influence）。参见《关于托勒密和哥白尼两大世界体系的对话》，第四日。有人已经指出，与此非常类似，希波克拉底派的医生可能是因为认为感染（infection）是一种迷信而忽略了它：Palmer（译注：应为帕克）《污染》，第220页。

〔3〕　《形而上学》Λ（十二卷），7章。

〔4〕　吕尔曼细腻地讨论了这一问题，《女巫技艺的信仰：当代英格兰的巫术仪式》（T.M. Luhrman, *Persuasions of the Witch's Craft; Ritual Magic in Contemporary England*）。然而，对她的论述极为重要和关键的是：和古希腊人不同，她的研究对象生活于其间的文化的主流信仰体系是反巫术的，而他们在进行巫术实践时清楚地知道这一点。有关传统社会中的巫术和仪式，以及它们同科学解释的关联的富有价值的讨论，见约翰·斯科卢普斯基《象征与理论》（John Skorupski, *Symbol and Theory*）。

论的必然性）的标签，它不能归入我们解释世界的方式。至于这种必然性在哪些方面不能契合我们对世界的看法，我并不相信这标签本身能向我们揭示多少，但是，我希望我对它的描述，可以向我们更多地展示出这一点。

这里所讨论的这些想法参与构建了悲剧中的行动，这事实本身表明，它们在一定层面上对于希腊人来说是可以理解的——当然，我们也必须注意，悲剧中的这一必然性意识在什么方面是戏剧文体的艺术加工，而不仅仅是单纯地在剧中应用某种大家都相信的东西。我们并未隔绝到不能从这些方面来理解悲剧；这里讨论的想法，在一定意义上对我们来说是可理解的，尽管我们能够把握它的程度是有限的，而我们所面对的有些问题，他们也没法回答。我们想要推进这些追问，这本身就可以阐明，这种必然性不同于我讨论过的其他必然性，它不是我们的世界的一部分。它也提出了我们在第一章中触及的一个问题：由如此种种必然性所塑造的悲剧，对我们来说，它们能有什么意义？我将在本章结束时回到这一问题。

132

要将这一类必然性孤立出来，先看一个著名的例子会很有帮助，在这案例中，此种必然性以一种戏剧化的、清晰可辨的方式，与我们先前探究的内在必然性——行动者认识到他必须去做的事情——相交。这是一个来自悲剧的例子，但其中的行动者并没有直接呈现在必然性之下；正相反，他的处境是向我们逐步描述出来的。从埃斯库罗斯《阿迦门农》伟大的进场歌中我们得以了解，阿迦门农在远征特洛伊伊始时，是如何做出决定祭献他的女儿伊菲革涅亚。在这个后来为悲剧提供了一个不断重复的主题的故事中，阿尔忒弥斯送来的恶劣天气将希腊远征军拦在奥利斯，先知向众人宣告，只有祭献阿迦门农的女儿才能让舰队启航。在这故事的其他版本中，阿迦门农自己做过的某件事曾经触怒阿尔忒弥斯；而正如人们常常注意到的那样，埃斯库罗斯隐瞒了这一要素，以便他能把这个情节和阿迦门农的行动，尽可能直接地插入到阿特柔斯家里先前发生的罪恶所造成的因果链条中。歌队口中的阿迦门农已经有过一番考量，一面是命令他去做的事情的可怕，另一面是他对这次远征的责任和他作为其统帅的立场："我怎能擅离职守？"他反问道（第 212 行）。没有哪条路可以不沾罪恶。他决定祭献："但愿一切如意"，他孤注一掷。当他做出了决断，正如歌队所唱，"戴上了必然性的挽具"，*anangkas edu lepadnon*（第 218 行），极端的疯狂征服了他，他一改心态，什么事情都敢做（第 221 行）。在这一心态下，他完成了祭献，这在随后的段落中得到生动而细致的描述。

133

在一些沉浸在不恰当的理解中无法自拔的评论者当中，这一段曾经引起过极大的关注。阿尔班·莱斯基（Albin Lesky）一上来的问题就存心刁难："阿迦门农在种种可能性间的这一选择，是在意愿完全自由时做出的吗？"他没有给这问题找到答案，而是不得不含混地说，阿迦门农的自由意愿被描写成因众神的要求而黯然失色；他随后得出结论，"这里不存在任何理性的一致性。"[5]我们先前已经注意到佩奇（Page）对埃斯库罗斯的智力的不利裁决，此公对当前的论题也曾大放厥词。我想他针对的是基托和多兹，"现代评论家们断言阿迦门农做出了自愿的然而也是痛苦的

〔5〕《埃斯库罗斯悲剧中的决定与责任》（"Decision and Responsibility in the Tragedy of Aeschylus"），载《希腊研究学刊》，86（1966），重印于埃里希·西格尔主编的《牛津希腊悲剧读本》。

决定。阿迦门农则声称他所屈从的是必然性。我不知道这些论断如何可以协调一致。”[6] 这一论断最惊人之处，是它彻底歪曲了文本。埃斯库罗斯并没有说阿迦门农屈从于必然性。在我所引用的段落中的 *edu* 一词，是一个简单易懂的行为动词，它的意思是（正如佩奇在别的地方翻译的那样）“穿戴在身”，阿迦门农被说成是戴上必然性的挽具，如同某人穿上铠甲。这里所呈现的同必然性的轭套之间的关系，完全不同于普罗米修斯的经历：当威力神（Kratos）和暴力神（Bia）将他绑在悬岩上时，他“被套上了（yoked）必然性的轭套”。我们在荷马的一段话中可以感受到这个动词的力度，荷马用它来描述赫克托尔被愤怒支配：在那里，愤怒是这个动词的主语。[7]

理解《阿迦门农》这一段落的主要困难与伦理相关：评论家们不能理解一个人如何能在这样两种行动路线间进行选择：这两种路线都包含着严重的错误，以至于无论他做什么都是有错的，而且无论他做什么，对于他的所作所为，他都会经历我在讨论责任时所说的行动者的遗憾。这个案例中的伦理问题不可能毫无遗漏地彻底解决。克尔凯郭尔的错误不在于单单断言悲剧的英雄“停留在伦理之中”——这基本是正确的——而是在于认定存在着毫无争议的伦理解答。“悲剧英雄放弃确定的东西是为了还要更加确定的东西”。克尔凯郭尔说，但这并不正确，至少在埃斯库罗

134

[6]　丹尼斯顿和佩奇：《阿迦门农》第 xxiv 页注释 4。此句出自佩奇，参见第一章的注释 24，第 173 页上方。

[7]　普罗米修斯：ἀνάγκαις ταῖσδ’ ἐνέζευγμαι（译注：译文见正文）。《普罗米修斯》第 108 行；赫克托尔：κρατερὴ δέ ἑ λύσσα δέδυκεν（译注：强大的愤怒降临在他的身上。字面意为：强大的愤怒将他穿在身上），《伊》9 卷第 239 行。

斯的阿迦门农这个案例中不是。（克尔凯郭尔脑子里也想着阿迦门农，不过是欧里庇德斯的阿迦门农。）〔8〕

伦理冲突及其解决现在已经获得更好的理解〔9〕，我在这里不会继续这方面的探讨。不过，这一段所提出的极端问题的一个表现或许是，当人们努力使它免于一种道德至上论者的曲解时，只会招致另一种误读。玛莎·努斯鲍姆在正确地展现了有关伦理冲突的争论之后〔10〕，进一步在她的解读中引入如下提示：歌队谴责阿迦门农，而阿迦门农也意图让我们谴责他，谴责他致命的疯狂，正是在疯狂中他完成了杀戮。努斯鲍姆认为，阿迦门农错误地从决定做它——这可能是他必须要做的——转变成想要做它，而他并不应该如此去做：他应该表现出更多的遗憾。

---

〔8〕　索伦·克尔凯郭尔《恐惧与颤栗》（1843），阿拉斯代尔·汉内（Alastair Hannay）英译，第 87—89 页。如克尔凯郭尔所言，“旁观者的目光信心十足地落在”悲剧英雄身上，这在一定意义上是真确的。但这并不是出于伦理确定性，而是因为观众获得了对悲剧这一表现形式的信任（实际上，从欧里庇德斯那里得不到这种信任）。克尔凯郭尔在将悲剧英雄同一个实际上完全不同的人物相对比，也就是亚伯拉罕，他情愿控诉伦理，但是，这意愿不是以伦理为中介的，而是出自“荒谬之力”。“这样一种同神圣者的关系，异教一无所知”：这当然是正确的。

〔9〕　我曾将有关阿迦门农的这一段落用在《伦理一致性》（“Ethical Consistency”）的纯哲学讨论中，《亚里士多德学会文集·增刊》39（1965），重印于《自我的问题》。它阐明了这里的观点，但并没有像我现在所希望的那样，明确地区分谋划的范畴和道德的范畴以及它们同“**应该**蕴含**能够**”（*ought* implies *can*）之间的关系：进一步的反思，参见《伦理学与哲学的界限》，尤见第一和十章。劳埃德-琼斯在《阿迦门农的罪责》（“The Guilt of Agamemnon”）（载《古典学季刊》新番 12 [1962]，重印于《牛津希腊悲剧读本》）中正确地论证了阿迦门农所面对的是在两项罪恶之间的必然选择。

〔10〕　《善的脆弱性》第 32—38 页。她看到“在选择和必然性之间并没有任何不相容之处”，但是却对必然性自身做了不恰当的论述。阿迦门农“在这一点上受必然性的支配，他的选择中不包含合意的选项”（第 34 页）。然而，这一表达式并没有击中要害。它最多只捕捉到了“他必须在 X 和 Y 之间选择”中所表达的必然性。然而，阿迦门农遇到的必然性是必须选择 X 的必然性。参见本章注释 11 有关戴上轭套的讨论。

我并不认为这段文本会迫使我接受这样的想法。当然，把疯狂这一致命的心理状态描述成阿迦门农的决定的后果，而不是其原因，这是正确的，也很重要。无论歌队所转述的阿迦门农做出决定时所说的话是否确切[11]，他们完全清楚地表明了随后发生的

---

〔11〕［剧作者］并不打算让我们把阿迦门农致命的疯狂看作他身上应受谴责的过失，这一点即使我们接受努斯鲍姆对晦涩的第 214—217 行的解释也是站得住的：παυσανέμου γὰρ θυςίας / παρζενίου θ' αἵματος ὀρ/γᾷ περιόργως ἐπιθυ/μεῖν θέμις. εὖ γὰρ εἴη.（译注：为了止息风浪，［人们］欲求祭献 / 甚至是流少女的血 / 带着狂热的激情去欲求它 / 这虔诚得当。但愿一切如意。如罗念生译本注解中所言，ἐπιθυμεῖν［"欲求"］，一词并无主语，此处翻译依照威廉斯的读法。）更何况有很多反对它的理由：

她认为最后三个词表明，阿迦门农在这一阶段已经认为，这行为不仅是两出恶行中较好的一个，而且是"虔诚的、正当的"（第 35 页）。这过度解读了这句听起来纯粹是孤注一掷的话：如弗伦克尔在评论这句时所说："［它］听起来充满希望，但其中并没有任何真正的希望。"

她认为前一句表达了阿迦门农的思想转变，他先前认为这行为是虔诚的、正当的，现在转而认为狂热地欲求这样的行为是虔诚的、正当的。然而，第 215—216 行的文本并未勘定，自 16 世纪以来，大部分文本校订者将 ἐπιθυμεῖν（译注：欲求，要求）作为后人的注解而删去（晚近如韦斯特）。努斯鲍姆和弗伦克尔一样坚持使用抄本中的文本（这当然要胜过丹尼斯顿和佩奇所倾向的舍曼 [Schoemann] 的读法 περιόργῳ σφ' ἐπιθυμεῖν，它将这欲求归于远征军，或者依据一种全然不合情理的解释，归于阿尔忒弥斯）。但是抄本中的文本只是说出于宗教的理由（=θέμις），拥有这样的欲求是恰当的——它的意思可以是，人们拥有它、某个人拥有它，如此等等。有两个理由要求我们不照努斯鲍姆那样去理解。

第 214 行中的 γὰρ 应该是用来引出一个先前出现过的理由。而 θέμις（译注：既可指传统的礼法、习惯法，也可指众神的命令、神谕）责令对祭献的欲求，这一笼统的说法可以理解成用来解释，以一种言简意赅的方式，为什么拒绝祭献是擅离职守：我宁愿取这样的解释，而不是假设它标志着决定已经做出，后一种想法更适用于第 217 行的 γὰρ（参见赫尔曼的解读，引自弗伦克尔）。然而，无论怎样展示这段文本，都很难理解第 214 行的 γὰρ 如何可能引出阿迦门农的决定。

努斯鲍姆的解读弱化了这几行文字同随后的一个歌节之间前后相继、实为相互对照的关系。ἐπεὶ δ' ... τόθεν ... μετέγνω.（译注：然后……从此……他后来发现）歌队要告诉我们的是在阿迦门农戴上必然性的轭套之后发生了如何奇怪而可怕的事情，可是，对努斯鲍姆来说，按照她的推测，戴上轭套乃是第 214—217 行所表达的一个步骤，也就是接受去做这些可怕之事的欲望。

最后一点牵扯到可能是最为关键的一个问题，这一读法进一步弱化了轭套这一强有力的意象。除开她对必然性为何物的含混描述（见本章注释 10），努斯鲍姆这里的解读导致了悖论式的后果：正当阿迦门农为自己找到一个办法来把事情弄得简单些的时候，他戴上了轭套。

事情：父亲在嗜血的狂热状态中残杀自己的女儿。或许我们可以这样来理解，这就好像一个人被极端的处境逼疯了。同样地，（实际上和前面的理解并没有冲突）我们或许可以把这种狂热看成某种具有必然性的东西：只要阿迦门农还打算去做这件事情，这对他来说就是必要的。这段文本并不邀请我们进行太过深入的心理解释，但是，它更不会召唤我们走向谴责。歌队呈现在我们之前的是发生过的事件，而这可怖之事，父亲的狂热，正是它的一部分。要理解这部作品，这要求我们此刻悬置道德评判，要理解它所描述的事件，也需要我们这样。对人们的决定的评判，他们如何做出决定，如何执行决定，只有当这里所说的决定是实践的一部分，而且这案例包含值得**学习**（*learned*）的东西时，这些评判才尤其有意义。这也解释了，为什么我们可以合理地向政治家们强调，犹豫、遗憾、对决定的道德代价的理解应当看作实践或者政治生活的一部分。[12]但是，这并不适用于阿迦门农的处境。很有可能，当一个人绞手绝望时，他很难把祭献之刀指向自己的女儿，而如果我们并不认为阿迦门农仅仅是弄错了自己在奥利斯那糟糕的一天必须要做的是什么，那么，我们最好不要试图告诉他应该如何感受，而应该虚心学习经受这一切

135

〔12〕　参见斯图亚特·汉普希尔主编的《公共与私人道德》（Stuart Hampshire, *Public and Private Morality*）收录的《政治与道德品格》（“Politics and Moral Character”）一文及该书的其他文章；这是一个更普遍的现象的特例，关系到在生活或实践中如何定位一次特定的谋划或一类谋划。关于这点，参见我的《道德运气》（“Moral Luck”）一文，载《亚里士多德学会会刊·增刊》50（1976），重印于《道德运气》一书。

究竟意味着什么。[13]

当阿迦门农“戴上必然性的挽具”，他决定他必须杀掉伊菲革涅亚。然而，在他的决定之后还潜藏着另一个必然性，这正是我们现在特别关注的那种必然性：出自超自然外力的必然性，在这一情境中，这些力量通过召唤他的决定来表达自身。而关于同样的情境，索福克勒斯的厄勒克特拉代表她死去的父亲发言，她说，阿尔忒弥斯带来海面的平静（在这个版本中并不是逆风）**以便**（*so that*）[14]他父亲不得不杀死伊菲革涅亚：这里用一个直观的、出自神灵的目的，取代了埃斯库罗斯所强调的更为复杂和隐晦的外力，在后者那里，阿尔忒弥斯只是漫长历史的一部分。在埃斯库罗斯那里，阿迦门农在多大程度上理解了这些外力，这

---

〔13〕　参见 A.A. 朗对努斯鲍姆的《善的脆弱性》的书评（《古典语文学》83 [1988]），他提到《阿迦门农》《七将攻忒拜》以及《安提戈涅》：“当这些主要人物面对他们的困境时，观众们当然可以感受到语言，尤其是道德说教式的语言，无法恰当地公正对待他们的失败与毁灭。”歌队当然完全可以批评阿迦门农，例如第 799 行以下，努斯鲍姆也提到这一段，认为它可能支持她对第 214—217 行的解释：她特别提到第 803 行的 θράσος [θάρσος Tri.（译注：此处指拜占庭学者德米特里乌斯·特里克里纽斯 [Demetrius Triclinius] 亲笔誊写的抄本）] ἑκούσιον（译注：任性的胆大妄为，此处希腊文本的读法完全不同于罗念生所依据的丹尼斯顿的本子。后者作 θράσος ἐκ θυσιῶν，字义为“来自祭献的勇气”，这也是下文提到的阿伦斯 [Ahrens] 的读法）这一让若干文本校订者为之绝望的短语。然而，假定这里明确地出自《奥》11 卷第 438 行，Ἑλένης μὲν ἀπωλόμεθ’ εἵνεκα πολλοί（译注：为了海伦，我们中许多人死去）（参见《阿迦门农》第 1455 行以下），就没有任何理由把第 799 行以下同祭献伊菲革涅亚联系起来（这非常清楚地体现在弗伦克尔对阿伦斯的批评中）。努斯鲍姆假设其语境“完全必然同奥利斯相关”（第 433 页注释 58）完全没有根据。

〔14〕　ὡς，索福克勒斯《厄勒克特拉》第 571 行。她先前说过她发言是 τοῦ τεθνηκότος θ’ ὕπερ《厄勒克特拉》第 554 行（译注：为我死去的父亲）；当她继续在下一行说 τῆς κασιγνήτης θ’ ὁμοῦ（译注：还有我的姐姐），此时 ὕπερ 一词的含义就从“代表”转变为“关于”（按照卡梅贝克 [Kamerbeek] 对此处的评述，这里用的是“轻度的轭式修辞法”。——译注：指将同一个词同时用于两个不同对象，但实际上它只适用于其中一个。）这正是索福克勒斯的作风：他先设定辩护的调子，然后再以回顾的方式使其中立化。在厄勒克特拉的叙述中，阿迦门农的犹豫理所当然地得以强调，她断言阿迦门农 βιασθείς（译注：受了逼迫），这强迫来自神灵的要求（第 575 行）。

并不清楚。但是，可以确定的是，他确实明白那位女神当前的要求——他再清楚不过地明白，阿尔忒弥斯造成了这一切：如果他祭献伊菲革涅亚，舰队就能启航，否则就不能。就阿尔忒弥斯的角色来说，这类似于我们先前所考虑的荷马那里的神圣干预，在那里神灵赐予行动者一个他先前没有的行动理由。然而，《俄瑞斯忒亚》三部曲中的超自然界的总体作用和荷马史诗非常不同：重要的是那种长远的（long-running）必然性。[15] 正是因为存在这一更加深远的必然性，轭套或挽具的意象才会如此严密精准——当阿迦门农戴上它时，他接受了某种必然之事，并使之成为自己的一部分。那由于长时段的设计而必须发生之事，通过阿迦门农的决定变成了他必须去做的事。*ēthos anthropōi daimōn*，赫拉克利特说，“性格即命运”，不止一位作者观察到，可以通过两个方向解读这句谚语来把握悲剧的一个重要特征。[16] 出自性格的动机塑造了他命中注定的生活：而命运正是通过这些动机来塑造他的生活。韦尔南写道，“每一个行动，都是出现在一种性格，一种 *ēthos* 的发展路线和逻辑之中，它同时展现出该性格之外的力量，*daimōn* 的显灵。”在《俄瑞斯忒亚》三部曲后来的发展中，埃斯库罗斯可以精确地平衡这两个要素，他借俄瑞斯忒斯自己的意识之

136

---

〔15〕 比较保罗·马宗（Paul Mazon）的论断：“真相是，再没有比《伊利亚特》宗教性更弱的诗歌了。”（《〈伊利亚特〉导论》，第 294 页，引自莱斯基《荷马史诗中属神的与属人的动机》，第 26 页。——译注：威廉斯引用的法文有误，应为 la vérité est qu'il n'y eut jamais poème moins religieux que l'Iliade.）莱斯基根据《伊利亚特》大多与众神的活动有关这一点驳斥上述判断，然而，尼采已经看到，荷马处理众神的方式恰恰证实了上述论点：“荷马如此自如地安居于他笔下众神人性化的世界，作为一个诗人，他如此乐于接受这世界，以至于他必定彻底无视宗教。”（《我们古典学家》[V 196]，载英文本《非现代的考察》，第 387 页）

〔16〕 赫拉克利特残篇 119DK；韦尔南《古希腊的神话与悲剧》，第 30 页；温宁顿－英格拉姆《悲剧与希腊人的原始思想》，载安德森主编的《古典戏剧及其影响：献给 H.D.F. 基托的纪念文集》（M.J. Anderson, *Classical Drama and Its Influence: Essays Presented to H. D. F. Kitto*）。

口说道，“她要为侮辱我们的父亲付出代价，通过 *daimones*，通过我的双手。”[17] 这里的“通过”（through）是 *hekati*，意为“按照某人的意愿”，这个词在荷马那里（只在《奥德赛》中出现）只用于众神。

韦尔南指出，在这样的案例中，“悲剧的伟大艺术在于，让埃斯库罗斯的厄忒俄克勒斯那里依然是依次发生的事情同时出现。”[18] 出现在更早的剧作《七将攻忒拜》的一个场景，由厄忒俄克勒斯的演说以及随后他同歌队的交流构成，它对于向我们展示超自然必然性和人的行动具有重要意义。这场景有时被称为“厄忒俄克勒斯的决定”，但它实际上所呈现的并不是决定[19]：厄忒俄克勒斯从一开始就知道他在这第七个城门会遇到他的兄弟并且杀死他。他也察觉到，所有这些之所以会发生，是因为俄狄浦斯留给他们的诅咒。他所做的，是去抵抗那试图劝阻他的歌队，而在这一过程中，他更好地理解了面对他的兄弟的理由：正义、羞耻、荣誉。他还察觉到毁灭性的愤怒情绪在心中升起，认识到它就是他父亲诅咒的后果之一。[20] 歌队告诉他尽管如此，他也无需奋力向前，并且尝试各种方式来说服他不要参战，她们最后的话是“你真的想要你自己的兄弟流血吗?”对此，厄忒俄克勒斯用他在剧中的遗言答道：“神意如此，你无从逃避恶事（evil）。”（第

137

〔17〕　《祭酒人》第 435—437 行。

〔18〕　《古希腊的神话与悲剧》第 30 页。厄忒俄克勒斯的“决定”，见《七将攻忒拜》第 653 行以下。

〔19〕　A. A. 朗在《弑兄之争——埃斯库罗斯的〈七将攻忒拜 〉第 653—719 行》（“Pro and Contra Fratricide—Aeschylus Septem 653-719”）也这么认为，载《T.B.L. 韦伯斯特纪念文集》。朗评述了厄忒俄克勒斯在演讲开始时感情迸发所产生的奇效，认为它是在回应报信人的演讲，回应它结尾时提到厄忒俄克勒斯知道如何治理城邦。

〔20〕　γὰρ（译注：小品词，加强语气，此处用来说明上文）第 695 行。

718—719行）

厄忒俄克勒斯越来越意识到这诅咒，意识到自己的处境和自己的行动理由，以及他拒绝接受在他看来如同懦夫撤退的行为，或许是这些为他赢得了他曾经被授予的“世界诗歌‘悲剧’第一人”的称号。[21]但是，当韦尔南说，在厄忒俄克勒斯这个例子中，*ēthos* 和 *daimōn* 被描写成前后相继，这显然是一种善意的低估。真实的情况是，厄忒俄克勒斯的 *ēthos* 和他的 *daimōn* 的关系有晦涩难明之处。这里的难解之处不在于内外之分，不在于厄忒俄克勒斯的其他动机和俄狄浦斯的诅咒的外在力量之间的区分：这其中并没有任何内在的困难。这里的困难，更应该在他对这一必然性的确认行为中去找，而他确认必然性的方式左右了他的动机。

我们该如何来读解他最后的一行话呢？它似乎表明了对必然性的确认。与此同时，它也可以理解成表明了他决定外出作战的一个理由。但是，如果这就是它的作用，那么，他能有什么样的决定，这就让人迷惑难解了。一个人难道会因为意识到出于某些外在的理由他一定会去做某事，而决定去做它吗？难道厄忒俄克勒斯说的是，“众神已经确定我会去做这事，所以我的决定就是我会去做这事”？作为决定，这显然是不合逻辑的。阿迦门农实际上戴上了必然性的挽具——他能做成这事，他也有理由这么去做。然而，他不可能出于如下理由戴上它：他发现自己已经在戴着它。厄忒俄克勒斯要做的正与此相似，前提是我们把他最后一行话读解成既是承认外在地强加的必然性，同时也将这一点作为他

〔21〕　雷根博根（O. Regenbogen），引自温宁顿－英格拉姆《埃斯库罗斯研究》第16页。

做出决定的一个理由。 138

当一个人说“我知道我会做出决定做这件事，所以我去做它”，我们当然可以从其他方面来理解这句话。我们可以将这话理解成表明某种被动的反应，而不是出于决定的行为，它所象征的不是对必然性的英雄式的接受，而是溃败，在这溃败中，谋划、决定和有目的的行动都显得毫无意义，而一个人只是做些最近在手边的事情，或者什么都不做。或许，甚至厄忒俄克勒斯的那句话都向我们暗示这一点，因为把它理解成放弃决定，要比理解成肯定某种不可理喻的决定要容易得多。〔22〕

一个人决定去做某件事情，同时意识到他无论如何总是必然会去做它，这不是完全不可能的：他可能知道他必然会在某个时刻做它，同时做出决定现在就去做。尽管一个结果本身会被认为无可避免，它出现的时间和实现的路径仍然允许选择的空间。但是厄忒俄克勒斯并没有这样的空间。这是绝无仅有的、命中注定的战斗时刻，如果他现在不列队出发迎战波吕涅克斯，那么，他就不会遇到波吕涅克斯。在这情形下，如果他体现的是宿命论，那么他正在体现的就是我们所说的**直接**（*immediate*）宿命论：宿命般的必然性直接作用在当下所考虑的行动上。为什么这种宿命论总是令人困惑，一个理由是它只不过是掩盖了问题：“如果我不做，会怎么样？”如果这问题提了出来，唯一的答案只会是，“你总会去做的”。但是，我们现在讨论的是直接必然性，“你总会去

---

〔22〕　希罗多德（9卷16节）讲述了一个波斯人的故事，他看到波斯人的军队很快将被歼灭。一个希腊人问他是否应该告诉领军的人。他答道，ὅ τι δεῖ γενέσθαι ἐκ τοῦ θεοῦ ἀμήχανον ἀποτρέψαι ἀνθρώπῳ.（译注：凡是因为命运守护神而注定要发生的事情，人是无法扭转的。）但是他解释了为什么他没法影响结局——即使你说真话，也没有人会相信你。参见塞思·贝纳尔德特《希罗多德的追问》（Seth Benardete, *Herodotean Inquiries*），第210页。

做的”这样的答案只能意味着“无论你现在做什么样的决定，这就是你现在会做的决定”，这让人无法理解：或许他会回答，“请你仔细听好 [我的问题]。”

像这些论证表现出来的那样，如此用力地压榨厄忒俄克勒斯的这行话，这看起来愚不可及，可是，在这些论证中确实有值得学习的东西，而且不仅仅是在哲学上，它还关系到这行话本身。这些论证探明了一种明显的无法理解之处，它会模糊我们对他毅然赴死的精神的理解。实际上，将这一晦暗难解之处强加给我们的，并非厄忒俄克勒斯说的话。他的话无需读解成包含着直接宿命论，因为它无需理解成将众神的必然性本身呈现为厄忒俄克勒斯的一个行动理由。他已经给出了自己的行动理由；他最后所表达的是这一处境的必然性，其中必须包含他的行动理由。

139

一般说来，超自然必然性的运作并不包含直接宿命论或任何类似的东西。有时，例如在阿迦门农的例子中（按照我们建议的读法，厄忒俄克勒斯也与此相类），必然性将自身呈现于行动者之前，仿佛已经为他提供了特定的环境（circumstances）让他在其中一定有所行动，而他也正是根据这些环境做出决定。在其他例子中，必然性引导事件的发生而无需呈现自身。这一点可能行动者自己并无所知，或者只是事后得知，或者更典型的是，尽管事前有所知，但只是以某种不确定的、朦胧的、谜一般的方式，只有事后才能彻底了然。在这些案例中，那可能出现在厄忒俄克勒斯面前的问题“如果我不做，会怎么样”，根本就不可能出现：必然性的运作确保了这样的时刻并不存在。这一情形正是预兆和神谕（omens and oracles）的突出特征。

在预兆这里，首先遭遇的难明之处，极有可能是，你所见的究竟是不是一个兆头：正如欧里马科斯所言："阳光下众多鸟儿飞来绕去，它们并非都别有深意。"另一方面，就神谕这一悲剧特有的设计来说〔23〕，你理应知道你何时得到过它所做出的预言。然而，神谕并不仅仅公布预言。有时，它们还会给出指令，通常还会附带着预言，如果不遵守这些指令将会发生什么。违背这些指令是完全可能的，不过神谕通常还给出了执行指令的理由。实际上，这些指令出自神谕，这一事实本身可能就已经暗示了将它们付诸实践的理由。这些和类似的想法在埃斯库罗斯的《祭酒人》那里运用精妙，戏剧性效果强烈。在第269—270行，俄瑞斯忒斯让歌队放心，不要害怕他们的谈话会惊动克吕泰墨斯特拉和埃癸斯托斯；他说，阿波罗吩咐他冒这危险，他的神谕不会让他失望的。当然，这并不意味着**无论他做什么**（*whatever he does*），他都会成功，不过，它确实意味着某种东西，其大致含义是，如果他真诚地、合理地努力执行这一指令，他就会成功——他不会因为坏运气而失败。到了第297行以下，他说，除开对神谕的信任之外，他还有其他的理由，去做他立志要做的事情——这里的"对神谕的信任"意味着什么，这确实是一个敏感的问题。最后在第

140

〔23〕　欧里马科斯：《奥》2卷第181—182行。神谕这一设计最为典型地出现在埃斯库罗斯和索福克勒斯的悲剧中。参见卡梅贝克：《预言与悲剧》（J.C. Kamerbeek, "Prophecy and Tragedy"），载《谟涅摩绪涅》，4（1965），第38页："随着人的命运戏剧化中 *tuche*（译注：运气）作用的增长，神谕和预言的实质意义就会减弱，这合乎逻辑；事实上，我们在欧里庇德斯那里几乎找不到任何有关预言的场景，可以在深度上或意义范围上同《阿迦门农》中的卡珊德拉一幕或《俄狄浦斯王》中的忒瑞西阿斯一幕相提并论。"引自布什内尔，第114页，然而，帕克在《污染》第13页以下提出了有益的告诫，我们不应假定这些悲剧的设计直接代表大众信仰；他尤其指出在希腊的旧喜剧（译注：按亚历山大的文法学家的分类，这是希腊喜剧的最初阶段，代表人物为阿里斯托芬）中并没有堂而皇之的神圣原因，而且，在高雅文学中，预言者总是对的，在喜剧中则总是错的（《污染》第15页，相关文献出处见注释69）。

900行，俄瑞斯忒斯在谋杀他母亲前的最后一刻犹豫了，他转向皮拉得斯——“我应该做吗?”皮拉得斯插手进来，说道，“罗克西阿斯那可以信任的神谕今后要流落何方呢?……”他的话把对神谕号令的服从，和挽救它的预言可信度联系起来。这里的情形错综复杂，还有偕同神谕这个概念而来的晦涩。不过，在《祭酒人》中，埃斯库罗斯满怀自信，反复思考预言、超自然设计、人的动机、神的命令这些要素，这自信使它们不至于一起堕落成直接宿命论。〔24〕

有些神谕确实只提供了一个预言。通常是不确定的预言，或者即便是确定的预言，但它会通过什么样的路径变成现实，却在关键处让它含混不清。一个预言并不澄清自己如何成为现实，单纯这样的事实当然并不意味着它是超自然的。你可以做出许多这一类真实的预言，它们并不是神谕：例如，我们所有人都会死。此外，这还可以意味着**无论我们做什么**（*whatever we do*），我们所有人都会死，但它仍然并不包含超自然的想法，也没有多少宿命论的意味。

141 超自然的想法，还有伴随着它的宿命论，——我们或许可以

---

〔24〕《祭酒人》第297—298行 τοιοῖσδε χρησμοῖς ἆρα χρὴ πεποιθέναι; / κεἰ μὴ πέποιθα, τοὔγόν ἐστ' ἐργαστέον（译注：这样的神谕，难道不应该信任吗？ / 即使不信，事情也必须得做）最简单的解读就是认为 χρησμοῖς（译注：神谕）指的是神谕中有条件的预言的那部分，它泄露出如果他不服从神谕将会发生在他身上的惨状。这读法使得第300行所说的 θεοῦ τ' ἐφετμαὶ（译注：神的命令）变得模糊不清，或许正当如此，而究竟这些命令是否与他的其他动机有关，这也变得模棱两可了。第900—901行写道 ποῦ δαὶ [δὴ Auratus] τὸ λοιπὸν [Nauck: τὰ λοιπὰ M] Λοξιου μαντεύματα / τὰ πυθόχρηστα, πιστά τ' εὐορκώματα;（译注：译文见正文）。这里和其他多处都有真正的文本校勘问题，但是，和往常一样，总有文本校订者通过不必要的文本暴力来表达他们自己的困惑或担忧。关于这整个主题，参看德波拉·罗伯茨（Deborah H. Roberts）《俄瑞斯忒亚中的阿波罗和他的神谕》，他对于神谕的可信度同其他宗教伦理思考之间的关联颇为敏感。

称之为（与厄忒俄克勒斯的例子中讨论过的宿命论相对立的）未定的或延期的（indeterminate or deferred）宿命论——，它们只有在我们达到一种更特别的处境中才会起作用：尽管某件事正是那种我们希望通过行动避免的事情，我们却被告知，无论我们做什么它都要发生。再者，如果一切避免这结局的努力事实上促成了它的发生，这在事后就是一个可靠的标志，说明超自然力一直在起作用。发生在俄狄浦斯身上的事情就是如此，撒玛拉的约会也是这般情形。[25] 宿命论，就长时段的或延期的宿命论这一意义来说，并不要求人们相信所有的行动都没有效果。宿命论非但不排斥任何类别的有效行动，与之相反，它的特性恰恰要求某个行动和决定产生效果。并非人们的想法和决定不会造成任何区别，而是就那最关键的结果来说，它们长远来看不会造成改变，尽管人们曾经期望它们能起作用。

接受超自然必然性的存在并不仅仅是去相信不合常规的因果关联。某些迷信正是如此，例如，我已故的老祖母（她出生于19世纪60年代）相信在她内衣兜里放一个土豆可以免受风湿之苦。然而，超自然必然性的想法包含着别的东西，包含这样一个想法：事物的结构是蓄意的（purposive）：这么说吧，它在玩弄（playing against）你。事物的安排就是如此，你的所作所为不会对最终的结果造成影响，甚至还会有助于促成你极力避免的结果。

生活在一个有此种力量或必然性在其中起作用的世界，这并

〔25〕　这故事说的是巴格达的一个人听说死神明天要来找他，他离开家前往撒玛拉。另一个人遇到死神，并且请他留下来吃饭，可是死神拒绝了，理由是他在撒玛拉有个约会。约翰·奥哈拉（John O'Hara）的一部小说的标题即由此来。（译注：指《相约撒玛拉》[*Appointment in Samara*]。）

不意味着，你什么都不能做，或者你认为你什么都不能做。你可以行动；你可以谋划；因此你也可以考虑如果你采取不同的行动，会有什么样不同的事情发生。我们在第三章中看到的责任的一个实质性要素，也就是行动者是所发生的某些事件的原因这一想法，它仍然在自己的位子上发挥作用。不过，在某些关键的节点上，所有的结果汇聚于一个图案之中，表现出蓄意而成的样子，此时，你试图避免该结局的努力注定是无效的。生活中常见的情形是，你并不确切地知道这些节点是什么。如果你认出了其中一个，你可能会听任它的安排，在《特剌喀斯少女》中（第 1143 行以下），当赫剌克勒斯意识到一个预言已经变成现实时，他就是这么做的。但是，你也可能不这样做：在命运的路途交汇之前，仍然有行动的空间，你仍然可以选择通过一条路而不是另一条达到那一点。

142

此刻，哲学，不仅仅是现代哲学，会想要提出若干这套想法并不适于作答的问题。假如这些想法要获得它们的威力，那么，至少从短期来看，行动就必须是有效的行动。但是这关于可能性又暗示了什么呢？为了了解生活在由此类必然性所构建的世界之中究竟意味着什么，让我们步子迈得大些，将俄狄浦斯的故事从神话和悲剧中强扭出来，把它当作一则**社会新闻**（*faits divers*）来加以拷问（无需说，这些问题如果向戏剧提，那是荒谬的）。预言说，伊俄卡斯忒和拉伊俄斯襁褓中的儿子长大后会杀死他的父亲，面对这预言，他们决定不把这婴儿留在家中，而是交给一个仆人并且下令杀死他。他们想要这婴儿死，这并未发生，不过他们想要的一件事情，一件近在眼前的（short-term）事情确实发生了——他们决定让那仆人把婴儿带走，而他就那么做了。表面看来，如果他们决定把婴儿留在家中，那婴儿就会留在家里。可是，我们能说如果他留在家里，他仍然会长大后杀死他的父亲吗？或许我们能说：超自然必然性所要求的，仅仅是俄狄浦斯以这种或另一种方式杀掉他的父亲，而如果他的父母把他留在家中，那么，就会有一条通往谋杀之路，从他被留在家里这一刻开始延伸。但是，也可能是另一番景象。在这图景中，我们更应该说，假如婴儿俄狄浦斯留在家中，他就不会长大后杀死自己的父亲；可是，既然从超自然的角度来说，他杀死自己的父亲是必然的，那么他不被留在家里，这就一定是必然的。而这反过来也暗示了，伊俄卡斯忒和拉伊俄斯不可能把他留在家中：要么他们要把他留下的任何决定都是无效的，要么他们根本就不可能做出这样的决定。

这种模态混乱的模式由来已久，可以追溯到希腊哲学。亚里士多德，或他所回应的其他人，将这类问题从同神灵或神谕的关联中剥离出来，他们所展开的讨论延续至今。这些讨论常常陷入种种混淆之中，将宿命论、决定论、可预言性和单纯有关未来的陈述的真值混为一谈。〔26〕造成这些混淆的部分原因是这些问题自身的艰涩，和在用确定的方式思考可能之事时所遭遇的晦涩难明之处，这对我们和任何一个古希腊人来说都是一样的。但是，除此之外，这些混淆，部分地可能也应归咎于这些问题的起源，它们同超自然秩序这一想法的勾连。这一秩序有一个极其重要的特

〔26〕　原型文本出自亚里士多德的《解释篇》第九章中的“海战”。有关这一文本及相关争论的历史材料，见理查德·索拉布吉《必然性、原因与谴责：亚里士多德理论面面观》（Richard Sorabji, *Necessity, Cause and Blame: Perspectives on Aristotle's Theory*）。古代世界最为著名的哲学论证之一，狄奥多罗·克罗诺（Diodorus Chronus）的“主论证”（master argument）关注的正是这些问题，见索拉布吉第六章中的引用。

征，它加在人的行动之上的必然性是蓄意的（purposive），或者至少有蓄意而成的样子。我们将会看到，这一观念引出了处于某人权力之下的想法。

超自然构想本身，并未给有关什么东西可能发生的问题，提供多少明确的答案。我们自己常常对这样的问题也没有非常清晰或明确的概念，但是，超自然必然性的特殊性，尤其是通过神谕表达出来的时候，意味着这个地方没有答案可言，而没有了超自然存在，同样的地方就会有答案。我们此前屡次求助的一出剧，《埃阿斯》，精辟地阐明了这一点。报信人告诉歌队，先知卡尔卡斯嘱咐透克罗斯：

144

督促他恳求他
要使尽一切手段让他的兄弟安全地
待在帐篷顶下，把他关在那里
待上我们现在这个白天的整整一天
如果他希望还能看到埃阿斯活着的话。
只有今天一天，先知说道
女神雅典娜要用她的怒火让他困扰不堪。〔27〕

报信人把希望寄托在：

---

〔27〕《埃阿斯》第753—757行，John Moore的译文。第756—757行 ἐλᾷ γὰρ αὐτὸν τήνδ' ἔθ' ἡμέραν μόνην / δίας Ἀθάνας μῆνις P Oxy. 1615, Pearson, Kamerbeek; τῇδε θἡμέρᾳ μόνῃ A[c] rec Schol[1]（译注：此处为古代注经者提供的读法，将“只有在今天”从宾格改为与格，而且删去了 ἔθ'）这里的文本无法勘定，不过，ἔτι（译注：即前一种读法中的 ἔθ' 意为“仍然，还会”，正文的翻译中并未体现该词的作用）一词给人印象深刻，因为当我们得知实际发生的事情，它突出了卡尔卡斯话中的真理。随后的两行引自《埃阿斯》第778—779行。

> 如果他能活过今天，或许
> 神灵保佑，我们还能成为他的救主。

然而，埃阿斯已经出了帐篷，歌队担心最糟糕的情形："尖刀刺破了肌肤。"（第786行）当然，他们的担心是正确的；特克墨萨孤注一掷，派出搜寻队伍，然而，接下来我们看到的是，埃阿斯杀死了自己。

现在，卡尔卡斯的话成了事实——雅典娜的怒火确实只是在那一天纠缠埃阿斯：这一天结束的时候，他死了。然而，那报信人的希望呢？事件发生后，这希望很可能变成这样一种满怀遗憾的想法：如果那一天他们解救了他，他们就完全（altogether）解救了他。当然，卡尔卡斯的建议也鼓励这样的想法。但是，埃阿斯怎么可能彻底地获救呢？只有他改变心意，他才可以继续活下去，而我们已经有充分的理由去相信，他不可能改变心意，除非他再次疯狂。这是因为，继续活下去要求他变成一个不一样的人。面对这一点，他们或许曾经可以救他，这样的可能性只能黯然消退：这世界没有一块地方可以容纳这种可能性。另一方面，并不明确的是，这可能性到底是如何消退的：埃阿斯的决定的必然性究竟是怎样结合了先知的话语，使那拯救的尝试必然徒劳无功呢？这个问题完全没有答案。就像我们有关婴儿俄狄浦斯的种种揣测那样，这里重要的是，我们正在处理的，并不简单地只是众所周知的虚构的不确定性。我们所遭遇的［思想］空白，并不仅仅是好奇中所包含的空白，举个例子来说，我们想要知道，如果莎士比亚笔下的哈姆雷特在撞见克劳狄斯祈祷的时候杀死了他，事情会变成什么样。关于超自然的作用和它以何种方式产生必然

145

性压制可能性，存在一种特别的不确定性。

尽管如此，虚构的不确定性确实有助于我们，在我们能够把握的限度内，把握有关这些必然性的想法。在一定程度上，我们这里所遭遇的是，我们的世界观同希腊人的差异，有关信仰的差异。然而，我们不应太过轻率地认定，我们理解这是什么样的差异，尤其不应当认定，我们对超自然必然性想法的把握，可以独立于那些有力地表现它的戏剧。我们可以认为有一种属于公元前5世纪文化的信仰，索福克勒斯所接受或者至少是加以利用，并且通过戏剧性事件加以表达的信仰。在一定层面上，这无疑是正确的：大众信仰中的要素，使索福克勒斯的观众能够认出他所呈现的内容。然而，一旦我们试图对这种信仰包含的内容构造更加清晰的图景，很有可能我们会发现，超自然和戏剧必然性并不能如此截然分开。如果我们觉得自己对这种必然性的内涵有清晰的意识，我们会很乐意把这一印象归于悲剧的效力。超自然必然性的特性在于，事情可以通过什么样的方式变得不同，关于这一点，人们没有任何有意义的话可说——无论是关于那些使无可避免的结果仍然得以实现的其他路径，还是关于那些**只要**（*if*）得以采纳（尽管它们必然不被采纳）就能阻止这一结果的路径。然而，人世间的事，如果某个结果由于人所熟知的和自然的理由而不可避免，情形就完全不是这样。我们可以解释它何以不可避免，而要解释这一点，就需要理解事情如何可以恰好通过上述方式变得不一样。那么，我们究竟怎样才能获得一个观念去设想一个世界，146 一个超自然必然性的世界，在其中，以上所有这些在一定场合都是可以悬置的呢？

虚构的不确定性的一个特殊用法，会帮助我们获得这个观念——可能我们应该说，帮助我们认为自己获得了这个观念。这出剧向我们描绘了一个结局，以及阻止这一结局的若干失败尝试之类的事情，它如此富有表现力，内容环环相扣，让有关其他选择的猜测毫无生路。悲剧通过牵扯我们的注意力，引导我们的忧虑，将它们指向它描述成事实的内容，这可能会让我们无暇思考，也没有欲望去思考其他事情。虚构那里的一般情形是，在超过一定限度之后，对于实际行动**之外**的其他选择（alternatives *to* the action），就提不出任何有意义的或者实际的问题；索福克勒斯悲剧（毫无疑问别处也是如此）的独特技艺，在于将其含义转变成：在某些时刻，实际行动**内部**没有其他选择（alternatives *within* the action）。我们先前有关婴儿俄狄浦斯的种种推测，因为严肃地对待其他选择，最终踏上了导致超自然必然性形而上学崩塌的不归路；而与此同时，这些推测如闹剧一般离悲剧而去，这绝非偶然。

我们对于《俄狄浦斯王》这样的剧作中的超自然必然性的意识，实为作者创作力的产物，只有作者的创作力，才能赐予我们这样一个如此强烈或如此明显清楚的想法。这绝不是说，这种对必然性的意识本身就是对作者创作力的意识。在这里，意识到索福克勒斯的才能，只会让我们察觉其中的机巧设计，可是，还有更高的力量，它之于我们和世界，如同索福克勒斯之于他的剧作，任何对这力量的意识都会引入一种完全不同的宗教思想。有些神学家确实从这个角度来设想神，但是，他们的上帝，他是我们的存在的创作者，一如剧作者之于情节，他也是万有的创造者，他既创造了这世界，在这世界中我们有时可以防止某些事情发生，他也创造了那些无论出于何种理由我们都无法防止的事情。与此不同，古代悲剧意义上的超自然必然性是世界的一个特殊要素，它的存在必须嵌入这世界之中。索福克勒斯的悲剧有力量让这一嵌入富有说服力，因为它隐藏了一个事实：必然性的实现没有特定方式。

147

在《俄狄浦斯王》一剧中，有关预先安排的必然性的意识，牢牢支配全剧，它是艺术加工的产物，出自戏剧的结构，尤其是戏剧性的反讽。众所周知，这反讽从一开始就萦绕在俄狄浦斯的言语周围。当克瑞翁第一次提到拉伊俄斯被害时，他说，“我听说过这事，可我从没有亲眼见过他。”（第105行）反讽之所以能够如此直截了当、信心十足地产生作用，是因为观众已经知道这故事：他们的知识，以及因此而来的相对剧中人物的优势，发挥着实质性的作用，使得这文本呈现出压倒他的事物秩序。

当然，通过使观众融入文本，以此来表达人物同他们的世界之间的关系，这还有别的方式。尽管希腊悲剧的观众知道这故事，但是他们知道的并不总是同一个故事。“埃阿斯之死有不同的版本”，古代流传的有关该剧的资料（ancient hypothesis）提到，“有些人说他自杀了，而索福克勒斯正是其中之一”。很可能在这个案例中，观众并不知道要发生的事情。如果是这样的话，《埃阿斯》一剧就成了《俄狄浦斯王》的反转（inversion）。《俄狄浦斯王》和它所运用的反讽，提供了最为直白的例证来展示后人所说的索福克勒斯的“独门绝技，它让人物说出的话对观众的意义要多过对他自己的意义”。[28] 埃阿斯也是这么做的，不过是在相反的意义上：尤其是在曾经被称为“欺人耳目的说辞”（deception speech）

〔28〕 塞斯·沙因：《凡人英雄》（Seth Schein, *The Mortal Hero*），第127页。

中[29]，他的用词向观众传达了若干含义，也就是说，它们暗示了不止一种可能性。可是，对埃阿斯来说只存在一种可能性。同样地，预言、希望、为了拯救的徒劳尝试，它们让人们对其他的可能性浮想联翩，但最终都落了空：看起来，它们所指向的可能性，就像我说过的，并无真正的安身之地。这并不仅仅是索福克勒斯在用蒂乔·冯·维拉莫维兹（Tycho von Wilamowitz）[30]一贯主张的手法营造剧场效果；即使它们是剧场效果，它们也不是（像瓦格纳提到的梅耶贝尔的所谓“效果的剧场”[theatre of effect]）没有充分原因的效果。《埃阿斯》对可能性的贡献，正如《俄狄浦斯》之于必然性。观众们不能确定结局，他们在同角色的关系中一开始处于劣势。当他们回过头来意识到，在他们曾经以为有若干可能性的地方，其实一直只有一种可能，这将他们同那些在事发前不能理解埃阿斯之死的剧中人物归置于一处，使他们得以认清埃阿斯之死的必然性。

148

尽管一个英雄在他行动时总是尽最大可能地保持完全的清醒，但是，他同文本之间的关系告诉我们的，还是要多过他的所作所为，也正是这一点无可比拟地造成了索福克勒斯式的效果。欧里庇德斯拒斥这一效果，这首先体现在他放弃那些构造必然性的表述，让他的观众和他的人物一样，屈从于令人不知所措的机遇的不确定性。人们过去习以为常地将索福克勒斯与欧里庇德斯（欧里庇德斯是比索福克勒斯年少的同代人）对立起来，如同老派信徒对抗极端怀疑论者。阿里斯托芬怂恿人们这样去想象，可

〔29〕　见上文第三章注释42。

〔30〕　《索福克勒斯的戏剧技巧》（*Die dramatische Technik des Sophokles*）。

是，阿里斯托芬是个极端保守的反动分子，或者说，他觉得采取这样的姿态符合一个精力旺盛、好挖苦人的剧作者的心意。〔31〕在他们的现实生活中，两位诗人是否真有这样的对立，在我看来是可以怀疑的〔32〕，不过，在他们的作品之间，确实存在巨大的反差。在很多地方，欧里庇德斯剧作的效果，就是要打破习惯了埃斯库罗斯或索福克勒斯的观众的期待——而在有些场合，或许人们可以说，它要打破任何期待。〔33〕在有些剧作中，这一点走上极端，堪比布努埃尔：在《法厄同》这部仅以残篇传世的剧作中，新郎尸体阴燃的浓烟搅乱了他本该举行的婚礼。〔34〕欧里庇德斯在亚里士多德那里得到一个著名称号，“最富悲剧性的诗人”，可是，如果这名副其实，它是指他的剧作拥有强烈的剧场效果，而不是

149

〔31〕 有关阿里斯托芬同欧里庇德斯关系的有趣讨论，见哈里·埃弗里（Harry C. Avery）：“我的舌头立了誓，但心却没有立誓”，《美国古典语文学会学报》99（1968）。（译注：本文篇名中“心”一词原作 mind，威廉斯误以为 heart。此句出自欧里庇德斯的《希波吕托斯》第 612 行，原文为 φρὴν, 此前的讨论中威廉斯多将其翻译为 heart。）

〔32〕 欧里庇德斯是不是宗教怀疑论者，他一般性的看法是否更加倾向“现代”，这些问题在 A. W. 维罗尔的名著《理性主义者欧里庇德斯：艺术史与宗教史研究》（A. W. Verrall, *Euripides the Rationalist: A Study in the History of Arts and Religion*）的标题和内容中都混为一谈。对维罗尔来说，这两个问题毫无疑问注定要看成几乎同样的问题。米凯利尼在《欧里庇德斯与悲剧传统》第 13 页上评述到，维罗尔的立场要求欧里庇德斯剧中的众神“既是说谎者又是谎言”。

〔33〕 欧里庇德斯仍然是一个令人困惑的作者，即使在这个时代，在人们寄望他的作品中的更富解构性的方面能够得到欣赏的时代。米凯利尼在《欧里庇德斯与悲剧传统》的第一章中对欧里庇德斯解释史的叙述值得看重，它注意到，19 世纪初期索福克勒斯被奉为公元前 5 世纪的最佳代言人，而欧里庇德斯却每况愈下，尽管许多世纪以来他一直是最受欢迎的悲剧作者，这段历史本身就是同古典相对立的现代的自我定义的一部分。

〔34〕 见米凯利尼：《欧里庇德斯与悲剧传统》。

说他用最纯粹的方式展现了悲剧力量（tragic agency）。[35]

安娜·皮平·伯内特（Anne Pippin Burnett）曾经提出，悲剧反讽这一手段是个糟糕的教师，它难以把谦卑教给那些它原本赋予特权的观众，而这也是为何欧里庇德斯抛弃它，转向纯粹机遇作用的原因之一。[36] 可是，我并不能确信，因为观众是有知识的，所以他们就一定有这个方面的知识。《俄狄浦斯王》绝不是一部为满足观众虚荣心服务的作品，实际上，恰恰是欧里庇德斯那里更加萧伯纳式的（Shavian）要素，才不得不防范某种知识。我也和安·米凯利尼（Ann Michelini）一样怀疑，欧里庇德斯究竟是不是一个像伯内特假定的那样直白的观众导师。

无论如何，对超自然必然性的意识，在欧里庇德斯那里明显淡化了。这极为清楚地表现在《希波吕托斯》一剧中，它看起来堪称另一个发展方向的表率。这出剧开场是阿佛洛狄忒的前言，解释她如何安排了整个情节："我已经基本铺平了道路"，她说（第22—23行），"剩下要做的不多了"。然而，这一神灵的决定立于情节之外，一如这前言排除在全剧之外。有人已经指出，即使去

〔35〕　亚里士多德《诗学》1453a9，和这本不尽人意的著作中的其他评论一样，只有当你已经有一个想法可以用在这评论上的时候，它看起来才更有用。这个评判附在有关灾难结尾的剧作的问题之后。认为 τραγικώτατος（译注：最有悲剧性的）的意思是"最戏剧性的"，这想法得益于格列高里·弗拉斯托斯：参见 τραγικός 用来表示"夸夸其谈"（high-flown）这一用法，柏拉图《美诺篇》76E；阿里斯托芬《和平》；《狄摩西尼演说集》18.313 ἐν τούτοις λαμπροφωνότατος, μνημονικώτατος, ὑποκριτὴς ἄριστος, τραγικὸς Θεοκρίνης（译注："他们中，[你的]嗓音最洪亮，记忆最精准，你是最好的演员，高谈阔论的忒俄克里涅斯。"此人以告密闻名。）而在许珀里德斯那里，τραγῳδία 用来指夸张的演讲，《为吕科佛戎辩》12，《为欧喀尼普斯辩》26。公元前3世纪的时候，欧里庇德斯有时被称为"悲剧家"（参见《希腊语词典》τραγικός 词条）；这或许可以用来大致衡量他巨大而持久的声望。

〔36〕　《劫后余生：欧里庇德斯的混合逆转剧》（*Catastrophe Survived: Euripides' Plays of Mixed Reversal*），第15页。

掉前言，整出剧仍然可以理解，尤其是它所再现的人的行动的徒劳无功；而在结尾处，另一位女神阿尔忒弥斯出场，诺克斯注意到，她出人意表地重复阿佛洛狄忒的话语和态度[37]，但这并没有为整个情节带来更多对必然性的引导作用的意识。要评论阿佛洛狄忒所宣称的对《希波吕托斯》中事件的安排，你或许可以仿效柏拉图的《斐多篇》中的苏格拉底，他在提到阿那克萨戈拉的主张“心灵（Mind）主导一切”时说过：阿那克萨戈拉虽然这么主张，但归结起来，只是发生的事情照常发生，而心灵所做的不过是让它如此发生。[38]

150　并不是只有欧里庇德斯一个人认为，*tuchē*（运气）或许完全不是 *anangkaia*（必然的）。修昔底德的史书所记载的伯里克利的第一次讲演中，就在伯罗奔尼撒战争开始之前，伯里克利说道，“很有可能，在其发展过程中，影响世事的环境（circumstances）也会像我们人类的计划一样拙劣失策（blundering）。”洛厄尔·埃德蒙兹追随赛姆有力地论证了，伯里克利（带着些许反讽）所说的是，事件的进展不是“不可理解的”，而是“笨拙的”，就像人们的计

[37]　伯纳德·诺克斯《欧里庇德斯的〈希波吕托斯〉》（Bernard Knox, “The *Hippolutus* of Euripides”），载《耶鲁古典研究》，13（1952）；见《语词与行动》，第 226 页。有关前言的论点，见第 216 页。许多作者都给出了有关人的行为动机的充分性的一般论点，例如温宁顿－英格拉姆：《希波吕托斯：因果性研究》，第 188—189 页：“我们通过悲剧理解众神，不是通过众神理解悲剧。”这并不是说，众神的出场毫无作用：关于这点，参见查尔斯·西格尔：《〈希波吕托斯〉的悲剧》，载《哈佛古典语文学研究》70（1965），重印于他的《解读希腊悲剧：神话、诗歌、文本》。

[38]　柏拉图《斐多篇》98B-C；参见亚里士多德《形而上学》985a18。

划那样。[39]人们可以用有关人类谋划的词汇来描述逆境或厄运，其言外之意是，更高的*gnōmē*（译注：理性心智）可以掌握它。我们可以希望通过经验性的、理性的计划来控制政治和实践领域，这观点常常同普罗泰戈拉联系在一起，很有启发的是，这是种持中的观点，它的一边是古风时期的世界观，另一边是欧里庇德斯式的独断的机遇。我们不应该假定，修昔底德通过意在言外的方式归于伯里克利的观点，就是修昔底德自己的。修昔底德当然相信，世界的发展过程不是由超自然的意旨主宰，也相信*gnōmē*可以有所作为来掌握它，可是，他同样强烈地意识到先见之明有其界限，意识到机遇不可控制的作用。

对于梭伦和其他古风时期的作者来说，人类在对抗命运和机遇时通常是软弱无力的[40]，但这并不简单地只是因为，有些生活的条件过于复杂难以驾驭，或者说无从接近，就像事实所发生的那样。命运和机遇是外力，它们深刻、必然、意味深长地保持神秘。和我们一直在思考的埃斯库罗斯和索福克勒斯的必然性一样，它们所归属的事物秩序，有着充满敌意的谋划的外观和令人沮丧的效果，而这谋划无可救药地向我们深深隐藏。当品达用相当传统的想法来思考未曾逆料的命运的逆转时，他不只说“世事变迁多有不可

---

〔39〕 ἐνδέχεται γὰρ τὰς ξυμφορὰς τῶν πραγμάτων οὐχ ἧσσον ἀμαθῶς χωρῆσαι ἢ καὶ τὰς διανοίας τοῦ ἀνθρώπου. 修昔底德《伯罗奔尼撒战争史》，1 卷 140 章 1 节。ἀμαθής（译注：愚蠢、无知）几乎在所有其他地方都有这一“主动的”含义。见埃德蒙兹《修昔底德著作中的机遇与心智》，第 16 页；罗纳德·赛姆：《修昔底德》（Ronald Syme, “Thucydides”），载《不列颠学院院刊》48（1960），第 56 页；现在也可以参见《希腊语词典》的增补中的该词条，同样引自埃德蒙兹。关于伯里克利与梭伦的对比，参考埃德蒙兹，同上书，第 81 页，“对伯里克利来说，机遇就是纯粹的随机性……对梭伦来说，生活的变迁表达了*Moira*（译注：命运）和众神的意旨。”

〔40〕 Solon 13，见韦斯特《希腊长短格与哀歌集》63-70，参见希罗多德《历史》1 卷 32 章 4 节；忒俄格尼斯 1-130；阿尔喀罗科斯残篇 16，见韦斯特，同上书。

逆料之处”，他还额外补充道，“凡人中未有一人，能从众神处得一可信标记，以晓世事之流转；一若瞽者无以明未来之事。”[41] 这里确实有某种东西，不过它没有交给我们。这对于谈论不确定性的欧里庇德斯的反讽者来说，则大为不同：不存在任何竞赛，哪怕是隐藏的竞赛，而世事往往会以不可预料的方式最终导致毁灭，这一点只是平庸老套的真理。可是，对于修昔底德笔下的伯里克利来说，它有时候可以暗示，确实存在一场对抗环境的竞赛，不过，这是一场我们可能获胜的竞赛，因为另一方表现拙劣。

151

人类同超自然必然性的关系，无可避免地会求助于处于他人权力之下（being in someone’s power）这一意象。认为事物的构成以或此或彼的方式同人的种种目的相关——具体来说，是违背人的目的——单单这一想法就足以为那意象奠定基础。这或许有助于解释对可能性的压制，解释我们在俄狄浦斯和埃阿斯的例子中看到的，反事实的想法是如何一败涂地的，甚至比它平常还要败得容易。这种超自然必然性，就像某个有所作为的行动者的活动，不过，这个行动者和各自有着阴谋的荷马的众神不同，它除了目的和权力之外没有其他特征。既然超自然行动者除此什么也没有，那就可以说，他没有任何风格（no style）。他的目的产生的方式没有特别之处，因此，一旦这样的目的得以确定，就无法谈论，在其他环境下它会不会实现，或者说它会不会通过其他的路径实现。在某些场合，这目的可能本身是由人的行动固定下来的，

〔41〕 σύμβολον δ’ οὔ πώ τις ἐπιχθονίων / πιστὸν ἀμφὶ πράξιος ἐσσομένας εὗρεν θεόθεν / τῶν δὲ μελλόντων τετύφλωνται φραδαί. / πολλὰ δ’ ἀνθρώποις παρὰ γνώμαν ἔπεσεν.《奥林匹亚竞技胜利者颂》12 首第 10—13 行。与此相关，我们不妨回想 σύμβολον（译注：此处指标记、迹象，本义为信物）一词的起源：将诸如瓷片之类的器物弄成两半，这两块相互匹配的部分，双方各持其一。

miasma（译注：污染）的运作正是如此：如果阿特柔斯不曾犯下他的罪，毫无疑问，随后的灾难一个也不会发生。而在毫无关联的神谕式的预言那里，超自然目的的想法就没有这么明确了，关于这目的如何确定下来，我们无话可说。

生活在超自然必然性之下就是生活在某种权力之下，这权力通常没有什么特别的手段。而当超自然必然性的世界退场的时候，这就使人类在这一点上获得了自由；当我们最终明白某种因果秩序，某种解释人类欲望和行动的可能性，之所以它本身不是旧有的超自然必然性的延续，恰恰是因为该秩序没有任何与目的相关的或是先发制人的（preemptive）特征，那么，这一点终将水落石出：人类是自由的。然而，这消息并不像它听起来那么让人振奋。人类所拥有的，以及最终水落石出时他们所拥有的，是形而上的自由（metaphysical freedom）——也就是说，他们能够免受形而上学加以讨论和进行威慑的种种强制，在这个意义上是自由的。事实上，某些形而上学会更进一步要求免受自然法则强制的自由，在这个意义上，人类是不“自由的”：他们也不需要这种自由，而且，毫不夸张地说，即使他们拥有它，拿它也做不成任何事情。〔42〕人类在形而上的意义上是自由的，这是在否定的意义上说的：宇宙的结构中没有任何东西，会否定他们有权利去计划、去决定、去行动，其实也就是在一种奠基性的和可理解的意义上去承担和接受责任，而我们在前面的章节中发现，荷马那里已经有这样的意义。可

152

〔42〕　这里所主张的是，在因果解释和日常的行动心理学之间，并没有任何不一致之处。这并不是通常所说的相容论立场，即断言因果解释同我们现有的道德概念相容。这种立场是非常可疑的：对于我们的某些道德概念来说，它们是否同某种日常的行动心理学相一致，这一点并不清楚。在《意愿应该有多自由？》（“How Free Does the Will Need to Be”）一文中，我曾经论证过这一点，还论证了反因果的（或非决定论的）选择观念是无用的。

是，形而上的自由一无是处——至少是微不足道的。从形而上的种种恐怖中解脱出来，通常就是这样的：当形而上的恐怖消失时，它们留在身后的东西微不足道，因为我们会发现，在它们离去之后，当初它们用来威慑的东西不仅是不真实的，而且是不可理喻的。（悲观主义者或许会说，当形而上的自由出现时，它提供的比它当初还不能确定时所承诺的要少，在这点上，形而上的自由不仅类似其他形而上的事物，而且也类似其他种类的自由。）

既然我们在形而上的意义上是自由的，接下来我们就不得不追问，我们在多大程度上是自由的。我们的自由的真正障碍，就像约翰·斯图尔特·密尔说的，不是形而上的，而是心理的、社会的和政治的。自由的障碍，最为明显地体现在我们前一章所讨论的那种 *anangkē*（必然性），由他者的权力所施加的强制。我们现在应该回过头去看这种必然性，首先就应该更加严厉地追问它究竟是何物。

推至极端，它就是在身体上推动人们、捆绑他们、拘禁他们：可是，这并不是让人们**做**（*do*）事情——它只是将人们置于某种处境中，使他们能做或不能做某些特定的事情。而当某个人实际被强制做某事时，典型的情形更应该是：存在某种强加的选择：人们被给予选择的可能，或者是去做要求他们去做的事情，或者是痛苦，或者是死亡，或者是其他不那么极端但仍然让人生厌的东西。同样，被给予这些选择的可能（alternatives），也可以完全合理地说成是“未被给予选择的可能”；不过，从字面上说，这里有另一种选择，而且，在某些环境中，包括英雄的环境中，这选择确实真正地将自己呈现为一种选择。而这一点，希腊人也称之为 *anangkē*（必然性）。他们对这个词的用法体现了某种真理，

153

亚里士多德在他对这一主题的精彩论述中使其得以明确[43]：就行动者选择的可能受到限制而言，另一个行动者威胁性的意图只是某种更普遍现象的一个特例。自然可以用同样的方式，把让人不快的选择强加于人，就像亚里士多德的例子中，水手们为了在风暴中拯救自己和船只而将货物扔入大海。或者也可能是他人的行为将之强加给某人，而这行为并不是针对某人专门设计的威胁，尽管如此，它也不会带来什么好处；我认为帖撒利亚人在面对波斯人入侵时情形就是如此，希罗多德写道，他们起初由于自己政治上的处境 *ex anangkaiēs*（译注：迫不得已）对波斯人友好（后来，当他们被自己的盟军抛弃，他们就"满怀热情，不再三心二意"，投奔波斯人去了）。[44]

我们有很多种说法来表达这种外力的作用：人们或者环境可以"要求"（require）或者"迫使"（force），甚至"强制"（constrain）一个人去做事。然而，当用到"自由"这个词时，并不是所有这些强制，都可以用同样的方式说成是在削减我们的自由。自由尤其对立于那些由其他行动者有意地强加的强制：说那些水手们在将货物扔入大海时是在自由地行动，这完全合情合理，尽管是天气迫使他们这样去做，可是，当某个人在被人持枪抢劫时被迫交出他的财物，说他是在自由地行动，这就矛盾百出了。事实上，甚至在我的选择被他人有意的行为限制时，如果他们的意图不是针对我的，这也很难说是对我的自由的限制。这是因为，与自由相对立的首先是处于某人的权力之下；这一点的标志在于，就像我们从超自然必然性那里学到的，不仅仅是我的选择或机会受到

154

〔43〕　《尼各马可伦理学》3 卷 1 章。

〔44〕　希罗多德《历史》7 卷 172 节，174 节。

了限制，像在所有其他情形中那样，而且是另一个人按照他的意图塑造我的行动，他刻意、系统地限制了我的选择或机会。从范式的角度来说，缺乏自由并不简单地只是缺少选择，而是屈从于别人的意愿。

可是，如果这是这个观念的核心所在，我们接下来就不得不问，为什么这要限定在我经历到自己选择受到限制的情形中呢？难道我就不能处于别人的意愿支配下，同时我的可选项又没有任何公开的削减呢？答案是“能”，而且，和往常一样，希腊人也发现了这一点，不过作为政治真理，这至少要等到公元前 5 世纪。柏拉图的《斐莱布篇》（*Philebus*）中的普罗塔库斯说，“我过去常常听高尔吉亚说，说服的艺术和其他艺术非常不同，因为所有被它奴役的（enslaved）都是出于自愿，而不是受人强迫。”〔45〕修辞学家和智者们宣称他们能做到这一点，他们也据此向他们野心勃勃的学徒们许诺。这些一直困扰着柏拉图，他的哲学，很大一部分是在关注，如何证明他们的说服艺术不足为信。

柏拉图首先关心的不是政治自由。有人说他从不关心政治自由，这话有些道理，但当他认为最糟糕的统治形式是那种奴役一切人的僭主制时，这一点并不适用。不过，在受奴役的人中还

---

〔45〕 58A-B 认为说服可以是甜蜜的，这一普通想法当然为人熟知。例如《伊》14 卷第 216—217 行；《被缚的普罗米修斯》第 172—173 行，καί μ’ οὔτι μελιγλώσσοις πειθοῦς / ἐπαοιδαῖσιν θέλξει.（译注：我不会被他的甜蜜的说辞欺骗。）有关 πειθώ（译注：说服）的种种对照物的论述，包括下文触及的观点，参见巴克斯顿《希腊悲剧中的说服》（R.G.A. Buxton, *Persuasion in Greek Tragedy*）。暗藏在普罗塔库斯的议论中的想法是被说服者会参与合作，这想法貌似可以通过一种异常复杂的方式归于高尔吉亚本人：“因此，对高尔吉亚来说，说服的过程比靠 *logos*（译注：逻各斯，此处指言辞）的非理性力量实现理性的简单胜利要复杂得多。应当说，*logos* 的情感行动包含某种与心理相关的复杂性（psychic complicity）。”（查尔斯·西格尔《高尔吉亚与逻各斯的心理学》[Charles Segal, “Gorgias and the Psychology of the Logos”]，载《哈佛古典语文学研究》66[1962]）。

有僭主本人，这一想法给柏拉图留下了更加特别的印象；柏拉图从根本上关心的自由，是灵魂的内在自由。在他引入的灵魂三分中[46]，这就要求灵魂最高的理性部分不应受它的其他部分压制（tyrannized），尤其不受它的欲望压制。这些欲望表现出迫不及待的样子，它们发号施令、横加强制。柏拉图常常谈到 *erōtikai anangkai*，性欲之必然性。作为一种谈论需要的方式，这完全自然；亚里士多德就从必然性的角度来讨论这样的需要，公元 2 世纪的一位作者告诉我们阳具那时也被称为"必然性"，而且象征其他类型的必然性。[47]不过，柏拉图害怕，这些力量总是准备超越单纯需要的限度，而成为残酷的统治者。一个健康的合乎美德的灵魂的标志是，理性维持它对于诸欲望的统治。

155

柏拉图哲学多由一系列对立构成，而且，这些对立被认为是彼此平行的：灵魂对身体，理性对欲望，知识对信念，哲学对政治，以及论证对说服（至少有时如此）。无疑，在每组对立中，前者优于后者。然而，究竟什么造成了这种优先性，柏拉图内心深处长久以来态度矛盾（ambivalence）（也就是说，这种矛盾态度甚至出现在他坚持提出这些对比的作品之中：他并不总是如此，不过这是另外一个问题了）。有时，它是现实与表象的对立，较低的一项被刻画成模糊的、不实在的或者是虚幻的。有时这对立关

---

〔46〕　参见第二章，第 42—44 页。在《理想国》中，性欲和对食物的欲望被同等对待（558D-559C）；然而在《斐多篇》中，对明智的人来说，性欲并不被看作一个必要的欲望（64D）。玛莎·努斯鲍姆在有关伊壁鸠鲁对性的态度的有趣讨论中提到这一反差，《超越压抑与憎恶：卢克莱修的爱之谱系学》（"Beyond Obsession and Disgust: Lucretitius' Genealogy of Love"），载《无限》，1989。

〔47〕　阿忒密多鲁斯《释梦》1.79。此处引用，我得自布朗《身体与社会》，第 84 页。上文提到的柏拉图的主张，例见《理想国》458D。

系到语词与行为，论证与强力。因此，较低的一项似乎是强有力的，如同 *dēmos*（译注：民众）一样的危险怪兽，苏格拉底在《高尔吉亚篇》中说，伯里克利和其他民主派试图用大块的血肉让它息怒。这两个对立肩并肩地出现在《理想国》洞穴的意象之中，在那里，经验世界——尤其是日常政治的世界——只是幻象，墙上的影子，而观众在没有被哲学解放之前，被真正的强力强制去观看，因为锁链不允许他们把头扭开。[48]

这种矛盾态度——它也构建了柏拉图的艺术观——影响到柏拉图针对智者的说服技艺和修辞的说服技艺的抨击方式。一方面，这些说服艺术全无真凭实据，它们只处理表象、化妆、粉饰。另一方面，它们败坏、毁灭、颠覆灵魂。当然，这一类意象中所有这些冲突，都是可以化解的，这方面的主要文献，《高尔吉亚篇》，将大量的注意力放在不健康的点心和或者可以说成是毁容式的化妆上，在这些场合，外表的吸引力掩盖了真实的危险。但是，那核心的矛盾心态仍然存在，而且渗透到柏拉图对政治以及哲学同政治关系的论述中。在灵魂内部，理性如何来维持它对欲望的统治呢？它没有任何力量强迫它们；它不能用说服来操纵它们；它当然也不能屈尊同它们谈判。这些可能看起来是在向一个心理学模型提出一些缺乏想象力的、迂腐的问题，可是，灵魂的

156

〔48〕《理想国》514E。借用斯蒂芬·格林布拉特（Stephen Greenblatt）的说法，将“符号是充实的和符号是空虚的”的想法联系在一起，并非柏拉图独有。“在文艺复兴英语文学中，这一悖论可能最为精巧地体现在普罗斯帕洛的双重幻想中：作为绝对幻象的艺术（“这毫无根基的幻象织就”）和作为绝对权力的艺术（“坟墓曾受我的命令 / 惊醒其中沉睡的人，张开口，让他们出来，/ 这借助的是我强力的艺术”）（格林布拉特《非凡的占有》[*Marvelous Possessions*] 第 116 页）。（译注：以上引文出自莎士比亚《暴风雨》第四幕第一场和第五幕第一场，译文参考了梁实秋本。）

三分结构的设计，是用来为城邦提供类比，而当我们将这些问题从灵魂转向城邦，沉默就会被显而易见的答案所取代：理性对于劳苦大众的统治当然是通过欺诈来确保的，在极端情况下，通过暴力。我们已经看到，当亚里士多德将主人和奴隶的关系同灵魂和身体相比，男人和女人的关系同理性和情感相比时，他用更温和的方式避开了这种过于阴暗的现实。[49]

"一个成年人怎么可能抛开城邦的事务，把时间花在街角同两三个年轻人窃窃私语，从不说些有意义的话呢?"柏拉图在《高尔吉亚篇》中让卡利克勒斯问道（485D）。你不需要多么深入的阅读，就能明白这个问题是提给柏拉图自己的。这是关系到哲学与政治关系的问题，不过，柏拉图面临的是一个与之相关的问题，它涉及哲学活动本身，以及哲学和说服之间的纠缠。在灵魂内部，理性审视现实世界，如果它真能上升到那样的高度，它同自己交谈。可是，哲学作为一项活动是应当共享的，柏拉图对这项活动反复提出的一个要求，尤其是通过更加本真的苏格拉底这一角色，就是哲学应由对话而不是独白构成，它实质上就是**交换**（*exchange*）。可是，理性离开了说服怎么进行交换呢？在对话中交换和验证的想法怎么可能不带有某种修辞形式呢？绝无可能。没有什么比柏拉图对话本身的特性更强烈地要求这一真理。[50]

157

〔49〕 见第五章，第110和117页。不过，重要的是亚里士多德强调政治领袖的 ἀρχή（译注：此处指统治权）不同于主人高于奴隶的 ἀρχή：例见《政治学》1252a17-18；以及Schofield，第16页以下。

〔50〕 在智者和修辞学家们出场的时候，这一对交流而不是独白的需求尤其得到强调：《高尔吉亚篇》462A，《普罗泰戈拉篇》334C-336D，《理想国》348A7-B9，350E11-351A2。在《斐德若篇》中，柏拉图写作的步骤更加公开地表明他接受以下论点：一个人避开独白，并不因此必然能逃避与说服相关的种种困难："柏拉图接受并且遵照修辞学所坚持的观点：真理没有说服则无力。"（费拉里：《聆听蝉鸣》，第58页。）

柏拉图并不总是将理性同说服作对比。尽管有时在他的笔下，说服和对理性的诉求仿佛通过不同的渠道运作，而且目的地也各不相同，可是在其他地方，他不仅在字面上而且在更深的层面上接受，理性的言述本身也是一种说服。[51]强调了这一点，我们如何能够摆脱诡辩和非理性政治的强力统治，这一问题所采取的形式，就不再是去追问理性如何能够摆脱说服带来的烦恼；它也无关乎如何保护理性交流的渠道不受意志的、情感的干扰。不如说，这一难题转变成如何区分说服的可接受和不可接受的形式——尤其是将教育、合理的政治论证之类的事情同对他人的僭主式控制区分开来。

当柏拉图以这种形式来处理说服的问题时，他开始认为，一切都取决于说服究竟为谁的利益服务，是说服者的，还是被说服者的。他在对它的回答中感到安心，因为他认为，一个人真正的利益就是他的理性自我的利益。然而，在现代世界中，即使某人在某种意义上同意柏拉图有关真正利益的想法，他也很难接受这种开明专制，而对柏拉图来说，这是唯一有望表达真正利益的政治安排。即使统治者中的某一部分可以（以不可思议的方式）理解成始终等同于我们真正的利益，这事实本身，并不能使他们所采用的所有形式的说服都合法化：它只能说明，他们不合

---

〔51〕《蒂迈欧篇》51E 这一段中，柏拉图毫不留情地将说服同理性和知识作对比，但是在同一篇对话 48E 中，νοῦς（译注：理智）通过说服来控制 ἀνάγκη（译注：必然性），而在《高尔吉亚篇》453E-454E 中，又有所谓 πειθὼ διδασκαλική（译注：教育性的说服），它最终导向 ἐπιστήμη（译注：知识）。在《律法篇》719E9,722B6 中，πειθώ（译注：说服）同用惩罚威胁相对比：这同传统的 πειθώ 和 βία（译注：强力、强迫），实际上也就是 ἀνάγκη（译注：必然性）的对比可谓一脉相承，例如伊索克拉底《论交换制度》（*Antidosis*）293-294 节，希罗多德《历史》8 卷 111 节；关于这点，参看巴克斯顿的著作，尤其是第 42 页以下。

158

法的说服形式所示范的是家长制作风（paternalism），而不是剥削利用。不管怎样，一个严肃地关心合理性（rationality）的价值的现代人，很难接受柏拉图有关我们真正利益的论述：相反，他们可能会认为，我们的利益也要求我们不受家长制作风的支配。对政治说服，对它可接受的界限的现代理解更有可能会从以下想法出发：让人不快的交流形式，错就错在它们向听者隐藏了在他们那里所发生的事情，从而夺去了听者对交流的控制。[52]在一个现代的、自由的国家里，理性说服的理论将成为自由理论的一部分。

这样的思路，部分要素取自古代世界，但它亏欠现代世界的更多，尤其是某些启蒙运动的特定理念。然而，在它的部分形式，特别是康德式的形式中，某种虚妄理念的压力扭曲了上述思路，这理念推至极致，认为理性和自由完全吻合。该理念包含某种极端自由的想法，在它看来，只要任何和我自己有关的伦理上有意义的方面，它之所以归属于我，纯粹是因为它出自那以偶然的方式塑造我这个人的过程，那么，我就不是完全自由的。如果我的价值观，仅仅是因为我所经受的（exposed）的社会和心理进程而属于我，那么（这论证就推论出）我就如同被人洗了脑：我就不能成为一个完全自由、理性的、负责任的行动者。当然，没有人在受人养育时，可以控制自己的成长，或许我们要除开些微

〔52〕　这样的论述一定要顾及以下基本立场：有些信念和结论是无从逃避的，存在着来自事实和逻辑的强制。至于信念如何获得这样的特性，这仍然是知识论的核心论题，有些理论正确地抛弃了柏拉图（和笛卡尔）理性模型的理论，但仍然没有恰当地处理这一论题。其中需要考虑到的关键一点是，举例来说，对真事实信念是如何构成的正确理解，并不包含去削弱这些信念的倾向，可是，再举个例子，意识形态信念的情形通常正与此相反。这条真理——无可否认远远不够清楚明白——居于启蒙运动事业的核心。

不足道的变化和它的晚期阶段。与此相反，这理念要求我的整个世界观在原则上应该经受批判（critique），这种批判的结果是，我所坚持的每一种价值观对我来说，都能成为一个批判性地接受的思考，而不仅仅只是某种碰巧成为我一部分的东西。

我已经借助现代特有的、康德式的术语来描述这一理念。在这一形式下，它所代表的是现代的野心，而这理念得以进入我们的讨论，恰恰是通过将现代有关接受或理性言论的思想同柏拉图的相关思想对立起来。然而在更深的层面上，现代人同柏拉图有共通之处。它预设了一种有关无个性的道德自我的柏拉图式的想法，这想法，我们前面在讨论羞耻、罪责和自律时遇到过。[53]这想法暗含在对彻底批判（total critique）的渴望中。如果这种渴望有意义的话，那么，进行批判的自我（the criticising self）就能从一个人偶然地成为的一切中分离出来——就其自身而言，进行批判的自我只是理性或道德的视角。无个性的自我这一想法也暗含在批判的原始动机之中。如果我仅仅是通过偶然性，从我成长的道路中，以及更泛泛地说，从发生在我身上的一切中，获得我的价值观和世界观，那么——上述论证就推论出——这就好像我被人洗了脑。但是，那被这样的过程洗脑，已经存在的自我又是谁呢？他只能是，和刚才一样，无个性的自我。然而，事实并不是，这样一个自我在单纯的被社会化的进程中被误导或被蒙蔽了；正相反，一个人实际的自我（actual self）是由这一进程所构建的。

159

〔53〕　见第4章，第94—95、100页，以及尾注一。我们应当再次回想一下，在判定柏拉图究竟在真正的道德自律的方向上行进了多远时，进步主义思想家们遭遇了什么样的困难。

对某些评论者来说，例如阿拉斯代尔·麦金太尔[54]，有关无特征的道德自我的信念是启蒙运动所特有的表达，它构成了我们为何应当抛弃启蒙运动遗产的主要理由：对于麦金太尔来说，沿着复兴亚里士多德主义的方向抛弃。可是，当启蒙运动代表一整套社会和政治理念时，这些理念支持真实性（truthfulness）并且批判独断的、纯粹传统的权力，这样的启蒙运动对于这一类意象并无实质性的需要。而如果我们能更一般地让自己的伦理想法更有意义，我们就可以期待重新思考这些理念，它将阐明事实正是如此。而本书一直在论证的正是，如果我们回顾某些希腊人的想法，我们将会让自己所需的伦理想法更有意义。这一进程不必谴责启蒙运动的理念，只要它们支持的是对社会和政治真诚的追求而不是道德的理性形而上学。

160 在这些方面，至少我们的追寻不会将我们引回柏拉图：无特征的道德自我是康德式的思想和柏拉图所共有的一个想法，尽管这想法大变模样出现在康德和那些思想和他相像的人们那里，同时还被用在一种大大不同于柏拉图的政治上。然而，我们也必须谨慎对待，在什么样的意义上，我们允许自己被带回亚里士多德的想法中去。我在第二章中已经指出，亚里士多德同样持有，尽管以一种不如柏拉图那样极端的形式，一种自我的“伦理化”构想（“ethicised” conception of the self）：这种观点认为，心灵的功能，尤其是与行动相关的功能，在最基本的层面上，是通过那

〔54〕 参见第一章注释 17 中提到的作品。迈克·桑德尔在批评罗尔斯时也表达了类似的观点，《自由主义与正义的限度》（Michael Sandel, *Liberalism and the Limits of Justice*）：表面看来，他的论述常常会暗示高度黑格尔化的替代理论，但并不清楚的是，他在多大程度上忠于这一理论。

些从伦理中获得其意义的范畴来加以定义的。在柏拉图那里，无特征的道德自我构成这样的心理学的一部分：这恰恰是因为他认为，心灵的理性能力与值得向往的品行（conduct）之间有特别的关联，而行动者的其他偶然的特征，例如性格，无需用来解释行动者应该成为什么样的存在才能过上伦理生活。在亚里士多德那里，情形当然不是如此：善的人需要性格，由偶然环境所形成的性格。然而，当亚里士多德描述性格的形成，并且告诉我们欲望如何被理性控制时，我们被带回一种仍然是从伦理的角度构建的心理学，尽管方式更加精妙。

亚里士多德实际上说过："美德既不是自然的，也不是反自然的。"[55]在一定意义上，没有任何有理智的人会不同意；可是，他自己的观点远比这评断初看起来的意思要强。当他说美德"不是自然的"，他否定的仅仅是美德可以自发地展现自身、无需训练和性格的养成。实际上，这一否定为在另一个意义上相信美德是自然的留出了空间，只要美德所代表的是人类这种特殊的动物正确发展的产物。这是亚里士多德自己的信念，它清晰地体现在他对合乎美德的性格之外的其他选择的描述上：各式的软弱和邪恶都反映着理性的失灵和别的东西的掌权，尤其是快乐的掌权。在上一章中，我们注意到亚里士多德假定，男人和女人的关系可以用理性和情感的关系作模板，也注意到他何以认为，从生物学的角度来说女人只是被糟蹋了的或不完美的男人。将这两个观念联系起来，这揭示出亚里士多德伦理思想中的一个关联原则：更一般地说，一个人的生活如果没能成为理性的生活，他就是一个被

161

〔55〕《尼各马可伦理学》1103a24。

糟蹋了的、不完美的或不完整的人类。对于亚里士多德来说，伦理学的根基是心理学，甚至是生物学——这意味着，他的心理学实际上部分地就是伦理学。

“我在修昔底德那里究竟喜欢什么?”尼采写道[56]，“为什么我给他的荣耀远远高过柏拉图?”他在回答中提到，他赋予修昔底德的一种不偏不倚的、无所不包的理解，一种在所有类型的人中找到健全的意识（good sense）的愿望：“他展示出比柏拉图更伟大的实践判断；他不毁谤、不轻视那些他不喜欢的人或者那些曾经在生活中伤害过他的人。”尼采的判断中当然有一些出于空想或者同样是过时的东西，但它包含着一个非常有益的洞见。或许，并不像过去以为的那样，从某种地域性的意义来说，修昔底德对雅典政治、民主或帝国是不偏不倚的，可是，从他在解释中所使用的心理学并不为他的伦理信念服务这一意义来说，他确实是不偏不倚的。与此同时，尼采提到实践判断，这富有深意地表明，修昔底德的“不偏不倚性”不应当理解成试图以“不涉价值”（value-free）的方式讲述人间事务，致力于将人事化约为与实物交易同一层面的现象。他的宗旨在于使社会事件**有意义**（*make sense*），这包括以可理解的方式将它们同人的动机，同境遇向行动者显示的方式联系起来（言语 [speech] 所扮演的复杂角色对这一过程极为关键）。不过，同柏拉图相比，修昔底德有关可理解的、通常说的人之动机的概念要更加宽泛，而且不那么忠于一种独特的伦理世界观；或者更应该说——这差别很重要——，它比柏拉图的种种心理理论所承认 162

[56]《曙光》，霍林戴尔（R.J. Holligdale）英译，第 168 页。亦见《偶像的黄昏》中的《我感激古人什么》第 2 节。

的概念要更加宽泛。尽管不那么明显，这一点同样适用于他同亚里士多德的关系。

当然，亚里士多德并没有无个性的道德自我的想法，而且，尽管（我已经提到过）他的理性行为理论带有强烈的伦理偏见，但在其他方面，他的道德心理学注重实际，富有建设性。但是，更一般地说，我在上一章中已经论证，某些亚里士多德所青睐的世界和社会模型，属于那种现代世界已经明显地、也是无可非议地不再信任的事物。如果我们把启蒙运动等同于彻底批判的观念和社会的理性意象，那么，毫不意外，我们会动心想要退回亚里士多德，退回黑格尔，去寻找这样一种哲学，它不将人类作为纯粹的道德意识从社会中抽离出来，而是将他们看作由社会偶然地形成的存在，看作人群（people），其伦理身份得自他们所成长的世界的人群。不过，在这一方向上也存在一种不同的幻象，它隐藏在黑格尔式的主张极富诱惑力的措辞之中：人类由社会“构成”（constituted）。它也就是这样的观念：人类同社会的关系以及他们彼此之间的关系，如果得到恰当的理解和恰当的规定，就能实现一种不包含任何真正的损失的和谐一致（harmonious identity）。

对上述错觉的追求构成了现代政治思想史的一部分。但是，并不是只有从现代独有的发展产物中，我们才能学到，还有别的选项，它们既不包含没有特征的道德自我，也不包含通过承诺社会同自我的终极调和（reconciliation）来实现的社会对自我的“构成”。通过反思柏拉图和亚里士多德之前的希腊作者，我们也可以学会这一点。在我已经提到的有关修昔底德的评语中，尼采在称赞那种特殊的“不偏不倚性”时，还添上了索福克勒斯的名字。

正如他对修昔底德的判断，不应当理解成向一位研究社会的纯粹的科学家致敬，他提及索福克勒斯，这也不是在回归这位诗人作品先前的形象，将它看作超然的、大理石般的古典风格的终极表达（这种让人震惊的文学解释，确实得到过人们广泛的分享）。无论如何，即使我们不再不靠谱地把修昔底德当成实证主义者，把索福克勒斯看作奥林匹斯的代言人，我们仍然要问，为什么这两个作者可以放在一起。在我们对公元前 5 世纪晚期的理解中，许多传统的对立将他们分开："原始世界观"（借用我在第一章引用过的多兹的说法）[57] 对抗受智者影响的理性主义；人类的无助感对抗 *gnōmē*（译注：理性心智）与智性政治学；超自然关联对抗心理与社会解释。这些对立并不是空穴来风，但是，既然我们不能再依靠进步主义者的假设，我们必须追问这些对立能带我们走多远。

163

如果我们用康德式的或者黑格尔式的术语来思考西方伦理经验史，我们就会围绕这样的对比来构建历史，例如宗教与世俗，或者前理性与理性的对立；我们就会去寻找人的自律理性的出现，它同有关人性之外的人格力量的构想形成鲜明对照。这些反差确实掘出了一条鸿沟，让索福克勒斯和修昔底德分列对立的两边。然而，如果我们抛弃这一进步主义图景，我们就会更开放地对待这样的想法：重要的问题是——或者说，至少是另一个重要的问题是——，某个特定的作者或某种哲学究竟相不相信，在人类自己所决定的事物之外，确实还有某种东西存在，它的设计

164

〔57〕　完整的引用见第 17 页上方，"未经弱化，未经道德化"这样的说法指向更多的可能性。

内在地符合人的利益，尤其是人类的伦理利益。根据这个问题以及它所引进的区分来看，柏拉图、亚里士多德、康德、黑格尔全都在同一边，他们都以某种方式相信宇宙或历史或人的理性的结构，当它们得到恰当的理解，都可以产生一种模式使人的生活和人的渴望变得有意义。〔58〕与此相反，在不给我们留下这样的意义这一点上，索福克勒斯和修昔底德是一致的。他们俩都将人类刻画成能够明智地、愚蠢地、有时灾难性地、有时崇高地来应付世界，而人的能动行为只能部分地理解这世界，这世界本身也不必完全适合伦理的渴望。从这一视角看，索福克勒斯式的晦暗难明的命运和修昔底德式的处境艰危的理性意识之间的差异，就没有那么重要了。〔59〕它并没有以下两方的差异重要：一方是他们两人偕同荷马以及本书关注的其他人，而另一方则全都认为不论如何，或者在此生或者在来生，如果不是在肉体上，至少也是在道德上，作为个体或者作为历史群体，我们将安然无事；或者说，即使不能安然无事，至少我们也能安心相信，在世界构成的某个层面可以发现某种事物，它将使我们操心之事获得终极的意义。

---

〔58〕　就上文提到的柏拉图和康德有关无个性的道德自我的思想来说，哲学史家们会正确地强调，康德清醒地意识到这种对早期哲学的批评，而且实际上有效地创造了这一批评；与独断的哲学相对立，批判哲学的计划就是设计来克服这一难题的。然而，在他的先验心理学和依赖于此的道德哲学中，康德并未克服它。尽管实践理性——借用康德的术语——为自身立法，而且它的律法没有任何外在的来源，但是，理性的强制（reason’s constraints）内在地产生道德律法，这一点仍然是真的。后康德哲学大多注意到，和在其他方面一样，批判哲学在这一点上毁掉了自己。

〔59〕　这里所提出的修昔底德同索福克勒斯的这种关系，不应该同康福德《修昔底德——神话与历史之间》（F.M. Cornford, *Thycydides Mythistoricus*）一书中所主张的历史学家同悲剧的关联混淆起来，他宣称，修昔底德之所以无意识地堕入悲剧风格式的叙事，是因为他缺少资源来创作一部实证主义的历史。

这里，我们回到在第一章结尾处遇到的一个问题。我们如何回应希腊悲剧？要让悲剧同我们的经验相关，这需要我所说的“结构性替换”（structural substitutions），它又是什么？拿破仑曾对歌德说，现时代的政治就是古代世界的命运，本着同样的精神，邦雅曼·贡斯当（Benjamin Constant）说，古代悲剧中超自然的意义只有借助政治术语才能迁至现代剧场。“如果你将今天的悲剧奠立于古人的**天命**（*fatalité*），你一定会失败……比起被命运追逐的俄狄浦斯，被复仇女神纠缠的俄瑞斯忒斯，个人反对剥削他、绞杀他的社会结构的抗争更能感动民众。”[60] 贡斯当关心的问题是如何写一部现代悲剧，但他的评述，对于使古代悲剧成为现代经验的一部分也大有意义。希腊悲剧明确地拒绝表现同他们的世界处于理想的和谐状态中的人类，同时，它也没有空间容纳这样一个世界，一个只要我们充分理解它，就能教会我们同它如何和谐相处的世界。在悲剧人物具体的和偶然的存在同这世界作用于他的方式之间，存在一条缝隙。有些情况下，这缝隙可以通过人的相互冲突的目的来理解。而在其他情况下，它完全不可理解，不受控制。这对于包含超自然必然性的世界来说如此，对于社会现实可能也是这样。人物或个人规划同那些可以毁灭他们的外力、结构或境遇的交互作用，在离开了众神或神谕的在场之后，仍然可

165

[60]　《悲剧反思录》（*Réflxions sur la tragédie*）[1829]，第 945、952—953 页。在他对这一主题的长篇讨论中，贡斯当还写道：“社会秩序，社会针对个人的行动，……这些错综复杂的建制，以及那些自我们出生时就笼罩着我们、直到我们死亡才会崩解的习俗，它们都是悲剧的活力所在，应当了解它们如何运用。它们完全对应于古人的天命；它们的分量包含了这天命中不可征服的、压迫性的一切；由此产生的习惯、傲慢、毫无意义的艰辛、难以克服的疏忽，包含了这天命在让人绝望和让人心碎时所拥有的一切。”（第 952 页）（译注：原文为法语。）

以保留它的意义。[61]

这并不是要暗示，非人的政治实体可以呈现出强烈的目的性，进而助长宿命论，尽管索福克勒斯的悲剧艺术手法表现下的世界，有时确实会显现出宿命论的特征。的确有一种观点，大意是说，改革的措施，以一种近乎悲剧的方式，无可阻拦地导致同其意图相反的后果；如阿尔伯特·赫希曼（Albert Hirschman）所指出[62]，这论调在反动的悲观论者中流行。然而，这并不是要点所在。关键的类比在于我先前提到的，超自然能力缺乏风格，在于以下事实：社会实体可以采取行动，碾碎一个有价值的、重要的人物或计划，既无需展示出异教神灵栩栩如生的个人目的，也无需展示犹太、基督教或马克思主义目的论中的世界历史（world-historical）的意义。

我不止一次说过，我们应当牢记，悲剧是一种艺术形式：这里并没有任何暗示有人会像悲剧英雄那样行事。（要增强这一提醒的效力，我们就应牢记在心，索福克勒斯式的命运的必然性自身在多大程度上是艺术的创造。）我也不是在回答贡斯当的问题，即在现代世界是否可以成功地创造一种能被称为“悲剧”的艺术形

〔61〕　ἦθος ἀνθρώπῳ δαίμων（译注：性格即命运），本章先前引用过的赫拉克利特的名言即使没有命运守护神也是适用的。如果说性格、自我或个人规划这些观念本身要抛弃，那么当然会有一个巨大的鸿沟出现，不仅在我们自己和悲剧之间，而且在我们和本书讨论的绝大部分作品之间。我并没有讨论那些为抛弃这些观念辩护的论证，所有这样的论证，就我所知，都依赖于假定这些观念拥有柏拉图式、笛卡尔式或康德式的内涵，而本书的一个目的就是将这些观念同那些内涵剥离开。

〔62〕　见《反动的修辞》（*The Rhetoric of Reaction*），这是他所说的“悖谬论”（perversity thesis）。他指出（第16—17页），这一论点同样有一个明白无误的超自然版本，例如德迈斯特。（译注：应指Joseph de Maistre, 1753—1821，法国思想家，保皇主义者，著有《论法国》一书评述法国大革命的历史。）

式；或许，出于若干理由，这做不到。我的论点只是，如果我们追问古代的悲剧可以为我们带来什么意义，当我们不是作为悲剧的人，而仅仅是作为人来思考我们自己的伦理生活和我们的角色时，那么，甚至超自然的方方面面也可以在我们的经验中找到可类比之处。不过，去追寻这种类比，去从细节上厘清所需的结构性替换，这仍然是有待完成的任务。 166

我们所身处的伦理处境不仅超越了基督教，而且超越了它的康德式遗产和黑格尔式遗产。对于人类已经取得的成就，我们心态矛盾；对于人类可能的生活方式（尤其是，一个仍然强大的理念认为，人类不应该在谎言中生活），我们心存希望。我们知道这世界不是为我们而造，我们也不是为这世界而造，我们的历史并不讲述蓄意而成的故事，我们也不可能期待在世界之外或历史之外，找到恰当的位置来验证我们的活动。我们不得不承认，我们所珍视的诸多人类成就的骇人听闻的代价，包括这种反思性意识自身，并且认识到并不存在黑格尔式的救赎历史，也不存在莱布尼茨式的对世界的成本效益分析会证明它在终结时会变得足够好。在我们的伦理处境中，在其重要的方面，我们都要比从古至今的任何西方民族更像古代的人类。更具体说，我们像那些公元前 5 世纪乃至更早的先民，他们为我们留下某种深刻意识的蛛丝马迹，而当柏拉图和亚里士多德试图使我们同世界的伦理关联变得完全可理解时，他们并没有触及这一意识。

或许我应该再说一次，就像我在本书一开始所说的那样，我并不否认，现代世界已经彻彻底底地不同于古代世界。我也并没有暗示，我们应当因为自己不是荷马的、悲剧的或伯里克利的人，而为自己感到难过。至少在西方世界，有一种最冥顽不化的幻想，以为曾经有一段时光，那时万物更加美好，而且不是这样支离破碎；这幻想最古老的表达，其实在最早的希腊文献中就可以找到，它已经包含着这两条乡愁的理由。[63]然而，幻想永远是幻想，没有任何对古代世界的严肃研究，会去鼓励我们退回那个世界，在我们彼此的社会关系之中，或者，干脆这么说吧，在我们同那绝对的存在（Being）的关系之中，去搜寻某种失落了的和谐统一。不过，如果我们发现，在那个世界幸存下来的东西当中，有一些事物拥有一种别样的美丽和力量，那么，想到我们可以不只对它们啧啧称奇，而且能让它们，哪怕只是其中一星半点为现代所用，这想法终归令人欢欣鼓舞。

167

来自品达的这个意象恰逢其时：[64]

> 请留心从俄狄浦斯那里可以学到什么，
> 如果有人手持利斧
> 劈尽大橡树的枝杈，
> 毁去它堂皇的外观

---

〔63〕 赫西俄德《工作与时日》，尤见第 90 行以下，第 109 行以下。

〔64〕 品达《皮托竞技胜利者颂》第 4 首第 263—269 行（译注：中译文参考了水建馥译本）。此处推荐的翻译是尝试性的，它使 γνῶθι νῦν τὰν Οἰδιπόδα σοφίαν（译注：字面义为“你现在应当知道俄狄浦斯的智慧”）这段话的意义更有趣。关于这一点（以及 Schroeder 最早建议的将它同《伊》1 卷第 234—238 行相关联），参见查尔斯·西格尔《品达的神话创作：皮托竞技胜利者颂第四首》（Charles Segal, *Pindar's Mythmaking: The Fourth Pythian Ode*）。其他学者接受的传统观点，尤其见布拉斯韦尔《皮托竞技胜利者颂第四首评注》（B.K. Braswell, *A Commentary on the Fourth Pythian Ode of Pindar*），他认为这里只是一种吸引人们关注谜语的方式；这种说法依据的是古代注释者的注解：Προτρέπεται τὸν Ἀρκεσίλαον ὁ Πινδάρος συνορᾶν αὐτοῦ τὸ αἴνιγμα.（译注：“品达劝告阿刻西拉［本诗即为他而作］注意那个谜语。”此处应指斯芬克斯的谜语。而这里提到俄狄浦斯，或许也是因为他流放的命运类似阿刻西拉的政敌达摩菲罗斯，品达在此也委婉地规劝阿刻西拉同他和解。）

尽管颗粒无收，它仍能为自己交账
哪怕它最后投身冬日的火堆
哪怕它栖身豪宅台柱之上
在异乡的石墙中黯然劳作
而它所由来的故土再无片叶留存。

219

尾注一　羞耻与罪责的机制

每一种情感的心理模型都包含着内在化的人物（internalised figure）。我在正文中表明，在羞耻中，它是某个观察者或证人。而在罪责中，内在化的人物是某个**受害者**（*victim*）或**执法者**（*enforcer*）。

一个使用这种模型的理论，如果要对我们有所帮助，它不应该在最原初的层面上，就求助于它试图解释的情感：单纯说有某个内在化的人物在主体中产生罪责或羞耻，这毫无益处。罪责那里的条件可以这样得到满足：假定在最原初的层面，这个内在化的人物的态度就是愤怒，而主体的反应则是恐惧。那么，在最原初的意义上，这恐惧是**由愤怒而来**的恐惧（fear *at* anger），而不是**对愤怒**的恐惧（fear *of* anger），后者是更加复杂的发展结果，就像对爱的缺失（loss of love）的恐惧那样。

从这一原始基础出发，或许可以通过所谓的“自举”（bootstrapping）[1] 发展出上述模型，容纳那些通过社会、伦理或道德观念逐步结构化的反应。由单纯的愤怒而来的单纯恐惧因此变成对指责的恐惧，而这可以发展成这样一种反应，它只针对主体视为有正当理由的指责。在以罪责为核心的、自律的道德体系中，据称要达到这一点，主体和内在化的人物之间就应该没有丝毫距

〔1〕 译注：据英文维基百科，bootstrapping 一词源出德国小说《吹牛大王历险记》，故事中的主人公拉着自己的头发将自己从沼泽地中拉了出来。它用来指无需外在帮助而能自我维持的进程。它也可以指计算机的引导程序或自展程序。

离，而且罪责被刻画成在面对一个抽象概念时所经历的情感，这概念就是已经成为主体自身一部分的道德律法。这一理想化的描述服务于对完全道德自律的错误构想，这在正文中已经批评过了。除此之外，通过抹杀罪责的原始基础，这图景同时也掩盖了它的一个优点，我在本附录的结尾会回到这一点。

220

羞耻那里的情况，从一个方面看要更加复杂。如果我们从现实地被人看见赤身裸体这一基本情形出发，那就没有直接通往内在化的途径，个中原因，正文已经提到过：在一个想象中的观察者面前的并不是暴露（exposure）。内在化的过程如何能够解释羞耻，这看起来可能显得神秘莫测。答案其实在于如下事实：羞耻的根源并不是如此依赖被观察到的赤裸本身，而是别的东西，只是在大多数文化中，但也并非所有文化中，被观察到的赤裸是它的强烈表现形式。（被观察到的羞耻在其中拥有如此威力的文化，包括我们自己的和希腊人的，当然，决定什么算作赤裸、什么是不恰当的观察的习俗，我们和希腊人之间有所不同，实际上我们彼此之间和他们彼此之间也各不相同。）羞耻的根源在于更一般意义上的暴露，在于处于不利之中：我要用一个非常一般的短语来说，在于权力的丧失。羞耻感是主体在意识到这一损失时的反应：用正文中引用过的加布里埃尔·泰勒的话来说，它是“自我保护的情感”。

赤裸这种情形既是非常直接地体会到的，也是不同寻常的，因为这里说的权力的丧失本身，是由现实地被人看到所构成的。马克思·舍勒最早提出、泰勒加以讨论的一个例子为这一点提供了一个有趣的注脚，一个艺术家的模特在给画家摆姿势一段时间之后，她意识到画家不再把她看作模特，而是看作与性相关的对象，这时，她突然感到羞耻。泰勒通过引入另一个观者——想象 221 中的观者——来解释这个案例，但我并不认为这是必要的。实际上，是这一情景中所包含的变化，引入了与此相关的不受保护状态，或者说权力的丧失：这本身由一种特殊的与性相关的实际目光构成。她先前藏身于模特的角色中：当这角色被夺走之后，她就真正地暴露在充满欲望的眼神之前。

更一般地说，权力的丧失并不是由观察者的在场实际构成的，尽管"在他人眼中"仍然是一种权力的丧失。现在，内在化的过程得以可能，随后，"自举"就能借助羞耻发生时得到不断增长的伦理内容而得以运行。

有一些例子非常接近于要求一个实际的观察者，但实际上并不完全如此。我在大街上让鞋带给绊倒了，想要收拾散落的行李，又把帽子碰掉了。我感觉自己像个傻瓜，体会到不同程度的轻微的羞耻或窘迫。如果有人在看，这感觉会更糟，可是即使没人看，它也不会完全蒸发。（可以理解，一个独居的漂流者或许不再会有这样的感觉；可是有启发意义的、同样可以理解的是，他或许不想失去这些感觉，而将它们视为某种训练的一部分，使自己保持同可能到来的社会生活的联系。）这种"自举"运行得越久，包含的伦理考量越多，在它实际的酝酿中，对观察者的需要就越少：理想化的他者就已经足够。不过，这样的他者仍然要行使一个功能，要让主体回想起一个人，在他面前，这个遭遇了失败、丧失了权力的主体处于不利之中。

与罪责相反，在羞耻这里，并不需要观者应该愤怒或以其他方式怀有敌意。所需要的只是，他应当觉察到（perceive）当下的处境或特征，也就是主体觉得是一种不当、失败或是权力的丧失的处境或特征。（当赤裸是从字面意义来理解的时候，要引发羞耻，主体必须认为观者已经现实地看到主体赤身裸体。）然而，我们不应该说观者也必须将权力的丧失**看作**（*as*）权力的丧失。在艺术家的模特那个例子中，这一点非常清楚（画家或许认为能唤起他的性欲，这是她的荣幸），在正文中所表达的更一般的观点中也非常清楚，一个人可以因为被错误的人仰慕而感到羞耻。 222

上述论点同样适用于内在化的人物。当一个主体想到他的校长会如何赞许地看待他的某些举止时，他会为之感到羞耻。但是，这显然是次要的作用机制，包含着一个很可能必须是有意识的或者是接近意识的心理过程。如果我们要为羞耻的伦理运用提供模型，对我们来说，自然的做法是去内在化这样一个人物，他只是因为会将主体的失败看作失败，才来观看主体的失败——也就是说，他分有那些决定了主体的失败之为失败的标准或期望。

通过这些模型，我们可以看到，为什么羞耻会被认为就其本性而言，是一种要比罪责更加自恋的情感。观者的目光牵扯着主体的注意力，但不是转向观者，而是转向主体自身；与此相反，受害者的愤怒将注意力带向受害者。在正文中我已经论证过，在羞耻这边，可以通过拓宽一个人有关羞耻的可能对象的视野，通过做出在《希波吕托斯》中举足轻重的种种区分，来克服有关自恋的疑虑。但是，在罪责这边，还有另外一个考虑应当牢记在心。罪责使我们的注意力转向我们的错误行为的受害者，如果说这一点要成为罪责在同羞耻相对照时的内在优点，那么，受害者和他们的情感就应该出现在罪责的构建中，正如他们出现在这一模型的原始版本中。当对罪责这一概念的提炼超越了一定限度，进而遗忘了它原初构成中的愤怒与恐惧，罪责最终就会被简单地刻画成对一部抽象律法的尊敬态度，它再不能同受害者有任何特殊的关联。当然，在解释主体违背这律法的所作所为时，受害者会重新进来，但是，这并不会使受害者或有关他们的想法，和罪责的关系要比同羞耻的更加亲密。当我先前说，在这个方向上对罪责的精炼可能隐藏了它的一个优点时，我想的就是这一点。

223

那些捍卫现代道德构想的人，几乎无一例外地假定，这一构想和谐而有意义地结合了四个要素：罪责之于羞耻的优先性；通过将注意力引向受害者而不是主体克服自恋；道德自律；还有对自愿行为的坚持。在正文中我断言（第 93 页），前两点，也就是罪责的优先性和克服自恋，很难同对自愿行为的坚持结合起来。现在的论证则表明，前两点同道德自律的结合也同样不容易。

尾注二　菲德拉的区分：欧里庇德斯《希波吕托斯》第380—387行

τὰ χρήστ᾽ ἐπιστάμεσθα καὶ γιγνώσκομεν,　　380
οὐκ ἐκπονοῦμεν δ᾽, οἱ μὲν ἀργίας ὕπο,
οἱ δ᾽ ἡδονὴν προθέντες ἀντὶ τοῦ καλοῦ
ἄλλην τιν᾽. Εἰσὶ δ᾽ ἡδοναὶ πολλαὶ Βίου,
μακραί τε λέσχαι καὶ σχολή, τερπνὸν κακόν,
αἰδώς τε. Δισσαὶ δ᾽ εἰσὶν, ἣ μὲν οὐ κακή,　　385
ἣ δ᾽ ἄχθος οἴκων· εἰ δ᾽ ὁ καιρὸς ἦν σαφής,
οὐκ ἂν δύ᾽ ἤστην ταὔτ᾽ ἔχοντε γράμματα.

ταὔτ᾽ L; ταῦτ᾽ rell.　　387

（译注：

何为有益之事，我们明明熟谙而且明了，

却不肯尽力而为：有人出于懒惰

有人把另外的快乐放在了美好

之前；生活中的快乐形形色色

无休止的闲聊，无所事事——甜蜜而有害，

还有羞耻。羞耻亦分两种，一种无害

一种却是家族的负累：如果是非之分是清楚的，

就不会有两个东西用同样的字眼。）

学者们已经注意到这一段所提出的若干难解之处：

1. 第383行的 ἄλλην τιν’ 指的是“另一种快乐”还是“别的东西，也就是快乐”？巴雷特（Barrett）认为后一种解释是可能的（他援引柏拉图的《斐多篇》110E 和其他段落），同时也是必要的，根据在于 ἀργία（译注：懒惰）不是一种快乐。可是，从语言的角度来看，这解释在上下文中是否自然，已经有人提出质疑，尤其是考虑到 ἄλλην ἀντὶ（译注：在……之前的另一个）通常可以看作替换 ἄλλην ἤ（译注：不同于……的另一个）。威林克（Willink）和克劳斯（Claus）至少证明了这种解释不是必然的。人们是否相信欧里庇德斯或他剧中的人物会把 ἀργία 看成一种快乐，这事实上并不是这里所提到的对立所在，[和这另一种快乐] 相对立的是 τοῦ καλοῦ（译注：美好的），对它的追求本身就是一种快乐：克劳斯征引德谟克利特很有道理（残篇 207DK）：ἡδονὴν οὐ πᾶσαν, ἀλλὰ τὴν ἐπὶ τῷ καλῷ αἱρεῖσθαι χρεών（译注：你应该选择的不是所有快乐，而是同美好的东西相关的快乐）。

226

2. αἰδώς（译注：羞耻）怎能算作一种快乐呢？巴雷特说，“从字面来理解，菲德拉把 αἰδώς 称为一种快乐，可它实际上并非如此；所以，那些僵守字义的文本校订者就试图加以校改。但是，她的话不应该从字面来理解。”他断言，这里引入的 αἰδώς 并非妨碍人们去做 τὸ καλόν（译注：美好之事）的快乐，而是别的东西。巴雷特的结论或许是正确的，可是，αἰδώς 能不能成为一种快乐这个问题，并不能如此轻率地回答。它的答案取决于如何谈论 αἰδώς

这一核心问题。

3. 首先要问的是，这里区分了两种不同的 αἰδώς 吗？这是传统的解释，可是人们常常认为它造成一个语言学上的困难：从来没有出现过 διssός（译注：两个）的复数形式和一个单数名词连用，更何况这个单数名词没有复数。即使当它的意思是"两个"时，它也用单数的形式（ δισσὴ μερίμνα，欧里庇德斯《赫卡柏》第 297 行 [译注："两件伤心事"，此处出处有误，应为 897 行]）：当它的意思是"两种"时，（根据这论证）那就更不用说了。以上论证很有说服力，例如，马哈菲（Mahaffy）和伯里（Bury）就根据它认定这段文本有误。

威林克承认这里的困难，但他认为，δισσαὶ δ' εἰσίν（译注：存在两种）不是用来解释 αἰδώς，而是用来说快乐的。可是这完全没有解释，为什么这里要牵扯到对快乐的区分。而科瓦奇（Kovacs）尽管接受这一解释，他也承认，它本身得到的是一个以匪夷所思的方式压缩的清单。（科瓦奇本人绝望地认为此处有一行半文本脱落。）

δισσαί 的语法结构不同寻常，或许这一点本身就能说明问题。这里所考虑的是两个东西，而第 387 行也是这么来称呼它们的：它们是同一个名称"αἰδώς"所命名的两个东西。这个词并没有复数，这一事实本身有助于上述语法结构以一种醒目的方式引入如下想法：αἰδώς 这个东西是两个东西：这么说吧，有两个 αἰδώςes。

227

4. 那么，它们是什么呢？巴雷特认为坏的 αἰδώς 在于优柔寡断，他还说这段的"最好注解"可以在普鲁塔克的《论道德美德》第 448 行以下找到：παρὰ τὸν λόγον ὄκνοις καὶ μελλήσεσι καιροὺς καὶ πράγματα λυμαινομενον（译注：[这种情感] 常常违背理性，在优柔寡断和拖沓延迟中毁掉机遇和行动）。但是，这一点在《希波吕托斯》的上下文中全无帮助。这里的犹豫不决就**是**（*are*）不能去追随 τὸ καλόν（译注：美好之事）；巴雷特所假想的解释只给出了结果，并没有给出原因。巴雷特正确地注意到有关 αἰδώς 所包含的矛盾心态的原型段落：赫西俄德的《工作与时日》第 317—319 行，他援引辛克莱尔（Sinclair）来解释那里所说的 αἰδώς 的恶果，"一种自卑情绪（inferiority）使得 [穷人] 优柔寡断，不能主动地采取行动。"（然而在《奥》17 卷第 347 行，与此相关的想法却没有引入两种 αἰδώς——只是提到那种无疑是 αἰδώς 的东西给穷人带来的不利。有关赫西俄德那段话类似的观点，见韦斯特的相关注解。）赫西俄德的那段话确实给出了原因，而不仅仅是结果——社会性尴尬（social embarassment）（参见正文第 79 页引用的伊索克拉底的话）。问题是，如何才能给这种原因作一个最一般的描述，使它和被看成一种有益影响的 αἰδώς 形成对比呢？

梅里迪耶（Méridier）此处的注解很好地阐明了这一对比的实质："**坏的羞耻**（*la mauvaise honte*），也就是说，怯懦地顺从外界的驱使，它使人忘却了应尽的义务（而且妨碍人去做好事），而**好的羞耻**（*la bonne honte*），廉耻心（la pudeur）则约束我们不做坏事。"（斜体为原文所有。译注：原文为法语。）这是有关上述对立的传统观点。瓦尔肯奈尔（Valckenaer）说得好（1768），"菲德拉斥责坏的 [引者案：羞耻（verecundia）]；它使得我们对别人的年龄、地位或权力心存敬畏，当他们劝服我们做坏事时，我们就顺从了：冒犯了他们中的任何一个，我们就会为自己感到第一种形式的羞耻（pudor）。"（译注：原文为拉丁文）这种坏的 αἰδώς 是恐惧的一种形式，或类似的动机，它让行动者对外在的社会力量刻骨铭心。

228

按照对菲德拉的话的这样一番解释，我们就能够明白为何 αἰδώς 能够超越对习俗观念的畏惧，但是有时候又不能做到这一点。这个解释也表明 αἰδώς 在什么意义上是一种快乐：就像查尔斯·西格尔（Charles Segal）说的（《羞耻与纯洁》），它是一种社会性的快乐—— 一种慰藉或信心的恢复。多兹在 1925 年的一篇有趣的文章中也确认了类似的区分，他进一步将它联系到菲德拉此前提到 αἰδώς 的两处文本（也是该书中唯一再次提到它的地方）：“在第 244 行，αἰδώς 拯救了菲德拉；而在第 335 行，它毁掉了她。”

威林克断言巴雷特的思路并未充分地深入公元前 5 世纪的价值观。然而，威林克自己的论述明显带有进步主义理论的假设，他竟能得出结论，一个公元前 5 世纪的作者没有能力把 αἰδώς 想象成恶行的原因，这惊人地展示出这些假设的力量。可是，在好些文本校订者引用的《厄瑞克透斯》的诗句中（残篇 367 Nauck），欧里庇德斯自己就直接展示出对 αἰδώς 的矛盾心态：αἰδοῦς δὲ καὐτὸς δυσκρίτως ἔχω πέρι· / καὶ δεῖ γὰρ αὐτῆς κἄστιν αὖ κακὸν μέγα.（译注：关于羞耻，我真是难以区分对待 / 有时它必不可少，有时它又糟糕透顶。）（亦见第四章注释 16 中引过的德谟克利特残篇 DK 244，264）。我们可以合理地认为这段残篇中提到的 αἰδώς 的模棱两可，和现在这段中通过区分两种 αἰδώς 所表现出来的含混之处是一回事。一面是腼腆的、消极的、拘泥传统习俗的 αἰδώς，另一面则是坚定的、积极的以及（如果需要的话）不受传统期望约束的 αἰδώς。根据我们在正文中给出的解释，这种二重性是羞耻本身的内在特征。

《厄瑞克透斯》残篇不是简单地只意味着说话的人很难决定 αἰδώς 的价值，更应该说，羞耻本身包含着某种晦涩难明、模棱两可或难以分辨的东西。δυσκρίτως（译注：难以区分）一词让我们联想到，难以辨认某物的身份或意义；它几次出现在《被缚的普罗米修斯》中就是这样：第 458 行，关于星辰的升沉；第 486 行，关于叫声；第 662 行 δυσκρίτως εἰρημένους（译注：带来晦涩难解的）神谕；而在阿里斯托芬的《蛙》第 1433 行，τὸν σωτῆκρίτως γ᾽ ἔχω 的意思是“我发现很难分辨出他们中哪一个是救主”。这乍一看来和眼下讨论的这段中提到 καιρός（译注：此处指明辨是非，详见下文）非常吻合。可是，这里有一个值得注意的难题。

229

5. εἰ δ᾽ ὁ καιρὸς ἦν σαφής（译注：如果明确地辨明是非的话）这句话是什么意思呢？至少有两件事情是清楚的，而这两点在巴雷特那里都得到了很好的论证。一点是 καιρός 并不指时间（译注：它可以指恰当的时机），而是更宽泛地指适宜、恰当：欧里庇德斯的文本中他引用了《赫卡柏》第 593 行（参见第 594 行），《俄瑞斯忒斯》第 122 行，残篇 628 Nauck。第二点，καιρός 确实有适宜的含义，而不是像维拉莫维兹在解释这段文本时所宣称的那样，仅仅不偏不倚地意为“区分”。καιρός 总是偏向于对比中正确的那一边。

如果我们坚持这些论点，那就不得不说明在当前的语境中什么是 καιριός，“恰当的”，或者换一边，什么是 ἄκαιρος，“不当的”。如果我们认为它指的是两种 αἰδώς（或者是与之相关的行动、动机），那么，我们就要面对这一显而易见的困难，有一种形式的 αἰδώς，坏的那一种，它从来都不是恰当的。所以菲德拉不能说（例如巴雷特就让她这么说）假如像羞耻一样的行动的 καιρὸς（译注：是非之分）是 σαφής（译注：明确的），那么就会有两个不同的词分别表示两种不同的行动：这是因为，如果采取恰当的行动——也就是说，那种表现好的 αἰδώς 的行动——的理由是明确的，那么另一种类型的行动就不可能存在。

要解决这问题，就要理解最后一行究竟说了什么。在刚才假定的情境中，我们应该如何反应，这一点总是明确的，因此，就不会有两个东西拥有这同一个名称“αἰδώς”。可是，并不像通常所认为的那样，这一行的意思是还会有另外一个名称；实际上，它的意思是会少一个东西。这里的想法是，“如果我们总能清楚地知道在这样的动机下什么是恰当的行动方式，那么就不会有这两个东西——好的和坏的 αἰδώς，自尊和单纯的困窘或社会从众性——，既然是这样，它们也就不会共担一个名称了。”

以下一点或许会被当成反对这种解释的一个理由：它使得正确的行动紧跟 σαφής καιρὸς（译注：明确的是非之分），并由此引入唯理智论（intellectualist）的理解，这背离了这一段的初衷。这是一个误解。菲德拉在第 381—382 行说我们明了 τὰ χρηστά（译注：有益之事或好事）。这其中包括了好的 αἰδώς 的典型表现，排除了坏的 αἰδώς 的典型表现，泛泛地来说，我们知道这些表现是 χρηστά 的还是不是。然而，我们并不总是行正当之事，因为在一个具体的情形中，καιρὸς（译注：是非之分）是不 σαφής（译注：明确的）：我们没能认识到什么是恰当的行动，没能认识到什么样的行动表达什么样的动机。只有当失败的**原因**具有唯理智论的特征，例如愚蠢、无知、注意力不集中的时候，这种非常容易理解的描述才是唯理智论的，可是事实并非如此。失败的原因在于来自坏的 αἰδώς 的动机，例如恐惧、对认可的渴望，或者是瓦尔肯奈尔所罗列的错位的尊重；还有与这样的动机相关的，菲德拉提到的（来自社会信心恢复的）快乐。

230

或许应当提到尽管这种解释并不排斥第 387 行的 ταὔτ’（译注：

"同样的"，中性复数宾格，修饰 γράμματα）这一读法，但它并不是必要的。或许 ταῦτ'（译注：近指代词，"这"）才是正确的读法，而 L 抄本中的 ταὔτ' 或许是某人聪明的猜测，他就像后世大多数学者一样，认为菲德拉在讨论的是对我们语言的精炼，而不是对我们的情感的改进。

参考书目

缩写

AJP: American Journal of Philology《美国语文学学刊》

BICS: Bulletin of the Institute of Classical Studies, University of London《伦敦大学古典学研究所会刊》

CA: Classical Antiquity 《古代》

CJ: Classical Journal 《古典学刊》

CP: Classical Philology 《古典语文学》

CQ: Classical Quarterly《古典季刊》

CR: Classical Review《古典评论》

DK: Die Fragmente der Vorsokratiker （《前苏格拉底残篇》），ed. Hermann Diels, rev. Walther Kranz. 6th ed. Zurich, 1951.

HSCP: Harvard Studies in Classical Philology《哈佛古典语文学研究》

JHS: Journal of Hellenic Studies《希腊研究学刊》

LSJ: Liddell, Scott, and Jones, *A Greek Lexicon.* 9th ed.《希腊语词典》第 9 版。（译注：此书的书名应为 *A Greek-English Lexicon*）

PAS Suppl.: Proceedings of the Aristotelian Society, Supplementary Volume《亚里士多德学会会刊增刊》

PBA: Proceedings of the British Academy《不列颠学院院刊》

PCPS: Proceedings of the Cambridge Philological Association《剑桥语文学学会会刊》

RhM: Rheinisches Museum《莱茵博物馆》

SHAW: Sitzungsberichte der Heidelberger Akademie der Wissenschaften《海德堡

科学院通讯》

TAPA: Transactions of the American Philological Association《美国语文学学会学报》

WJA: Würzburger Jahrbuch für die Altertumswissenschaft《维尔茨堡古典学年鉴》

YCS: Yale Classical Studies《耶鲁古典研究》

Adkins, A. H. [MR] *Merit and Responsibility: A Study in Greek Values.* Oxford, 1960.

———. [MO] *From the Many to the One: A Study of Personality and Views of Human Nature in the Context of Ancient Greek Society.* London, 1970.

Annas, Julia, "Plato's *Republic* and Feminism." *Philosophy* 51（1976）.

Austin, Norman. *Archery at the Dark of the* Moon. Berkeley and Los Angeles, 1975.

Avery, Harry C. "My Tongue Swore, But My Heart Is Unsworn." *TAPA* 99（1968）.

Bacon, Helen H. *Barbarians in Greek Tragedy.* New Haven, 1961.

Baiter, J. G., and H. Sauppe, eds. *Oratores Attici.* Zurich, 1839-1843.

Barrett, W. S., ed. Euripides *Hippolytus.* Oxford, 1964; corrected ed., 1966.

Benardete, Seth. "XPH and DEI in Plato and Others." *Glotta* 43（1965）.

———. *Herodotean Inquiries.* The Hague, 1969.

Benjamin, Walter. *Ursprung des deutschen Trauerspiels.* Frankfurt, 1963. Translated by John Osborne as *The Origin of German Tragic Drama*. London, 1977.

Braswell, *B. K. A Commentary on the Fourth Pythian Ode of Pindar.* Berlin and New York, 1988.

Brisson, Luc. *Le mythe de Tirèsias.* Leiden, 1976.

Broadie, Sarah. *Ethics with Aristotle.* Oxford, 1991.

Brown, Peter. *The Body and Society: Men* , Women, *and Sexual Renunciation in Early Christianity*. New York, 1988.

Burkert, Walter. *Griechische Religion der archaischen und klassischen Epoche.* Stuttgart, 1977. Translated by John Raffan as *Greek Religion.* Cambridge, Mass., 1985.

Burner, John. *The Ethics of Aristotle.* London, 1900.

Burnett, Anne Pippin. *Catastrophe Survived: Euripides' Plays of Mixed Reversal.* Oxford, 1971.

Bushnell, Rebecca W. *Prophesying Tragedy: Sign and Voice in Sophocles' Theban Plays.* Ithaca, N.Y. and London, 1988.

Butler, E. M. *The Tyranny of Greece over Germany.* Boston, 1958.

Buxton, R. G. A. *Persuasion in Greek Tragedy.* Cambridge, 1982.

Clarke, Howard. *Homer's Readers.* New Brunswick, N.J., 1981.

Claus, David. "Phaedra and the Socratic Paradox." *YCS* 22（1972）.

———. [TS] *Toward the Soul.* New Haven, 1981.

Constant, Benjamin. *Réflexions sur la tragédie* [1829]. In *Oeuvres.* Pléiade ed. Paris, 1957.

Cooper, John. "Plato's Theory of Human Motivation." *Hist. Phil. Quarterly* 1（1985）.

Cornford, F. M. *Thucydides Mythistoricus.* London, 1907.

Coulton, James. *Ancient Greek Architects at Work.* Ithaca, N.Y., 1977.

Crosby, Harry. *Transit of Venus.* Paris, 1931.

Davidson, Donald. *Essays on Actions and Events.* Oxford, 1980.

Davies, John K. "Athenian Citizenship." *CJ* 73（1977）.

Denniston, J. D. *The Greek Particles.* 2d ed. Oxford, 1954.

Denniston, J. D., and Denys Page, eds. *Aeschylus Agamemnon.* Oxford, 1957.

Descartes, René. *Passions de l'âme.* In *Oeuvres de Descartes* , vol. 11, edited by C. Adam and P. Tannery. Paris, 1974.

Diggle, J., ed. Euripides *Fabulae.* Vol. 1. Oxford, 1984.

Dihle, Albrecht. *The Theory of Will in Classical Antiquity.* Berkeley and Los Angeles, 1982.

Diller, Hans. "thumos de kreissōn tōn emōn bouleumatōn" *Hermes* 94（1966）.

Dodds, E. R. [GI] *The Greeks and the Irrational.* Berkeley and Los Angeles, 1951.

Dover, K. J. [GPM] *Greek Popular Morality in the Time of Plato and Aristotle.* Oxford, 1974.

Easterling, Pat. "The Tragic Homer." *BICS* 31（1984）.

Edmunds, Lowell. [CI] *Chance and Intelligence in Thucydides.* Cambridge, Mass., 1975.

Ellmann, Richard. “The Uses of Decadence.” Reprinted in *a long the riverrun.* New York, 1989.

Engels, F. *Anti-Dübring.* Marx-Engels Werke 20. Berlin, 1962.

Euben, J. Peter. *Greek Tragedy and Political Theory.* Berkeley and Los Angeles, 1986.

——— *The Tragedy of Political Theory: The Road Not Taken*. Princeton, 1990.

Ferrari, G. R. F. *Listening to the Cicadas: A Study of Plato's Phaedrus.* Cambridge, 1987.

Finley, M. I. [AS] *Ancient Slavery and Modern Ideology.* London, 1980.

Foley, Helene P. *Ritual Irony: Poetry and Sacrifice in Euripides.* Ithaca, N.Y., and London, 1985.

———. “Attitudes to Women in Greece.” In *The Civilization of the Ancient Mediterranean* , edited by M. Grant and R. Kitzinger. New York, 1988.

———. “Medea’s Divided Self.” *CA* 8（1989）.

Fortenbaugh, W. “Aristotle on Slaves and Women.” In *Articles on Aristotle* , vol. 2, edited by J. Barnes, M. Schofield, and R. Sorabji. London, 1977.

Fraenkel, E., ed. Aeschylus *Agamemnon.* Oxford, 1950.

Fränkel, Hermann. [EGP] *Early Greek Poetry and Philosophy.* Translated by M. Hadas and J. Willis. Oxford, 1975.

Furley, David. “Euripides on the Sanity of Herakles.” In *Studies in Honour of T. B. L. Webster* , vol. 1, edited by J. H. Betts, J. T. Hooker, and J. R. Green. Bristol, 1986.

Galilei, Galileo. *Dialogue Concerning the Two Chief World Systems.* Translated by Stillman Drake. Berkeley and Los Angeles, 1962.

Gaskin, Richard. “Do Homeric Heroes Make Real Decisions?” CQ n.s. 40（1990）.

Gauthier, R. A., and J. Y. Jolif. Aristote: *L’Ethique à Nicomaque.* Vol. 2. Louvain, 1970.

Gibbard, Alan. *Wise Choices, Apt Feelings* · Cambridge, Mass., 1990.

Gill, Christopher. “Did Chrysippus Understand Medea?” *Phronesis* 28（1983）.

———. “Two Monologues of Serf-Division.” In *Homo Viator: Classical Essays for John Bramble*, edited by M. and M. Whitby and P. Hardie. Bristol, 1987.

Goldhill, Simon. *Reading Greek Tragedy.* Cambridge, 1986.

Gomme, A. W. “The Position of Women in Athens in the Fifth and Fourth Centuries.” CP 20（1925）.

———. *A Historical Commentary on Thucydides.* Vol. 1. Oxford, 1959.

Gould, John J. “Law, Custom and Myth: Aspects of the Social Position of Women in Classical Athens.” *JHS* 100（1980）.

Gould, Stephen Jay. *The Mismeasure of Man.* New York, 1982.

Greenblatt, Stephen. *Marvelous Possessions.* Oxford, 1991.

Griffith, Mark. *The Authenticity of “Prometheus Bound.”* Cambridge, 1977.

Guthrie, W. K. C. *A History of Greek Philosophy.* Vol. 2. Cambridge, 1965.

Hampshire, Stuart, ed. *Public and Private Morality.* Cambridge, 1978.

Harrison, Jane. *Prolegomena to the Study of Greek Religion.* Cambridge, 1903.

Hart, H. L. A. *Punishment and Responsibility.* Oxford, 1968.

Hart, H. L. A., and A. M. Honoré. *Causation in the Law.* Oxford, 1959.

Hirschman, Albert. *The Rhetoric of Reaction.* Cambridge, Mass., 1991.

Homer. *Iliad.* Translated by Richmond Lattimore. Chicago, 1951.

———. *Odyssey.* Translated by Richmond Lattimore. New York, 1965.

Hooker, J. T. “Homeric Society: A Shame-culture?” *Greece and Rome* 34（1987）.

Hornsby, Jennifer. “Bodily Movements, Actions, and Mental Epistemology.” *Midwest Studies in Philosophy* 10（1986）.

Housman, A. E. M. Manilii *Astronomicon* Liber I. Cambridge, 1937.

Hume, David. *An Enquiry Concerning the Principles of Morals* , edited by L. A. Selby-Bigge. Oxford, 1894.

Humphreys, S. C. *The Family* , Women *and Death.* London, 1983.

Irwin, T. H. *Plato's Moral Theory: The Early and Middle Dialogues.* Oxford, 1977.

Jahn, Thomas. *Zum Wortfeld 'Seele-Geist' in der Sprache Homers.* Munich, 1987.

Jaynes, Julian. *The Origin of Consciousness in the Breakdown of the Bicameral Mind.* Boston, 1976.

Jenkyns, Richard. *The Victorians and Ancient Greece.* Oxford, 1980.

Kamerbeek, J. C. "Prophecy and Tragedy." *Mnemosyne* 4（1965）.

Kassel R., and C. Austin. *Poetae comici Graeci.* Vol. 7. Berlin and New York, 1989.

Keuls, Eva C. *The Reign of the Phallus.* New York, 1985.

Kierkegaard, Søren. *Fear and Trembling.* 1843. Translated by Alastair Hannay. Harmondsworth, Kirk, G. *The Iliad Books I-IV.* Cambridge, 1985.

Knox, Bernard. "The *Hippolytus* of Euripides." *YCS* 13（1952）.

———. "Why Is Oedipus Called Tyrannos?" CJ 50（1954）.

———. *The Heroic Temper.* Berkeley and Los Angeles, 1964.

———. "Second Thoughts in Greek Tragedy." *Greek, Roman and Byzantine Studies* 7（1966）.

———. "The *Medea* of Euripides." *YCS* 25（1977）.

———. [WA] *Word and Action.* Baltimore and London, 1979.

Kock, T. *Comicorum Atticorum fragmenta.* Leipzig, 1880.

Kovacs, D. "Shame, Pleasure and Honor in Phaedra's Great Speech." *AJP* 101（1980）.

Laqueur, Thomas. "Orgasm, Generation, and the Politics of Reproductive Biology." *Representations* 14（1986）.

———. *Making Sex.* Cambridge, Mass., 1990.

Lefkowitz, M. R., and M. Fant. *Women's Life in Greece and Rome.* London and Baltimore, 1982.

Lesky, Albin. [GM] "Göttliche und menschliche Motivation in Homerischen Epos." *SHAW* 1961.

———. "Decision and Responsibility in the Tragedy of Aeschylus." *JHS* 86（1966）. Reprinted in Erich Segal, ed., OGT.

Lloyd, G. E. R. *Magic, Reason and Experience.* Cambridge, 1979.

———. [SFI] *Science, Folklore and Ideology.* Cambridge, 1983.

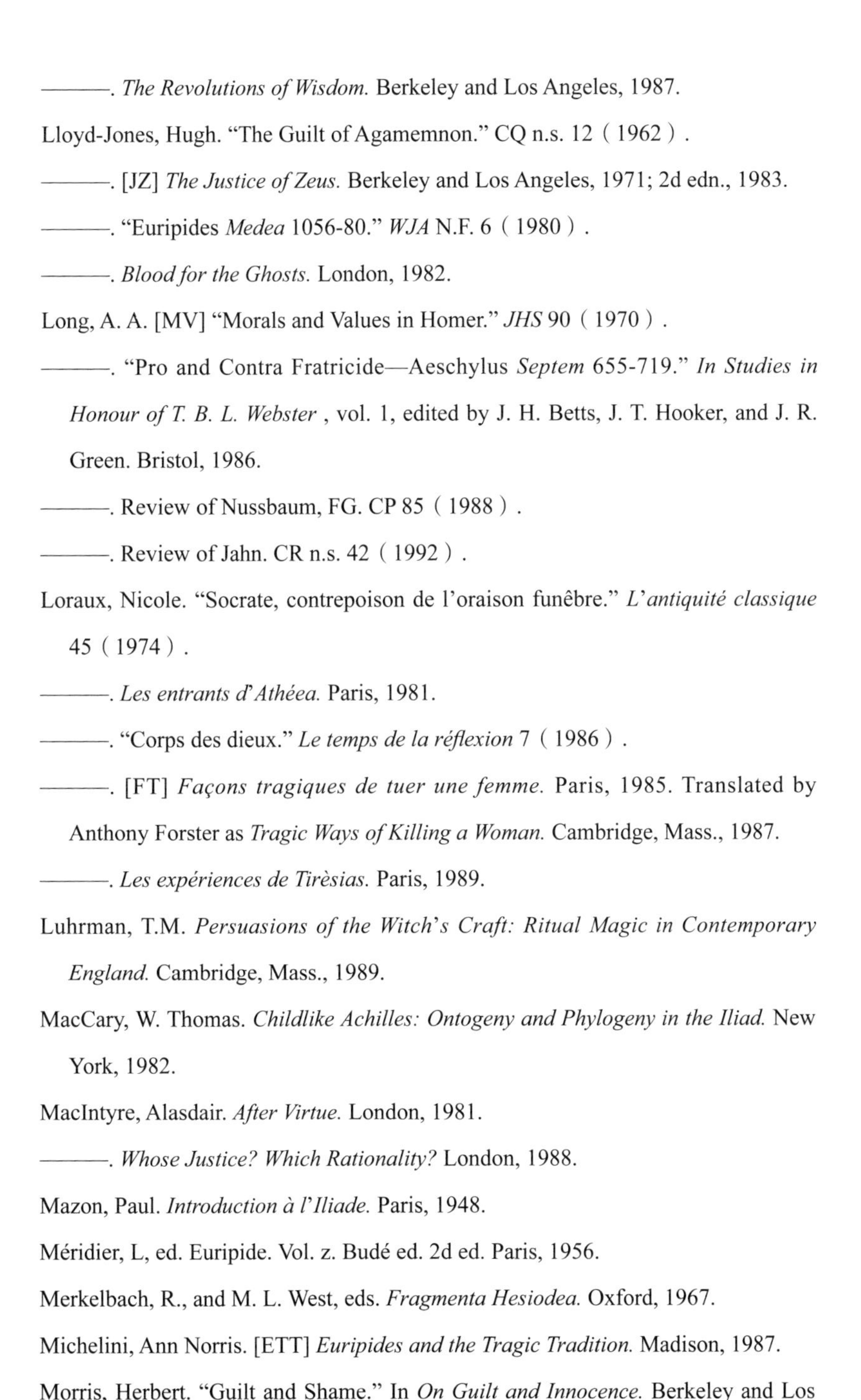

———. *The Revolutions of Wisdom.* Berkeley and Los Angeles, 1987.

Lloyd-Jones, Hugh. “The Guilt of Agamemnon.” CQ n.s. 12（1962）.

———. [JZ] *The Justice of Zeus.* Berkeley and Los Angeles, 1971; 2d edn., 1983.

———. “Euripides *Medea* 1056-80.” *WJA* N.F. 6（1980）.

———. *Blood for the Ghosts.* London, 1982.

Long, A. A. [MV] “Morals and Values in Homer.” *JHS* 90（1970）.

———. “Pro and Contra Fratricide—Aeschylus *Septem* 655-719.” *In Studies in Honour of T. B. L. Webster* , vol. 1, edited by J. H. Betts, J. T. Hooker, and J. R. Green. Bristol, 1986.

———. Review of Nussbaum, FG. CP 85（1988）.

———. Review of Jahn. CR n.s. 42（1992）.

Loraux, Nicole. “Socrate, contrepoison de l’oraison funêbre.” *L’antiquité classique* 45（1974）.

———. *Les entrants d’Athéea.* Paris, 1981.

———. “Corps des dieux.” *Le temps de la réflexion* 7（1986）.

———. [FT] *Façons tragiques de tuer une femme.* Paris, 1985. Translated by Anthony Forster as *Tragic Ways of Killing a Woman.* Cambridge, Mass., 1987.

———. *Les expériences de Tirèsias.* Paris, 1989.

Luhrman, T.M. *Persuasions of the Witch’s Craft: Ritual Magic in Contemporary England.* Cambridge, Mass., 1989.

MacCary, W. Thomas. *Childlike Achilles: Ontogeny and Phylogeny in the Iliad.* New York, 1982.

MacIntyre, Alasdair. *After Virtue.* London, 1981.

———. *Whose Justice? Which Rationality?* London, 1988.

Mazon, Paul. *Introduction à l’Iliade.* Paris, 1948.

Méridier, L, ed. Euripide. Vol. z. Budé ed. 2d ed. Paris, 1956.

Merkelbach, R., and M. L. West, eds. *Fragmenta Hesiodea.* Oxford, 1967.

Michelini, Ann Norris. [ETT] *Euripides and the Tragic Tradition.* Madison, 1987.

Morris, Herbert. “Guilt and Shame.” In *On Guilt and Innocence.* Berkeley and Los

Angeles, 1976.

Mulgan, R. G. *Aristotle's Political Theory.* Oxford, 1977 .

Murnaghan, Sheila. *Disguise and Recognition in the Odyssey.* Princeton, 1987.

Nauck, A. *Tragicorum Graecorum fragmenta.* 2d ed. Leipzig, 1889.

Newman, W. L. *The Politics of Aristotle.* Oxford, 1887.

Nietzsche, F. *The Birth of Tragedy.* 1872. Translated by Walter Kaufmann. New York, 1974.

———. [UO] *Unmodern Observations.* 1873. Edited by William Arrowsmith. New Haven and London, 1990.

———. *Human, All Too Human.* 1878. Translated by R. J. Hollingdale. Cambridge, 1986.

———. *Daybreak.* 1881. Translated by R. J. Hollingdale. Cambridge, 1982.

———. *The* Gay *Science.* 1882. Translated by Walter Kaufmann. New York, 1974.

———. *The Genealogy of Morals.* 1887. Translated by Walter Kaufmann and R. J. Hollingdale. New York, 1967.

———. *The Twilight of the Idols.* 1888. Translated by R. J. Hollingdale. Harmondsworth, 1968.

———. *The Anti-Christ.* 1888. Translated by R. J. Hollingdale. Harmondsworth, 1968.

———. *Nietzsche contra Wagner.* 1888. Translated by Walter Kaufmann. New York, 1954.

Nussbaum, Martha C. "Consequences and Character in Sophocles' *Philoctetes.*" *Philosophy and Literature* 1（1976-77）.

———. [FG] *The Fragility of Goodness.* Cambridge, 1986.

———."Beyond Obsession and Disgust: Lucretius' Genealogy of Love." *Apeiron* 1989.

O'Brien, Michael J. *The Socratic Paradoxes and the Greek Mind.* Chapel Hill, 1967.

Page, D. L. *Homeric Odyssey.* Oxford, 1955.

Parker, Robert. *Miasma: Pollution and Purification in Early Greek Religion.*

Oxford, 1983.

Pateman, Carole. “Sex and Power.” Review of *Feminism Unmodified* , by Catherine Mackinnon. *Ethics* 100（1990）.

Powell, Anton, ed. *Euripides, Women and Sexuality.* London, 1990.

Rahn, H. “Tier und Mensch in der Homerischen Auffassung der Wirklichkeit.” *Paideuma* 5 （1953-54）.

Rawls, John. *A Theory of Justice.* Cambridge, Mass., 1971.

Redard, G. *Recherches sur.* Paris, 1953.

Redfield, James M. *Nature and Culture in the Iliad.* Chicago and London, 1975.

Reeve, M. “Euripides *Medea* 1021—1080.” CQ n.s. 22（1972）.

Regenbogen, O. “Bemerkungen zu den *Sieben* des Aischylos.” *Hermes* 68（1933）.

Restatement of the Law of Torts. Promulgated by the American Law Institute. St. Paul, 1965.

Ricks, Christopher. *T. S. Eliot and Prejudice.* London, 1988; Berkeley and Los Angeles, 1989.

Roberts, Deborah H. *Apollo and His Oracle in the Oresteia.* Göttingen, 1984.

Romilly, Jacqueline de. “Le refus du suicide dans *l'Heraclès* d'Euripide.” *Archaiognosia* 1（1980）.

Rorty, Amélie Oksenberg. *Mind in Action.* Boston, 1988.

Roth, Paul. “Teiresias as *Mantis* and Intellectual in Euripides'*Bacchae.*” *TAPA* 114（1984）.

Sandel, Michael. *Liberalism and the Limits of Justice.* Cambridge, 1982.

Schein, Seth. *The* Mortal *Hero.* Berkeley and Los Angeles, 1984.

Schofield, Malcolm. “Ideology and Philosophy in Aristotle's Theory of Slavery.” In *Aristoteles*' “*Politik*”, XI Symposium Aristotelicum, edited by G. Patzig. Göttingen, 1990.

Segal, Charles. “Gorgias and the Psychology of the Logos.” *HSCP* 66（1962）.

———. “The Tragedy of the *Hippolytus.*” *HSCP* 70（1965）. Reprinted in *Interpreting Greek Tragedy.*

———. “Shame and Purity in Euripides’ *Hippolytus.*” *Hermes 98*（1970）.

———. *Tragedy and Civilization.* Cambridge, Mass., 1981.

———. *Interpreting Greek Tragedy: Myth, Poetry, Text.* Ithaca, N.Y., 1986.

———. *Pindar’s Mythmaking: The Fourth Pythian Ode.* Princeton, 1986.

Segal, Erich, ed. [OGT] *Oxford Readings in Greek Tragedy.* Oxford, 1983.

Sharples, R. W. “But Why Has My Spirit Spoken with Me Thus?” *Greece and Rome* 30（1983）.

Shipp, G. P. *Studies in the Language of Homer. 2* d ed. Cambridge, 1972.

Sicherl, M. “The Tragic Issue in Sophocles’*Ajax.*” *YCS* 25（1977）.

Silk, M. S, and J. P. Stern. *Nietzsche on Tragedy.* Cambridge, 1981.

Sinclair, T. A. “On in Hesiod.” CR 39（1925）.

Skorupski, John. *Symbol and Theory.* Cambridge, 1976.

Smith, Nicholas D. “Aristotle’s Theory of Natural Slavery.” *Phoenix* 37（1983）.

Snell, Bruno. *Die Entdeckung des Geistes.* Hamburg, 1948. Translated by T. G. Rosenmeyer, with the addition of an extra chapter, as *The Discovery of the Mind in Greek Philosophy and Literature.* New York, 1953.

Sophocles. *Oedipus at Colonus.* Translated by Robert Fitzgerald. New York, 1941; Chicago, 1954.

———. *Ajax.* Translated by John Moore. Chicago, 1957.

Sorabji, Richard. *Necessity, Cause and Blame: Perspectives on Aristotle’s Theory.* London, 1980.

Ste. Croix, G. E. M. de. *The Origins of the Peloponnesian War. Lon* don, 1972.

———. “Slavery and Other Forms of Unfree Labour.” In a volume of that title, edited by Leonie Archer. London, 1988.

Stanton, G. R. “The End of Medea’s Monologue: Euripides *Medea* 1078-80.” *RhM* N.F. 130（1987）.

Steiner, George. *Antigones.* Oxford, 1984.

Stich, Stephen. *From Folk Psychology to Cognitive Science: The Case against Belief.* Cambridge, Mass., 1983.

Strong, Tracy B. *Nietzsche and the Politics of Transfiguration.* Berkeley and Los Angeles, 1975.

Syme, Ronald. "Thucydides." *PBA* 48（1960）.

Taylor, Charles. *Sources of the Self.* Cambridge, Mass., 1989.

Taylor, Gabriele. *Pride, Shame and Guilt.* Oxford, 1985.

van Fraasen, Bas. "Peculiar Effects of Love and Desire." In *Perspectives on Self-Deception*, edited by Brian McLaughlin and Amélie Rorty. Berkeley and Los Angeles, 1988.

Verdenius, W. J. "*Aidos* bei Homer." *Mnemosyne* , 3d ser, 12（1945）.

Vernant, Jean-Pierre. [IMA] *L'individu, la mort, l'amour.* Paris, 1989.

Vernant, Jean-Pierre, and Pierre Vidal-Naquet. [MT] *Mythe et tragé-die en Grèce ancienne.* Vol. 1.

Paris, 1972. Translated by Janet Lloyd as *Tragedy and Myth in Ancient Greece.* Brighton, 1981. Vol. 2. Paris, 1986.

Verrall, A. W. *Euripides the Rationalist: A Study in the History of Arts and Religion.* Cambridge, 1913.

Vlastos, Gregory. "Happiness and Virtue in Socrates'Moral Theory." *PCPS* 1984.

———. "Was Plato a Feminist?" *Times Literary Supplement* , 17-23 March 1989.

———. *Socrates.* Cambridge, 1991.

von Staden, Heinrich. "Nietzsche and Marx on Greek Art and Literature: Case Studies in Reception." *Daedalus.* Winter 1976.

Warren, Mark. *Nietzsche and Political Thought.* Cambridge, Mass., 1988.

West, M. L., ed. Hesiod *Theogony.* Oxford, 1966.

———, ed. *Iambi et Elegi Graeci.* Oxford, 1971-72, 2nd ed. 1989.

———, ed. Aeschylus *Tragoediae.* Stuttgart, 1990.

Whitlock-Blundell, Mary. *Helping Friends and Harming Enemies: A Study in Sophocles and Greek Ethics.* Cambridge, 1989.

Wiedemann, Thomas. *Greek and Roman Slavery.* London, 1981.

Wilamowitz, Tycho yon. *Die dramatische Technik des Sophokles.* Zurich, 1969.

Wilamowitz-Möllendorff, U. yon. “Excurse zu Euripides *Medeia* .” *Hermes* 15 （1880）.

Wilde, Oscar. *The Critic as Artist.* In *Intentions.* London, 1913.

Willetts, R. F. “The Servile Interregnum at Argos.” *Hermes* 87（1959）.

Williams, Bernard. “Ethical Consistency.” *PAS Suppl.* 39（1965）. Reprinted in *Problems of the Self* .

———. “The Analogy of City and Soul in Plato’s *Republic*.” In *Exegesis and Argument: Essays Presented to Gregory Vlastos* , edited by E. N. Lee, A. P. Mourelatos, and R. M. Rorty. Assen, 1973.

——— *Problems of the Self.* Cambridge, 1973.

———. “Moral Luck.” *PAS Suppl.* 50（1976）. Reprinted in *Moral Luck* .

———. *Moral Luck.* Cambridge, 1981.

———. *Ethics and the Limits of Philosophy.* London and Cambridge, Mass., 1985.

———. “How Free Does the Will Need to Be?” Lindley Lecture 1985. Lawrence, Kans., 1986.

———. Review of *Whose Justice? Which Rationality* ? by Alasdair MacIntyre. *London Review of Books* , January 1989.

Willink, C. W. “Some Problems of Text and Interpretation in *Hippolytus* .” CQ n.s. 18（1968）.

Winnington-Ingram, R.P. “*Hippolytus:* A Study in Causation.” In *Euripide: Entretiens sur l'antiquité classique.* Vol. 6. Geneva, 1960.

———. “Tragedy and Greek Archaic Thought.” In *Classical Drama and Its Influence: Essays Presented to H. D. F. Kitto* , edited by M.J. Anderson. London, 1965.

———. *Sophocles: An Interpretation.* Cambridge, 1980.

———. *Studies in Aeschylus.* Cambridge, 1983.

Wollheim, Richard. *The Thread of Life.* Cambridge, Mass., 1984.

Woods, Michael. “Plato’s Division of the Soul.” *PBA* 73（1987）.

索　引[*]

[*] 译注：以下页码俱为原书页码，即本书边码，n 表示注释，原书中为尾注，现已改为脚注。

B

C

O

P

R

出处索引

T

X

译者后记

本书的翻译，因教学科研任务繁重，断断续续，前后两年有余。本书的内容，已有朗教授2008年版序言珠玉在前，而威廉斯生平和思想概要，汉语读者可以参考徐向东教授为其《道德运气》和《真理与真诚》所作序言，此处不再赘述。以下仅就翻译中的一些具体问题及其处理略作说明。

威廉斯受过良好的古典学训练，此书旁征博引，尤其是注释中包含大量未加翻译的古希腊文、拉丁文、德文和法文。为了方便汉语读者，勉力译出。其中，希腊语引文依字面义并按照威廉斯的解释自行译出，同时参考了罗念生、陈中梅、张竹明诸位先生的中译本，篇幅所限，恕不一一注出，藉此致谢。专名的翻译，现代学者姓名按其国籍参照《世界人名翻译大辞典》，而古人的姓名则参考了上述几种中译文，当彼此间有出入时，则通常以罗念生先生的译法为准，而个别没有定译的人名，也参考了罗先生主编的《古希腊语汉语词典》中的附表。正文中转写的希腊语，原本不打算翻译，但后来发现这样对于完全没有背景和不懂希腊语的读者来说会比较困难。最后勉为其难地选择了最贴近威廉斯理解的翻译，但必须牢记的是，威廉斯并不认为我们能在现代语言中直接找到这些希腊概念的对应表达。另外，原文的注释为尾注，现统一改为脚注。

此书内容丰富，论证精巧繁复，充分展示威廉斯的博学与洞见。威廉斯的语言常常简练而暗藏机锋，最初试图亦步亦趋的直译，在汉语中作相应的重构，重读译文时发现这只能造成邯郸学步的效果，反而唐突佳作。随后重新调整汉语表达，力求译文在准确传达原意的基础上，如原作一样晓畅易读，但仍有涩滞之处，有些是原文使然，有些则是译者笔力不逮，还望读者见谅。初稿译成后，曾请我的妻子惠慧和远在柏林的学友程炜校阅，他们贡献了诸多良好的建议，谨致谢意。本书的编辑王晨玉的细致认真令人感动，在此一并致谢。译者浅陋，错误之处难免，还望读者不吝指正。

译事之难，今始知之。

吴天岳

2013年11月8日

北京大学哲学系